中国电子教育学会高教分会推荐
普通高等教育电子信息类“十三五”课改规划教材

数字信号处理简明教程

主　编　于凤芹
参　编　张志刚　李爱华

西安电子科技大学出版社

内 容 简 介

本书内容由离散时间信号与系统分析基础、数字谱分析、数字滤波器设计三部分组成。第一部分包括离散时间信号与系统的时域描述、频域描述、Z域描述方法；第二部分包括离散傅里叶变换(DFT)和快速傅里叶变换(FFT)；第三部分介绍数字滤波器设计方法，包括脉冲响应不变法和双线性变换法设计IIR滤波器，窗函数法设计线性相位FIR滤波器，数字滤波器的结构表示。每章最后一节都有运用MATLAB实现相关设计的具体方法。

本书结构体系新颖，内容取舍适度，阐述简明扼要。本书可作为普通高等院校物联网工程、电子信息工程、通信工程、自动化、电气工程及自动化、计算机应用、生物医学工程等专业的教材，也可作为科技人员学习数字信号处理的简明读物。

图书在版编目(CIP)数据

数字信号处理简明教程/于凤芹主编. —西安：西安电子科技大学出版社，2017.4
ISBN 978-7-5606-4365-6

Ⅰ.①数… Ⅱ.①于… Ⅲ.①数字信号处理—教材 Ⅳ.①TN911.72

中国版本图书馆CIP数据核字(2017)第044696号

策划编辑 毛红兵 刘玉芳
责任编辑 刘玉芳 毛红兵
出版发行 西安电子科技大学出版社(西安市太白南路2号)
电　　话 (029)88242885 88201467　　邮　　编 710071
网　　址：//www.xduph.com　　电子邮箱 xdupfxb001@163.com
经　　销 新华书店
印刷单位 陕西天意印务有限责任公司
版　　次 2017年4月第1版　　2017年4月第1次印刷
开　　本 787毫米×1092毫米 1/16　　印张 10.5
字　　数 243千字
印　　数 1～3000册
定　　价 21.00元
ISBN 978-7-5606-4365-6/TN

XDUP 4657001-1

*****如有印装问题可调换*****

前言

PREFACE

数字信号处理理论和技术是信号与信息处理学科的基础，数字信号处理课程是高等学校物联网工程、电子信息工程、通信工程、计算机应用、生物医学工程等专业的本科生重要的专业基础课。随着信息技术在现代社会应用的普及和深入，数字信号处理理论和技术日益发挥着重要作用。

本书在编者多年教学实践经验的基础上，试图将数字信号处理中的数字谱分析和数字滤波器设计两大基本内容深入浅出地、透彻清楚地讲解出来，使读者能够容易理解和掌握数字信号处理的基本概念，并能够利用数字信号处理的基本理论和基本算法解决实际问题。

本书的结构体系、内容取舍、写作特点简述如下。

一、结构独特、体系新颖。全书由离散时间信号与系统分析基础、数字谱分析和数字滤波器设计三部分组成。由绪论和第 1、2 章组成的第一部分讨论离散时间信号与系统的时域、频域和 Z 域分析方法；由第 3、4 章组成的第二部分讲述离散傅里叶变换的定义、性质和物理意义，着重说明对连续信号进行数字谱分析的原理、产生的误差及解决对策，阐述了快速傅里叶变换的思想与原理；由第 5、6、7 章构成的第三部分介绍 IIR 数字滤波器的设计方法、FIR 数字滤波器的设计方法和数字滤波器的结构表示。

二、内容取舍合理，注重教材的基础性和先进性。鉴于目前应用型本科院校学生的实际理解接受能力和授课学时所限，本书仅介绍数字信号处理中的数字谱分析和数字滤波器设计两大基本内容，保证教材的基础性；将计算机仿真工具 MATLAB 引入到课程中，使学生学以致用；同时，为避免初学者因分不清课程内容与使用工具之间的关系，兼顾到教学的方便性，在每章最后一节介绍 MATLAB 工具在本章知识点的应用，体现教材的先进性。

三、在写作手法上，深入浅出、简洁明了。本书试图改变本课程教材内容过多过难、篇幅过大的通病，简化数学推导过程，抓住知识点所对应的物理现象和工程背景来讲述。为帮助学生解决“解题难”的问题，通过适量的例题来讲解分析方法和解题技巧，促进学生对基本概念和基本理论的理解。

本书由江南大学于凤芹教授编写绪论和第1、2、3、4章，烟台大学张志刚副教授和李爱华老师编写第5、6、7章。全书由于凤芹教授构思体系、组织编写并负责统稿。

由于编者水平有限，书中若有不妥之处，真诚希望读者提出宝贵意见和建议！联系方式 yufq@jiangnan.edu.cn。

编者

2016年8月12日

目录

CONTENTS

第一部分　离散时间信号与系统分析基础

第二部分 数字谱分析

第三部分 数字滤波器设计

第一部分

离散时间信号与系统分析基础

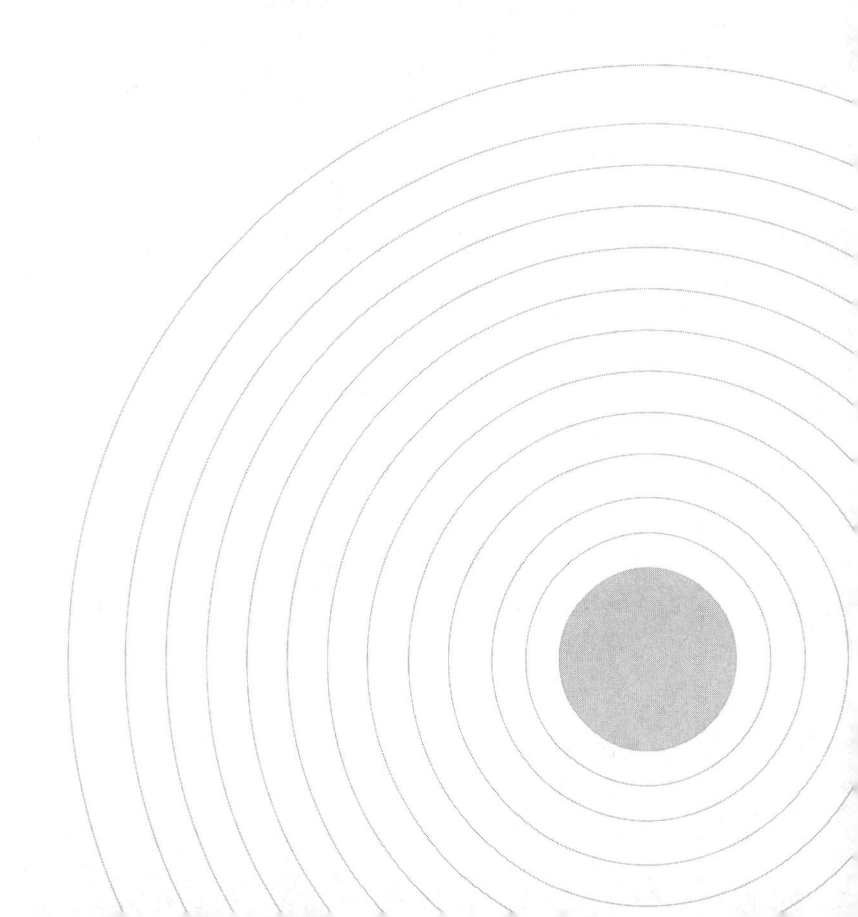

第0章
绪论

本章阐述数字信号处理的基本概念，说明模拟信号数字化处理的一般过程，总结数字信号处理系统的特点，介绍数字信号处理技术的应用领域，最后概述本书的构成体系和各章内容导读。

0.1 数字信号处理的基本概念

信号携带着反映客观物理世界的丰富信息，为了获取蕴藏在信号中的信息，需要对信号进行不同的分析和处理。例如，对信号滤波可以限制信号的频带宽度或者滤除干扰和噪声的影响；对信号频谱分析可以了解信号频谱的组成与分布；对信号特征提取可以进行模式识别；对信号编码可以达到压缩数据便于传输与存储的目的。

信号分析与处理可以利用模拟方式实现，也可以通过数字方式完成。例如，由电阻和电容组成的模拟高通滤波器所完成的滤波任务，可以由加法器、乘法器和延时器组成的数字高通滤波器来完成。所谓数字信号处理，就是将信号转换成为数字序列，在通用计算机或者专用数字处理设备上，通过执行特定的算法程序，对数字序列进行各种处理和变换，将信号转换为符合某种需要的形式。

信号表现为随时间变化的物理量，一般用连续时间变量的函数来表示，称为连续时间信号。如果信号在幅度上也是连续的，则称为连续时间连续幅度信号，简称模拟信号。对模拟信号进行数字化处理，一般要经过如图0-1所示的几个过程，每个过程完成特定的功能。模拟信号 $x_a(t)$ 首先经过前置低通滤波，再经过A/D转换器的时间采样和幅度量化后，成为时间和幅度均不连续的离散时间离散幅度信号，简称数字信号 $x(n)$。然后将数字信号送入数字信号处理器进行数字化处理，得到输出信号 $y(n)$，再通过D/A转换还原为模拟信号，最后经过模拟低通平滑滤波器得到所需要的模拟输出信号 $y_a(t)$。

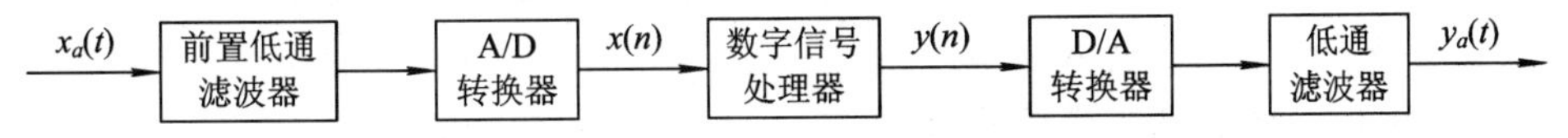

图0-1 数字信号处理系统的组成

根据输入信号的不同形式和输出信号的具体要求，一个实际的数字信号处理系统不一定需要如图0-1所示系统中的所有过程。如果系统的输出是以数字形式显示或打印，则不需要D/A转换过程；若分析和处理数字化存储的语音和图像信号，则不用进行A/D转换。

数字信号处理系统有以下三种方式：

（1）编写算法程序在通用计算机上执行的软件实现方式，一般用于实验教学、算法仿真和速度要求不高的应用场合。

（2）由专用的信号处理集成电路单元完成的硬件实现方式，如快速傅里叶变换芯片、数字滤波器芯片等，一般用于不需要修改、设备已定型且大批量生产的高速实时处理设备上。

（3）软硬件结合实现方式，如数字信号处理器(Digital Signal Processor，DSP)芯片内部带有硬件乘法器、累加器，指令执行采用流水线的并行结构，并配有适合信号处理运算的高效指令，这种方式具有便于个性灵活开发应用和高速实时处理等优点。DSP 技术已经成为数字信号处理应用的核心实现技术之一。

0.2 数字信号处理系统的特点

数字信号处理系统除了具有数字系统的共同优点，例如稳定性高、抗干扰好、可靠性强、便于大规模集成等，与模拟处理系统相比，数字信号处理系统还具有如下特点。

1. 灵活性好

数字信号处理采用专用或通用的数字系统，数字系统的性能取决于系统的结构和参数，而系统的结构和参数存储在数字系统中，只要通过程序改变系统的结构和程序参数就可以改变系统的性能。例如，利用一个可以改变系统参数的可编程数字系统，实现截止频率可以调整的滤波器，而如果需要改变一个模拟系统的性能，则必须完全重新设计来实现。

2. 处理精度高

模拟系统的精度取决于电路结构和元器件的精度，而数字系统的精度则取决于处理器的字长。在模拟电路中，元器件精度要达到10^{-3}以上已不容易，而数字系统 17 位字长可以达到10^{-5}的精度却属平常。例如，基于离散傅里叶变换的数字式频谱分析仪，其幅值精度和频率分辨率均远远高于模拟频谱分析仪。

3. 可以实现模拟系统很难达到的特性

数字处理系统可以实现模拟系统不可能实现的某些特性。如 FIR 数字滤波器可以实现严格的线性相位特性；模拟的理想低通滤波器被证明是物理上不可实现的系统，而在数字处理系统中通过将信号存储起来，用延迟的方法可以实现非因果系统，数字的低通滤波器可以无限逼近理想低通滤波器性能；数字信号方式可以处理频率非常低的信号，如地震应用中出现的信号频率都很低，如果利用模拟电路进行处理，需要的电感和电容在物理上的尺寸将很大，而数字处理系统能很容易地处理频率比较低的信号；此外，数字处理系统将数学变换算法编写成程序来实现各种复杂的处理与变换，如数字电视系统的多画面、各种特技效果、特殊的音响和配音效果。

4. 可以实现多维、多通道信号处理

数字处理系统具有强大的存储单元，可以存储二维图像信号或三维视频信号，能够处理多维信号。多通道信号分析与处理理论和技术，已广泛应用于移动通信系统和卫星通信系统等，利用数字处理系统高效的 CPU 处理能力和庞大的存储能力，可以实现多通道信号处理。

5. 数字信号处理的缺点

对模拟信号进行数字化处理，需要附加 A/D 和 D/A 转换等预处理和后处理电路，增加了系统的复杂性。数字处理系统的有效频率处理范围主要由采样速度以及 A/D 转换器分辨率决定，由于受到技术和工艺的发展限制，目前的数字处理系统处理信号的频率范围仍受到一些制约。数字信号处理系统由耗电的有源器件构成，一个数字信号处理芯片可能包含了几十万甚至更多的晶体管，而模拟处理系统大量使用的是电阻、电容、电感等无源器件，所以数字处理系统的功耗比较大，随着系统的复杂性增加，这一矛盾将会更加突出。

0.3 数字信号处理的发展与应用领域

一般认为，数字信号处理学科的开端始于 1965 年美国科学家 Cooly 和 Tukey 提出快速傅里叶变换(Fast Fourier Transform，FFT)。FFT 是快速计算数字频谱的方法，在当时的计算机资源条件下，将按照定义计算离散傅里叶变换的速度提高了两个数量级，从而使数字信号处理从理论走向实际应用。FFT 的意义不仅在于其快速计算傅里叶变换的思想，而且它启发人们发展信号处理新理论和完善新算法，卷积、相关、系统函数、功率谱等经典的线性系统理论中的概念，都在 FFT 意义上重新定义并能够快速计算。随着电子技术和计算机技术的飞速发展，承载数字信号处理理论的器件不断发展和完善，尤其是专门用于数字信号处理的功能强大的数字信号处理器 DSP 的出现，使数字信号处理技术得到广泛应用。现在，随着互联网、个人移动通信，以及近年来提出的物联网技术的普及应用，对数字信号处理技术提出了更高的要求。

数字信号处理学科的内容非常丰富，主要是因为它有着非常广泛的应用领域，而不同的应用领域对数字信号处理学科又提出了不同的具体要求，更进一步丰富和发展了数字信号处理的新理论和新技术。以下简要介绍数字信号处理的主要应用领域。

1. 语音信号与音乐信号处理

语音信号处理是研究利用数字信号处理技术对语音信号进行处理的一门新兴的交叉学科，即用数字化方法对语音信号进行存储、压缩、传输、识别、合成、增强等处理。语音信号是理想的人机交互的输入方式，人们梦寐以求的是计算机能够像人一样“听”和“说”，利用人工智能信息处理，对语音信号分析、识别与合成的研究和应用是语音信号处理的研究热点之一。使用信号处理技术还可以对音乐信号进行处理，如使用压缩器和扩张器来压缩或扩张音乐信号的幅度范围；使用均衡器和滤波器改变音乐信号的频率分布，通过这些处理，纠正录音或传输过程中的缺陷，改善音乐信号的音质和音色。

2. 生物医学信号分析与处理

心脏的电活动用心电图(ECG)表示，典型的心电图基本上是一个周期性的波形，表示血液从心脏到动脉传输的一个循环。心电图波形的每一部分都携带着患者心脏状态的信息，利用智能信息处理技术，可以对心电图信号进行自动检测定位并识别，以辅助医生进行疾病诊断。同样，脑电图(EEG)表示大脑中上亿个单独神经元随机触发的电活动的总和，根据脑电图信号的时域波形或频谱图可以诊断癫痫、失眠等疾病。此外，由于生物医学信号的获取过程易受各种噪声和干扰的影响，而介入了虚假信号的心电图或脑电图会使医生很难做出正确的判断，因此利用信号处理的方法对微弱的生物医学信号进行滤波，是对生物医学信号分析与处理的必要环节。

3. 地震信号与地质勘探信号分析

地震信号是由地震、火山喷发或地下爆炸产生的岩石运动引起的。大地运动产生从运动源通过地球体向所有方向传播的弹性波。地震仪记录了两个水平方向和一个垂直方向上的地面运动信号，对这些信号的分析有可能确定地震或核爆炸的幅度以及大地运动的起源位置。

为了勘探地下所储藏的石油和天然气以及其他矿藏情况，通常采用人工地震勘探方法来探测地层结构，即在选定的地点人工爆炸产生地震信号，振动波向地下传播时遇到地层分界面产生反射波，在距离振源一定距离的地方放置感受器来接收到达地面的反射波，从反射波的延迟时间和强度可以判断地层的深度和结构。对反射波进行反褶积法和同态滤波法等一系列算法，可以了解地下地质的结构性质，并判断是否存在油气等碳氢化合物。

4. 通信信号分析与处理

数字信号处理在通信领域发挥着重要作用，尤其是在蜂窝移动电话、数字调制与解调、视频和音频的压缩传输技术等方面。例如，信号在信道上传输时，可能会受到信道失真、衰落、电磁干扰等各种影响，接收系统要利用数字信号处理的多种算法来补偿这些干扰的影响，以提高通信质量。在卫星通信、TDMA/FDMA/CDMA 移动通信、软件无线电通信等系统中所涉及的自适应脉冲编码、增量调制、自适应均衡、信道复用、调制解调、加密解密、扩频技术等一系列技术都与数字信号处理的理论和算法相关。

5. 图像与视频信号处理

图像信号处理的理论已应用到许多科学技术领域。利用图像处理技术可研究粒子的运动轨迹、生物细胞的结构、地貌的状态、气象云图、宇宙星体的构成等。在图像处理的实际应用中，较为瞩目的成果有遥感图像处理技术、计算机断层成像技术、计算机视觉技术和景物分析技术等，如为监测森林火灾、湖水污染、农业灾害等进行航空拍摄照片的图像增强与分析，为便于互联网或移动通信网络传输而进行的图像数据压缩，以及计算机视觉中的图像分割、边缘检测。

6. 雷达与声呐信号处理

雷达与声呐都是利用电磁波探测目标的电子设备，雷达用于空中，而声呐置于水下。其工作原理是：雷达或声呐设备发射电磁波对目标进行照射并接收其回波，由此获得目标至电磁波发射点的距离、径向速度、方位、高度等信息，再对接收的回波进行一系列的数字信号处理才能获得需要的信息。而数字信号处理中的线性系统理论、数字滤波、采样理论、频谱分析理论构成了雷达系统和声呐系统所依赖的信号处理基础技术，在这两个系统中所涉及的目标和干扰模型、匹配滤波、波形设计、多普勒处理、门限检测及恒虚警率等课题都涉及数字信号处理的基本算法。

7. 振动信号处理

振动信号处理的原理是：在测试体上施加一个人为激振力作为输入信号，在测量点处放置各种类型的传感器得到输出信号，输出信号与输入信号之比是该测试体所构成的系统的传递函数，根据得到的传递函数进行系统辨识和模式识别，即所谓的模态参数识别分析，从而计算出该测试体的模态刚度、模态阻尼等主要参数。根据这种方法建立的系统数学模型，可以对测试体结构进行进一步的动态优化设计，在模态参数识别中均可利用数字处理器来进行。机械振动信号的分析与处理技术已应用于汽车、飞机、船只、机械设备、房屋建筑、水坝桥梁的设计和监测实践中。

0.4 本书体系安排与内容导读

从前面介绍的数字信号处理的应用领域可以看出，数字信号处理的内容非常丰富。根据教材的基础性、适应性和发展性原则，本书强调数字信号处理的基本理论和基本方法，以数字谱分析和数字滤波器的设计这两大核心内容作为主要讨论对象，并引入 MATLAB 工具软件用于实现各章的基本算法与设计。

本书由离散时间信号与系统分析基础、数字谱分析、数字滤波器设计三部分组成，如图 0-2 所示。第一部分是离散时间信号与系统分析基础，主要介绍数字信号处理的基本概念、离散时间信号的描述方法以及线性时不变离散时间系统分析的基本方法；第二部分是数字谱分析，数字谱分析是数字信号处理的核心内容，研究如何利用计算机来快速完成连续时间信号的频谱的计算；第三部分是数字滤波器设计，数字滤波器的设计方法是实现信号处理的重要方法之一，其主要思想是根据设计需要设计一个数字系统，使其系统的频率特性满足滤波器类型及其相应的频带要求，以最大的程度抑制或消除干扰信号。

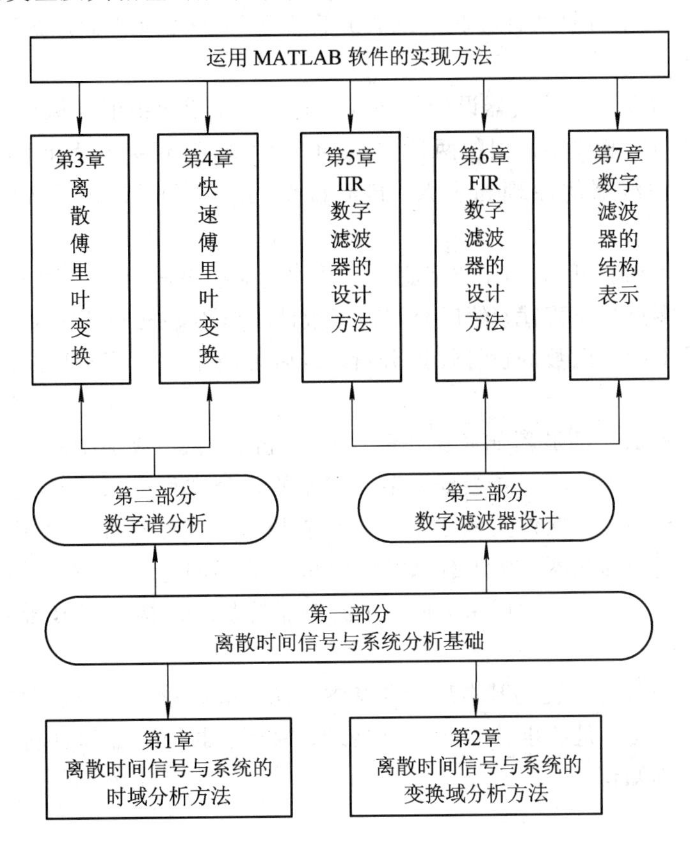

图 0-2 本书内容体系安排

第 0 章介绍了数字信号处理的基本概念、对模拟信号进行数字化处理的一般过程、数字信号处理系统的特点、数字信号处理的应用领域，以及本书体系安排和各章内容导读。

第1章离散时间信号与系统的时域分析方法。首先介绍时域采样理论、线性移不变离散时间系统的定义与性质。接着说明离散时间信号与系统的时域描述方法，即单位脉冲响应和线性常系数差分方程。最后用例题和函数调用、程序代码等形式说明MATLAB在离散时间信号和系统时域分析中的应用。

第2章离散时间信号与系统的变换域分析方法。首先简述离散时间信号与系统的频域描述，即离散时间傅里叶变换的定义性质、序列的频率特性、离散时间系统的频率响应。接着讨论离散时间信号与系统的Z域描述，包括Z变换的定义、性质，Z变换方法、离散时间系统的系统函数的作用。最后用例题和函数调用、程序代码等形式说明MATLAB在离散时间信号和系统变换域分析中的应用。

第3章首先简要回顾连续时间非周期信号的傅里叶变换(FT)、连续时间周期信号的傅里叶级数(FS)、非周期序列的傅里叶变换(DTFT)、周期序列的离散傅里叶级数(DFS)等傅里叶变换的不同表现形式。然后讨论离散傅里叶变换的定义、物理意义、离散傅里叶变换的性质，详细介绍用DFT计算数字频谱可能产生的误差及解决方法。最后通过例题形式说明用MATLAB实现DFT的方法。

第4章首先简要分析直接计算DFT的运算量和减少计算量的途径，详细说明两种快速傅里叶变换的基本方法，即基2时间抽取的FFT和基2频率抽取的FFT的原理和流图表示，然后介绍利用FFT计算线性卷积方法，最后说明用MATLAB实现FFT的函数调用方法。

第5章在简要说明数字滤波器设计的基本概念后，介绍模拟低通原型滤波器的设计方法。然后讨论设计IIR滤波器常用的两种方法，即冲激响应不变法设计IIR滤波器和双线性交换法设计IIR滤波器的原理和步骤。最后说明用MATLAB设计IIR滤波器的具体方法。

第6章首先说明线性相位FIR数字滤波器脉冲响应应该满足的条件、滤波器频率响应特点、系统函数的零点分布规律。然后介绍窗函数法设计线性相位FIR数字滤波器设计原理、设计步骤以及不同窗函数的设计性能分析。最后说明用MATLAB设计FIR滤波器的方法。

第7章主要讨论数字滤波器如何在计算机上实现的方法。数字滤波器在工程上有软件实现和硬件实现两种方法：其一是根据数字滤波器的差分方程或系统函数通过计算机编程完成滤波功能的软件实现，软件实现方法在5.5节和6.3节已经详细介绍；其二是依据滤波器的算法结构，利用加法器、乘法器以及延时单元的不同组合完成滤波的硬件实现。本章主要讨论硬件实现方法，分别说明IIR数字滤波器的基本结构和FIR数字滤波器的基本结构。

学习离散时间信号与系统的基本理论和基本方法，掌握数字谱分析和数字滤波器设计的基本理论和基本方法，是从事信号与信息处理、通信、电子测量和自动控制等领域的科技人员所必备的基础知识。

第1章

离散时间信号与系统的时域分析方法

本章首先介绍时域采样理论，然后讨论离散时间信号与系统的时域描述方法。考虑到前续的信号与系统等课程中已有的基础，本章将此内容进行概括并深入拓展。

1.1 时域采样与恢复

自然界中的物理量一般是随时间变化的模拟的连续信号，对连续信号进行数字处理的第一步，就是将其在时间上采样得到离散时间信号。那么模拟信号经过采样后，要满足什么条件才不会丢失信息？由离散时间信号恢复成连续模拟信号应该具备哪些条件？这是我们要讨论的问题。此外，通过对模拟信号的采样和恢复的讨论，我们可以在离散时间信号与系统和连续时间信号与系统之间建立联系。

1.1.1 时域采样

模拟信号 $x_a(t)$经过电子开关S，如图1-1(a)所示，电子开关S每隔 T 时间短暂地闭合一次，闭合的持续时间是 τ，开关输出的就是采样信号 $\hat{x}_a(t)$。电子开关S的打开与闭合可以用周期为 T、持续时间为 τ 的周期脉冲信号 $p_\tau(t)$来描述，则采样信号就是模拟信号$x_a(t)$号与周期脉冲信号 $p_\tau(t)$的乘积。这一采样过程实际上是脉冲调幅过程，如图1-1(b)所示。

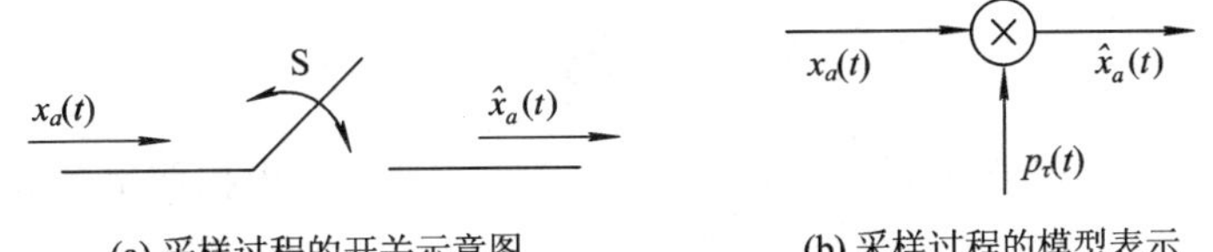

(a) 采样过程的开关示意图　　(b) 采样过程的模型表示

图1-1　采样过程的开关示意与模型表示

为了得到模拟信号在离散点的采样值，希望开关的闭合时间很短，即 $\tau \ll T$，理想采样就是当实际采样在 $\tau \to 0$ 的极限情况。此时，周期脉冲信号 $p_\tau(t)$变成周期冲激信号 $p_\delta(t)$，$p_\delta(t)$可表示为

$$p_\delta(t) = \sum_{n=-\infty}^{+\infty} \delta(t - nT) \tag{1-1}$$

则理想采样信号可表示为

$$\hat{x}_a(t) = x_a(t) \cdot p_\delta(t) = \sum_{n=-\infty}^{+\infty} x_a(t)\delta(t - nT) \tag{1-2}$$

由于 $\delta(t-nT)$只在 $t=nT$ 时非零，因此有

$$\hat{x}_a(t) = \sum_{n=-\infty}^{+\infty} x_a(nT)\delta(t-nT) \tag{1-3}$$

为了对比说明实际采样和理想采样的不同，图 1-2 给出了实际采样和理想采样的过程。

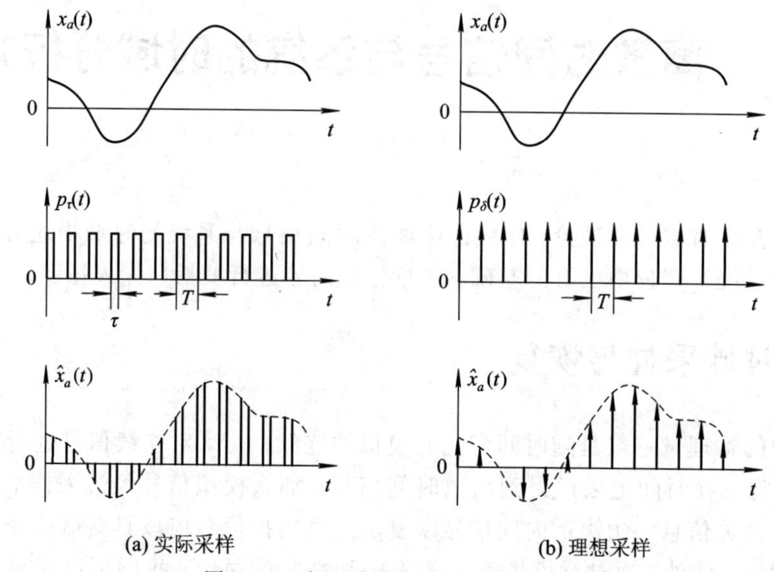

图 1-2 实际采样和理想采样的过程

应该说明，任何开关都不可能达到闭合时间为 0 的极限情况。但是当 $\tau \ll T$ 时，实际采样很接近于理想采样。理想采样是实际采样的本质抽象，它集中地反映了采样过程的本质特性。

1.1.2 采样信号的频谱与采样定理

为了从采样信号不失真地恢复原信号，下面讨论采样前后信号频谱的变化。

周期冲激信号 $p_\delta(t)$可用傅里叶级数表示

$$p_\delta(t) = \sum_{k=-\infty}^{+\infty} a_k e^{jk\Omega_s t} \tag{1-4}$$

式中，$\Omega_s = \frac{2\pi}{T} = 2\pi f_s$ 为采样角频率，单位是弧度/秒(rad/s)。根据傅里叶级数的定义，有

$$a_k = \frac{1}{T}\int_{-\frac{T}{2}}^{\frac{T}{2}} \delta(t) e^{-jk\Omega_s t} dt = \frac{1}{T}$$

则

$$p_\delta(t) = \frac{1}{T}\sum_{k=-\infty}^{+\infty} e^{jk\Omega_s t} \tag{1-5}$$

周期冲激信号 $p_\delta(t)$也可用傅里叶变换表示

$$P_\delta(j\Omega) = \mathrm{FT}\left[\frac{1}{T}\sum_{k=-\infty}^{+\infty} e^{jk\Omega_s t}\right] = \frac{2\pi}{T}\sum_{k=-\infty}^{+\infty}\delta(\Omega - k\Omega_s) \tag{1-6}$$

根据式(1-2)可知，理想采样信号可以看做模拟信号对周期冲激信号的调幅过程。根据傅里叶变换的频域卷积性质，则

$$\hat{X}_a(\mathrm{j}\Omega)=\frac{1}{2\pi}X_a(\mathrm{j}\Omega)*p_\delta(\mathrm{j}\Omega)=\frac{1}{T}\sum_{k=-\infty}^{+\infty}X_a(\mathrm{j}\Omega-\mathrm{j}k\Omega_s)\tag{1-7}$$

式(1-7)表明，采样信号的频谱是将原信号的频谱沿着频率轴，每隔采样角频率 Ω_s 重复出现一次，幅度是原来的 $1/T$，即产生了周期性延拓。

采样信号频谱的周期性延拓如图1-3所示。如果模拟信号是频带有限的带限信号，即其频谱分布在小于最高频率 Ω_0 以内，在周期性延拓过程中，只要满足 $\Omega_s\geqslant 2\Omega_0$，频谱就不会混叠，如图1-3(a)所示。否则，当采样频率不满足 $\Omega_s\geqslant 2\Omega_0$，或者采样信号为非带限信号时，采样信号的频谱就会在 $\frac{\Omega_s}{2}=\frac{\pi}{T}$ 处混叠，如图1-3(b)所示。

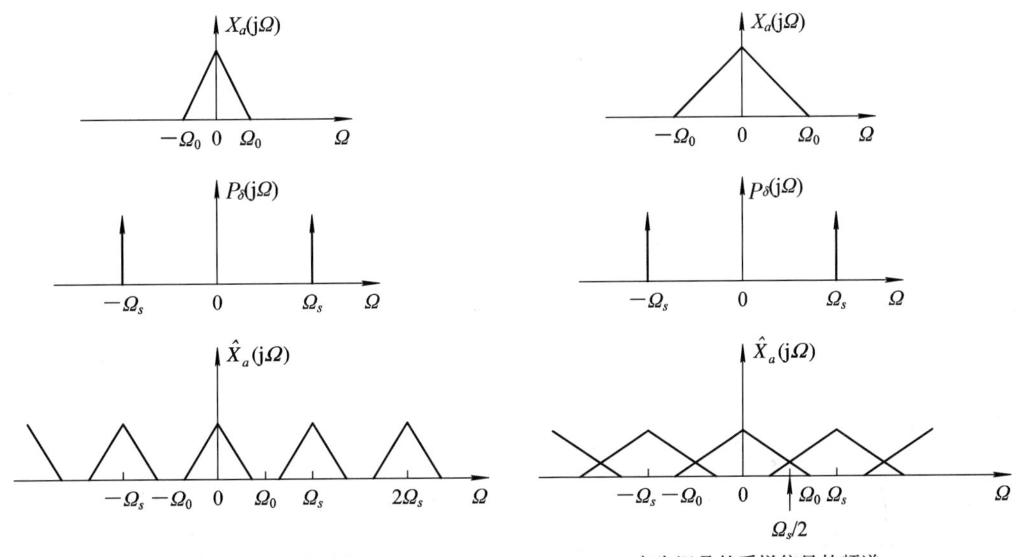

(a) 没有混叠的采样信号的频谱　　(b) 产生混叠的采样信号的频谱

图1-3　采样信号频谱的周期性延拓

由此可见，要实现正确采样并能不失真地还原出原始信号，应该遵循如下的采样定理：

(1) 被采样的连续信号应该是频带有限的带限信号，其最高截止频率为 Ω_0。

(2) 采样频率必须大于原信号最高频率至少两倍，即满足 $\Omega_s\geqslant 2\Omega_0$。应该指出，在实际应用中，考虑到信号的频谱不是锐截止的，一般可选 $\Omega_s\geqslant(3\sim4)\Omega_0$。

1.1.3　采样信号的恢复

由图1-3(a)可知，在满足采样定理的前提下，使采样信号的频谱通过一个理想低通滤波器，就可以恢复原信号。理想低通滤波器的频率特性为

$$H(\mathrm{j}\Omega)=\begin{cases}T, & |\Omega|<\dfrac{\Omega_s}{2}\\[2ex] 0, & |\Omega|\geqslant\dfrac{\Omega_s}{2}\end{cases}\tag{1-8}$$

则

$$Y(\mathrm{j}\Omega)=\hat{X}_a(\mathrm{j}\Omega)\cdot H(\mathrm{j}\Omega)=X_a(\mathrm{j}\Omega)\tag{1-9}$$

即可以得到原信号的频谱。

现在讨论如何由采样值在时域恢复连续信号的过程。理想低通滤波器的单位脉冲响

应为

$$h(t)=\frac{1}{2\pi}\int_{-\infty}^{+\infty}H(\mathrm{j}\Omega)\mathrm{e}^{\mathrm{j}\Omega t}\mathrm{d}\Omega=\frac{T}{2\pi}\int_{-\frac{\Omega_s}{2}}^{\frac{\Omega_s}{2}}\mathrm{e}^{\mathrm{j}\Omega t}\mathrm{d}\Omega=\frac{\sin\frac{\Omega_s}{2}t}{\frac{\Omega_s}{2}t}=\frac{\sin\frac{\pi}{T}t}{\frac{\pi}{T}t} \tag{1-10}$$

采样信号通过理想低通滤波器后的输出为

$$\begin{aligned}
y_a(t)&=\hat{x}_a(t)*h(t)=\int_{-\infty}^{+\infty}\hat{x}_a(\tau)h(t-\tau)\mathrm{d}\tau\\
&=\int_{-\infty}^{+\infty}\Big[\sum_{n=-\infty}^{+\infty}x_a(\tau)\delta(\tau-nT)\Big]h(t-\tau)\mathrm{d}\tau\\
&=\sum_{n=-\infty}^{+\infty}\int_{-\infty}^{+\infty}x_a(\tau)h(t-\tau)\delta(\tau-nT)\mathrm{d}\tau\\
&=\sum_{n=-\infty}^{+\infty}x_a(nT)h(t-nT)\\
&=\sum_{n=-\infty}^{+\infty}x_a(nT)\frac{\sin\Big[\frac{\pi}{T}(t-nT)\Big]}{\frac{\pi}{T}(t-nT)}
\end{aligned} \tag{1-11}$$

这里，令

$$h(t-nT)=\frac{\sin\Big[\frac{\pi}{T}(t-nT)\Big]}{\frac{\pi}{T}(t-nT)} \tag{1-12}$$

式中，$h(t-nT)$称为内插函数，由取样信号的波形特点可知，内插函数在采样点 nT 时刻的函数值为 1，而在其他采样点上的函数值都为 0。由于 $y_a(t)=x_a(t)$，因此有

$$x_a(t)=\sum_{n=-\infty}^{+\infty}x_a(nT)\frac{\sin\Big[\frac{\pi}{T}(t-nT)\Big]}{\frac{\pi}{T}(t-nT)} \tag{1-13}$$

式(1-13)称为内插公式，它表明了连续信号 $x_a(t)$如何由其采样值 $x_a(nT)$与相应的内插函数的加权和来表示，用图 1-4 来表示，在每一个采样点上，由于只有该采样值所对应的内插函数不为零，而其他采样点的内插函数在本采样点的贡献为零，故在采样点上的信号值不变；而在各采样点之间的信号则是由各采样值内插函数的波形延伸叠加来形成的。

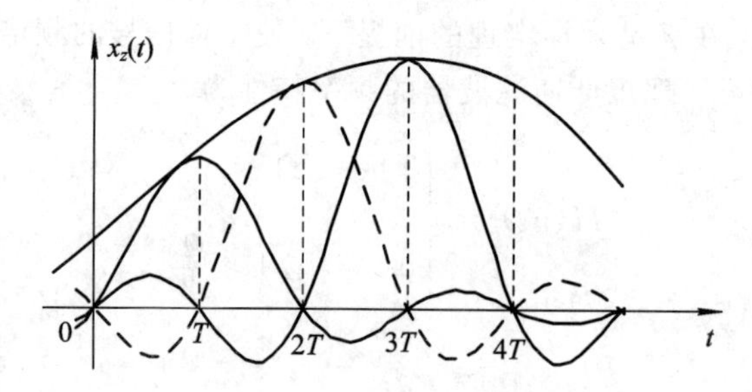

图 1-4　采样信号的时域恢复

式(1-13)从时域波形说明，只要满足采样定理，即采样频率高于两倍信号的最高频率时，原始连续信号就可以由它的采样值完全恢复，而不损失任何信息。

1.2 离散时间信号

对模拟信号以周期 T 进行等间隔采样，得到离散时间信号为

$$x_a(t)\big|_{t=nT} = x_a(nT), \quad -\infty < n < \infty$$

采样序列 $x_a(nT)$ 按顺序存放在存储单元，这里 nT 仅代表序号，所以可简写为

$$x(n) = x_a(nT), \quad -\infty < n < \infty \tag{1-14}$$

离散时间信号也称为序列。序列可以经过采样得到，也可以由离散系统直接产生。序列可用数学公式表达，也可用集合来表示。为直观起见，常用图形表示，例如，一个序列 $x(n)$ 可以用图 1－5 表示，图中线段的长短表示序列值的大小，两序号之间的取值并非为零，而是没有定义。

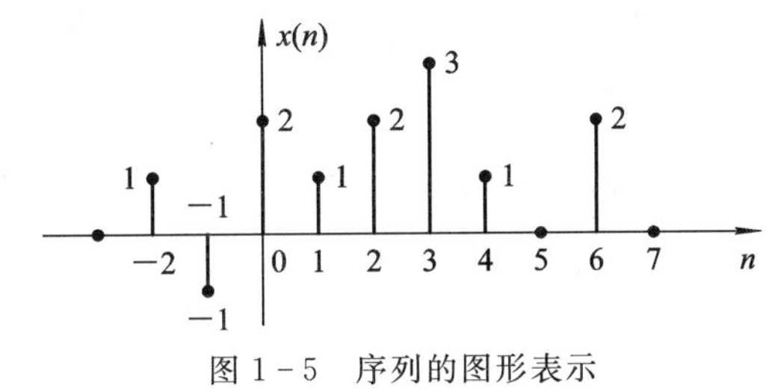

图 1－5 序列的图形表示

下面介绍几种常用的典型序列。

1. 单位脉冲序列

单位脉冲序列定义为

$$\delta(n) = \begin{cases} 1, & n = 0 \\ 0, & n \neq 0 \end{cases} \tag{1-15}$$

式中，$\delta(n)$ 又称为单位采样序列，其图形如图 1－6 所示，单位脉冲序列仅在 $n=0$ 处取值为 1，其他均为 0。$\delta(n)$ 类似于单位冲激函数 $\delta(t)$，但是两者有着本质的区别，$\delta(n)$ 是一个真实存在的序列，而 $\delta(t)$ 则无法物理产生，它是对某种物理现象的抽象概括和极限描述。

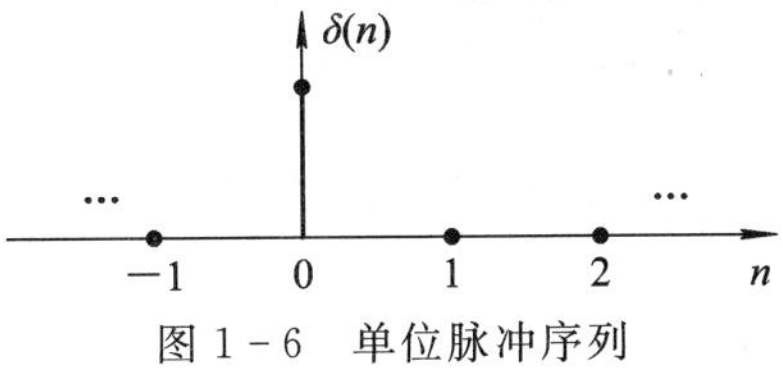

图 1－6 单位脉冲序列

2. 单位阶跃序列

单位阶跃序列定义为

$$u(n) = \begin{cases} 1, & n \geq 0 \\ 0, & n < 0 \end{cases} \tag{1-16}$$

单位阶跃序列的图形如图 1－7 所示，它只有在 $n \geq 0$ 时取值为 1，$n < 0$ 时取值为 0。

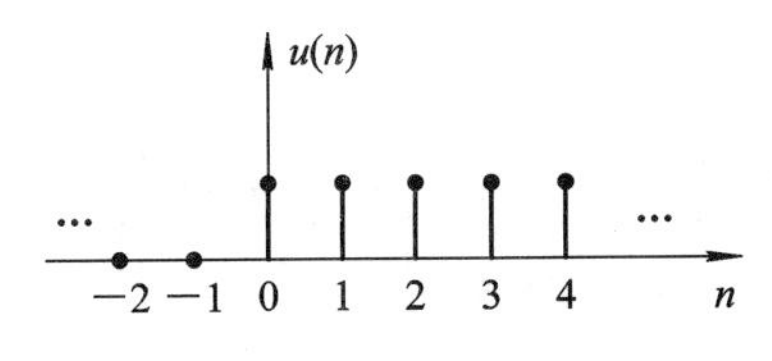

图 1－7 单位阶跃序列

类似于单位冲激函数与单位阶跃函数，单位脉冲序列与单位阶跃序列也存在如下关系：

$$\delta(n)=u(n)-u(n-1) \tag{1-17}$$

$$u(n)=\sum_{k=0}^{\infty}\delta(n-k)=\sum_{k=-\infty}^{n}\delta(k) \tag{1-18}$$

3. 矩形序列

矩形序列定义为

$$R_N(n)=\begin{cases}1, & 0\leqslant n\leqslant N-1\\ 0, & n<0,\ n\geqslant N\end{cases} \tag{1-19}$$

矩形序列如图 1-8 所示。

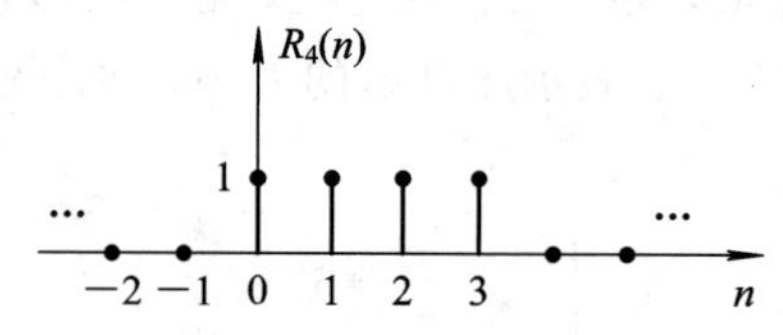

图 1-8 矩形序列

矩形序列可用单位阶跃序列表示如下：

$$R_N(n)=u(n)-u(n-N) \tag{1-20}$$

4. 实指数序列

实指数序列定义为

$$x(n)=a^n u(n) \tag{1-21}$$

实指数序列如图 1-9 所示，这里给出 $a>1$ 和 $0<a<1$ 时两种情况下的波形。

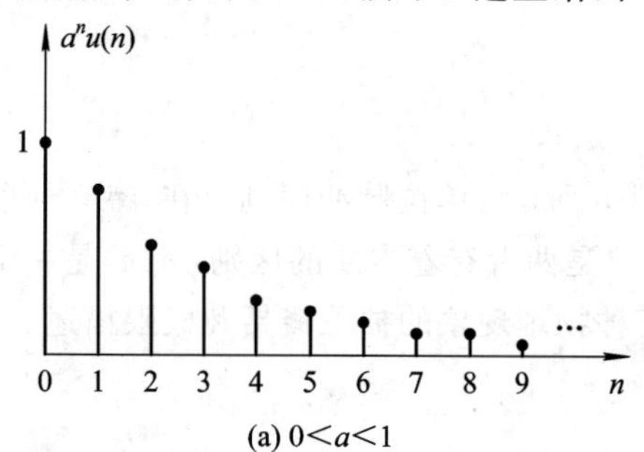

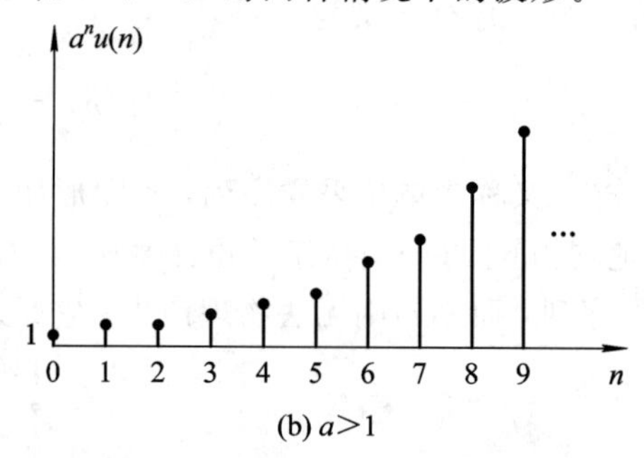

图 1-9 实指数序列

5. 正弦序列

正弦序列定义为

$$x(n)=A\sin(n\omega+\varphi) \tag{1-22}$$

式中，A 为正弦序列的幅度；ω 为正弦序列的数字域频率，反映正弦序列变化的速率；φ 为正弦序列的起始相位。正弦序列如图 1-10 所示。

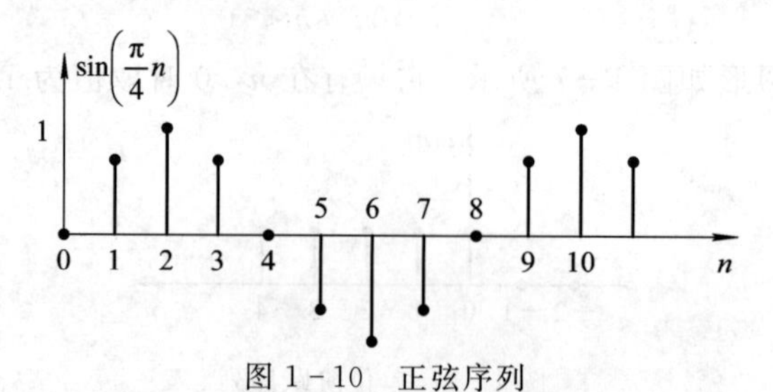

图 1-10 正弦序列

与正弦序列对应的模拟正弦信号为

$$x_a(t) = A\sin(\Omega t + \varphi) \tag{1-23}$$

式中，A 为正弦信号的幅度；Ω 为正弦信号的角频率；φ 为正弦信号的起始相位。以采样周期 T 对模拟正弦信号 $x_a(t)$ 采样可得到正弦序列。序列值与采样信号值相等，则数字频率与模拟频率之间的关系为

$$\omega = \Omega T \tag{1-24}$$

由于采样频率和采样周期互为倒数，式(1-24)也可以表示为

$$\omega = \frac{\Omega}{f_s} \tag{1-25}$$

式(1-25)表示数字频率是模拟角频率对采样频率的归一化频率，代表了序列值变化的速率。所以，它只有关于采样周期的相对时间意义，没有绝对的时间和频率的意义。

6. 复指数序列

复指数序列定义为

$$x(n) = \mathrm{e}^{\mathrm{j}\omega_0 n} \tag{1-26}$$

复指数序列与正弦序列的关系为

$$x(n) = \cos\omega_0 n + \mathrm{j}\sin\omega_0 n \tag{1-27}$$

7. 周期序列

如果序列满足如下关系，则称为周期序列。

$$x(n) = x(n+N) \tag{1-28}$$

周期序列的周期规定为满足式(1-28)的最小正整数 N。图1-11给出了 N=8 的周期序列。正弦序列是典型的周期序列。

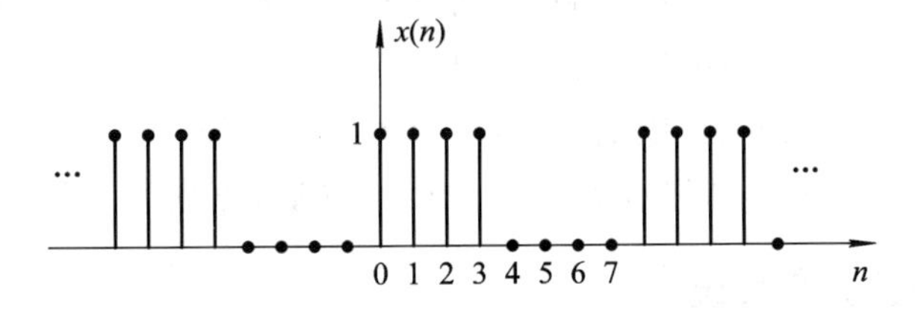

图1-11 周期序列

定义了以上这些基本序列之后，任意一个复杂序列都可以分解为这些基本序列的叠加。

例1-1 将如图1-12所示的序列用单位冲激序列表示。

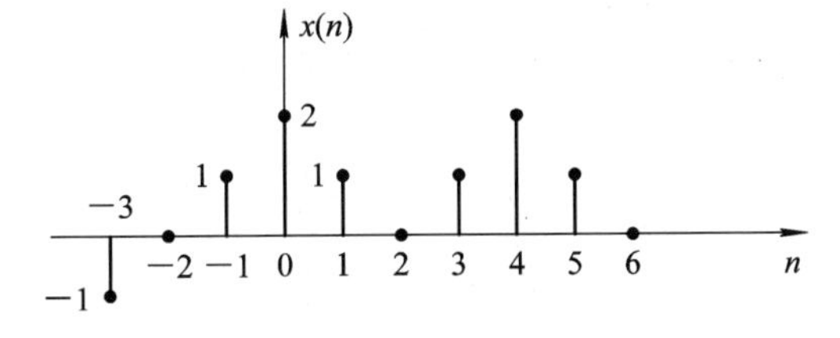

图1-12 例1-1图

解 由图1-12得到

$$x(n) = -\delta(n+3) + \delta(n+1) + 2\delta(n) + \delta(n-1) + \delta(n-3) + 2\delta(n-4) + \delta(n-5)$$

推而广之，任意一个序列都可以表示成为单位冲激序列的位移加权和，即

$$x(n)=\sum_{m=-\infty}^{\infty}x(m)\delta(n-m) \tag{1-29}$$

两个序列之间可以进行相加或相乘等运算。两个序列相加或相乘就是同序号的值进行相加或相乘。此外，一个序列的抽取和内插在实际中有许多用途，一个 $x(n)$其时间尺度变换序列 $x(mn)$称为原序列的抽取序列，其时间尺度变换序列 $x\left(\frac{n}{m}\right)$称为原序列的内插序列。以 $m=2$ 为例，原序列 $x(n)$、抽取序列 $x(2n)$、内插序列 $x\left(\frac{n}{2}\right)$的波形如图 1-13 所示。

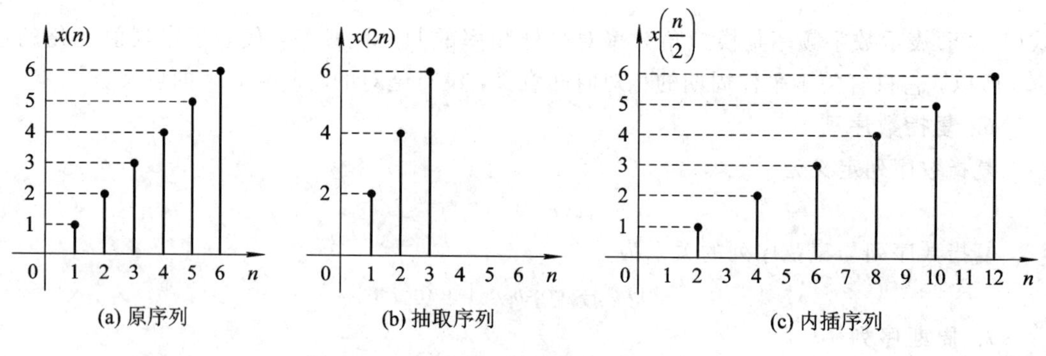

图 1-13　原序列及其抽取序列和内插序列

1.3　离散时间系统的时域描述

数字信号处理的本质是对输入序列进行加工或变换使输出序列符合某种需要。设运算关系为 $T[\cdot]$，则离散时间系统的输入与输出之间关系为 $y(n)=T[x(n)]$。对 $T[\cdot]$加以种种约束，可定义出具有各类性质的离散时间系统，其中最重要、最常用的是线性时不变系统(Linear Time Invariant，LTI)，现实中的很多物理系统都可以用 LTI 系统来表征。

1.3.1　LTI 离散时间系统

线性系统：

设 $y_1(n)=T[x_1(n)]$，$y_2(n)=T[x_2(n)]$，则

$$T[a_1x_1(n)+a_2x_2(n)]=a_1T[x_1(n)]+a_2T[x_2(n)] \tag{1-30}$$

例 1-2　判断系统 $y(n)=2x(n)+3$ 是否为线性系统。

解　因为

$$T[ax_1(n)]=2ax_1(n)+3$$
$$T[bx_2(n)]=2bx_2(n)+3$$

而

$$T[ax_1(n)+bx_2(n)]=2ax_1(n)+2bx_2(n)+3$$

故 $T[ax_1(n)+bx_2(n)]\neq aT[x_1(n)]+bT[x_2(n)]$，表示该系统是非线性系统。

时不变系统：对于系统 $T[x(n)]=y(n)$，如果有

$$T[x(n-m)]=y(n-m) \tag{1-31}$$

则系统称为时(移)不变系统，即系统的变换关系不随时间而变化。

例 1-3 判断系统 $y(n)=x(n)-x(n-1)$是否为时不变系统。

解 因为

$$T[x(n)]=x(n)-x(n-1)=y(n)$$
$$T[x(n-m)]=x(n-m)-x(n-m-1)$$

而

$$y(n-m)=x(n-m)-x(n-m-1)$$

有

$$T[x(n-m)]=y(n-m)$$

故 $y(n)=x(n)-x(n-1)$，表示该系统是时不变系统。

例 1-4 判断系统 $y(n)=x(n)\sin(\omega n)$是否为线性系统，是否为时不变系统。

解 令输入为 $x(n-m)$，输出为 $y'(n)=x(n-m)\sin(\omega n)$。

而

$$y(n-m)=x(n-m)\sin[\omega(n-m)]\neq y'(n)$$

所以系统是时变的。又因为

$$\begin{aligned}T[ax_1(n)+bx_2(n)]&=ax_1(n)\sin(\omega n)+bx_2(n)\sin(\omega n)\\&=aT[x_1(n)]+bT(x_2(n)]\end{aligned}$$

所以系统是线性系统。

1.3.2 离散时间系统的单位脉冲响应

LTI 离散时间系统的单位脉冲响应 $h(n)$定义：在零状态下，系统对输入 $\delta(n)$的响应，即

$$h(n)=T[\delta(n)] \tag{1-32}$$

这样，一个 LTI 离散时间系统特性就可以用该系统的单位脉冲响应 $h(n)$来描述。如果已知系统的单位脉冲响应 $h(n)$，则该系统输入与输出的关系为

$$y(n)=h(n)*x(n)=\sum_{m=-\infty}^{\infty}x(n-m)h(m) \tag{1-33}$$

即 LTI 离散时间系统的输出 $y(n)$为输入序列 $x(n)$与系统单位脉冲响应 $h(n)$的卷积。

式(1-33)可简单推导如下：

由于

$$y(n)=T[x(n)]$$

而

$$x(n)=\sum_{m=-\infty}^{\infty}x(m)\delta(n-m)$$

故

$$y(n)=T\Big[\sum_{m=-\infty}^{\infty}x(m)\delta(n-m)\Big]$$

根据线性性质，则

$$y(n)=\sum_{m=-\infty}^{\infty}x(m)T[\delta(n-m)]$$

根据时不变性质，则

$$y(n) = \sum_{m=-\infty}^{\infty} x(m) \cdot h(n-m) = x(n) * h(n)$$

系统的单位脉冲响应 $h(n)$不仅可以描述系统输入与输出的关系，还可用来描述系统的因果性与稳定性。

对于一个因果系统，系统在某个时刻的输出 $y(n)$只取决于该时刻的输入 $x(n)$和过去时刻的输入 $x(n-1)$，…，$x(n-k)$，而与未来的输入 $x(n+1)$，$x(n+2)$，…无关。实际的模拟系统都是因果系统。但是，数字信号处理系统可以通过将 $x(n+1)$，$x(n+2)$，…等数据进行存储，使其与 $x(n)$，$x(n-1)$，…，$x(n-k)$等数据共同作为输入数据，所以数字信号处理系统可以是非因果系统。

线性移不变因果系统的充要条件是

$$h(n) = 0, \quad n < 0 \tag{1-34}$$

即系统的单位脉冲响应 $h(n)$是因果序列。

一个完成某种实际功能的系统必须是稳定系统。所谓稳定，就是系统在有界的输入下产生有界的输出。线性移不变稳定系统的充要条件是

$$\sum_{n=-\infty}^{\infty} | h(n) | = p < \infty \tag{1-35}$$

即系统的单位脉冲响应 $h(n)$满足绝对可和条件。

既满足稳定性又满足因果性的系统称为稳定的因果系统，这种系统的单位脉冲响应 $h(n)$既是单边的，又是绝对可和的，即

$$\begin{cases} h(n) = \begin{cases} h(n), & n \geqslant 0 \\ 0, & n < 0 \end{cases} \\ \sum\limits_{n=-\infty}^{\infty} | h(n) | < \infty \end{cases} \tag{1-36}$$

例 1-5 试判断下列系统是否是因果系统和稳定系统。

(1) $y(n)=x(n)+x(n+1)$；(2) $y(n)=\mathrm{e}^{x(n)}$。

解 (1) 由系统的差分方程可知 $h(n)=\delta(n)+\delta(n+1)$，$h(n)$不满足因果条件，所以系统是非因果的。但 $h(n)$满足稳定条件，所以系统是稳定的。

(2) 因果系统的判断依据是：因果系统的输出只取决于现在时刻和过去时刻的输入，而与未来时刻的输入无关。该系统的输出只取决于 $x(n)$的现在值和过去值，而与以后的时刻无关，所以系统是因果的。

稳定系统的判断依据是：稳定系统输入$|x(n)|\leqslant M$时，则系统的输出$|y(n)|<\infty$。当该系统满足$|x(n)|\leqslant M$时，$|y(n)|=|\mathrm{e}^{x(n)}|\leqslant \mathrm{e}^{|x(n)|}\leqslant \mathrm{e}^{M}$，所以系统是稳定的。

数字滤波器是典型的 LTI 离散时间系统，根据系统的单位脉冲响应 $h(n)$的长度是否为有限长，可以将数字滤波器分为无限长脉冲响应滤波器和有限长脉冲响应滤波器两类，前者简称为 IIR(Infinite Impulse Response)滤波器，后者简称为 FIR(Finite Impulse Response)滤波器。

1.3.3 离散时间系统的线性常系数差分方程

一个连续时间线性系统可以用常系数线性微分方程来表达，而对于离散时间线性系

统，则用常系数线性差分方程来描述其输入输出序列之间的运算关系。N 阶常系数线性差分方程的一般形式为

$$y(n)=\sum_{j=0}^{M}b_j x(n-j)-\sum_{i=1}^{N}a_i y(n-i) \tag{1-37}$$

其中，a_i、b_j都是常数，且方程中仅出现 $y(n-i)$和 $x(n-i)$各项的一次幂，也没有相互的相乘项，故称为常系数线性差分方程。差分方程的阶数根据 $y(n-i)$中 i 的最大值和最小值之差确定，式(1-37)是 N 阶差分方程。

差分方程描述了系统输入与输出之间的关系，而要了解系统在某种激励下的响应，还需求解差分方程，目前有递推法、时域经典法、Z 域变换法三种求解差分方程的方法。时域经典法类似于经典法求解微分方程，比较麻烦，使用较少。Z 域变换法将在第 2 章详细介绍，这里只给出递推(迭代)法求解例题。

例 1-6 已知系统的差分方程为 $y(n)-ay(n-1)=x(n)$，试求系统的单位脉冲响应 $h(n)$。

解 差分方程可写为

$$y(n)=ay(n-1)+x(n)$$

根据单位脉冲响应 $h(n)$的定义，可知

$$h(-1)=h(-2)=\cdots=0$$

当 $x(n)=\delta(n)$时，

$$y(n)=h(n)$$

故 $h(n)=ah(n-1)+\delta(n)$，有以下递推关系：

$$n=0 \quad h(0)=ah(-1)+\delta(0)=0+1=1$$

$$n=1 \quad h(1)=ah(0)+\delta(1)=a\cdot 1+0=a$$

$$n=2 \quad h(2)=ah(1)+\delta(2)=a^2+0=a^2$$

$$\vdots$$

$$n=n \quad h(n)=ah(n-1)+\delta(n)=a^n+0=a^n$$

所以，系统的单位脉冲响应为

$$h(n)=a^n u(n)$$

例 1-7 已知系统的差分方程为 $y(n)-ay(n-1)=x(n)$，试求系统在 $y(-1)=1$ 的初始条件下，系统对 $x(n)=\delta(n)$的输出 $y(n)$。

解 差分方程可写为

$$y(n)=ay(n-1)+x(n)$$

根据已知初始条件 $y(-1)=1$，有以下递推关系：

$$n=0 \quad y(0)=ay(-1)+\delta(0)=a+1$$

$$n=1 \quad y(1)=ay(0)+\delta(1)=(a+1)a$$

$$n=2 \quad y(2)=ay(1)+\delta(2)=(a+1)a^2$$

$$\vdots$$

$$n=n \quad y(n)=(a+1)a^n u(n)$$

以上两个例题说明，系统的差分方程是描述系统的数学模型，而系统的响应由输入序列和初始条件两者共同决定。

1.4 MATLAB 用于离散时间信号与系统分析

1.4.1 用 MATLAB 实现序列产生及其基本运算

MATLAB 没有现成的函数表示单位冲激序列和单位阶跃序列，需要先定义产生以下两个基本序列的函数，以便后续可以直接调用。

```
function[x, n]=impseq(n0, n1, n2)%产生冲激序列的函数
n=[n1:n2];
x=[(n-n0)==0];
function[x, n]=stepseq(n0, n1, n2)%产生阶跃序列的函数
n=[n1:n2];
x=[(n-n0)>=0];
```

例 1-8 用 MATLAB 程序来产生下列基本序列。

(1) 单位脉冲序列：起点 n_s，终点 n_f，在 $n_p=3$ 处有一单位冲激($n_s \leqslant n_p \leqslant n_f$)。

(2) 单位阶跃序列：起点 n_s，终点 n_f，在 $n_p=3$ 前为 0，在 n_s 处及以后为 1($n_s \leqslant n_p \leqslant n_f$)。

(3) 复数指数序列：取 $a=-0.2$，$\omega=0.5$，起点 $n_{s3}=-2$，终点 n_f。

解 主程序如下：

```
clear,
ns=0;
nf=10;
np=3;
ns3=-2;
[x1, n1]=impseq(np, ns, nf);
[x2, n2]=stepseq(np, ns, nf);
n3=ns3:nf; x3=exp((-0.2+0.5j) * n3);
subplot(2, 2, 1), stem(n1, x1, 'k', 'filled', 'MarkerSize', 5, 'LineWidth', 2);
title('单位脉冲序列', 'FontSize', 7.5)
subplot(2, 2, 3), stem(n2, x2, 'k', 'filled', 'MarkerSize', 5, 'LineWidth', 2);
title('单位阶跃序列', 'FontSize', 7.5);
subplot(2, 2, 2), stem(n3, real(x3), 'k', 'filled', 'MarkerSize', 5, 'LineWidth', 2);
line([-5, 10], [0, 0])
title('复指数序列实部', 'FontSize', 7.5);
subplot(2, 2, 4), stem(n3, imag(x3), 'k', 'filled', 'MarkerSize', 5, 'LineWidth', 2);
line([-5, 10], [0, 0]), title('复指数序列虚部', 'FontSize', 7.5);
```

程序运行结果如图 1-14 所示。

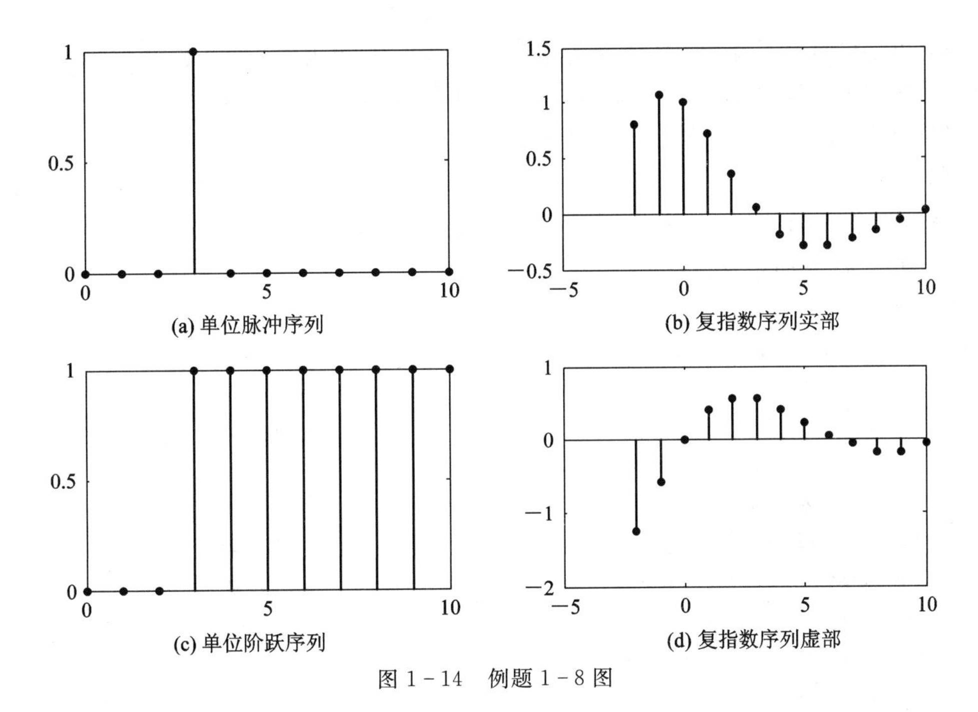

图 1 - 14 例题 1 - 8 图

1.4.2 用 MATLAB 计算卷积和相关函数

卷积运算在信号与系统分析中起着重要作用，MATLAB 提供了一个内部函数 conv 来计算两个有限长度序列的卷积。调用方法是 y=conv(x，h)，这个函数不需要输入序列的位置信息，默认两个序列都从 n=0 开始，也无法给出输出序列的位置信息。如果要对不是从零开始的两个序列进行卷积，定义 conv_m 函数来完成。conv_m 为 conv 卷积函数的简单扩展，它能完成任意位置序列的卷积，其定义如下：

```
function [y, ny]=conv_m(x, nx, h, nh)
nyb=nx(1)+nh(1); nye=nx(length(x))+nh(length(h));
ny=[nyb:nye];
y=conv(x, h);
```

例 1 - 9 利用 MATLAB 计算下面两个序列的卷积：

$$x(n)=[3,\ 11,\ 7,\ \underset{\uparrow}{0},\ -1,\ 4,\ 2],\ -3\leqslant n\leqslant 3$$

$$h(n)=[2,\ \underset{\uparrow}{3},\ 0,\ -5,\ 2,\ 1],\ -1\leqslant n\leqslant 4$$

源程序如下：

```
x=[3, 11, 7, 0, -1, 4, 2]; nx=[-3:3];
h=[2, 3, 0, -5, 2, 1]; nh=[-1:4];
[y, ny]=conv_m(x, nx, h, nh)
```

运行结果为

```
y=
        6  31  47  6  -51  -5  41  18  -22  -3  8  2
ny=
        -4  -3  -2  -1  0  1  2  3  4  5  6  7
```

相关也是信号与系统分析中重要的运算，MATLAB 提供了一个内部函数 xcorr 来计算两个序列的相关。调用方法是 y=xcorr(x, h)，而计算序列的自相关为 y=xcorr(x)。下面这个例题说明 MATLAB 中的卷积可以实现序列的相关计算。

例 1-10 已知 $x(n)=[3, 11, 7, \underset{\uparrow}{0}, -1, 4, 2]$是原序列，设 $y(n)$是原 $x(n)$受到噪声污损并移位了的序列 $y(n)=x(n-2)+\omega(n)$，这里 $\omega(n)$是均值为 0、方差为 1 的高斯随机序列。计算 $y(n)$和 $x(n)$之间的互相关。

源程序如下：

```
x=[3, 11, 7, 0, -1, 4, 2];
nx=[-3:3];                                  %给出信号 x(n)
[y, ny]=sigshift(x, nx, 2);                 %获得 x(n-2)
w=randn(1, length(y)); nw=ny;               %产生 w(n)
[y, ny]=sigadd(y, ny, w, nw);               %得到 y(n)=x(n-2)+w(n)
[x, nx]=sigfold(x, nx);                     %获得 x(-n)
[rxy, nrxy]=conv_m(y, ny, x, nx);           %计算卷积，即相关
subplot(1, 1, 1), subplot(2, 1, 1);
stem(nrxy, rxy, 'MarkerSize', 5)
axis([-4, 8, -50, 250]);
xlabel('lag variable l', 'FontSize', 7.5)
text(2.3, 200, '最大', 'FontSize', 7.5);
```

分析 $y(n)$的组成可见，$y(n)$与 $x(n-2)$是相似的，所以，在 $n=2$ 处它们的互相关呈现很强的相似性，从图 1-15 可以看出，互相关的峰值确实在 $n=2$ 处出现。

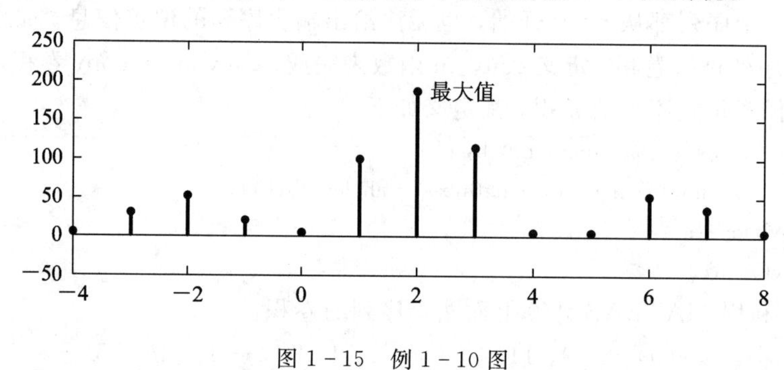

图 1-15 例 1-10 图

1.4.3 用 MATLAB 求解差分方程

已知离散系统的差分方程和输入序列，利用 MATLAB 中的 filter 函数可以对差分方程进行数值求解。调用格式如下：

```
y=filter(b, a, x)
```

其中，$b=[b_0, b_1, \cdots, b_M]$；$a=[a_0, a_1, \cdots, a_N]$分别是差分方程中右端和左端的系数矩阵，$x$ 是输入序列矩阵。

例 1-11 已知差分方程：$y(n)-y(n-1)+0.9y(n-2)=x(n)$；$\forall n$。

(1) 计算并画出在 $n=-20, \cdots, 100$ 的脉冲响应 $h(n)$。

(2) 计算并画出在 $n=-20, \cdots, 100$ 的单位阶跃响应 $s(n)$。

解 由已知差分方程得到其系统矩阵是 $b=[1]$；$a=[1, -1, 0.9]$。

源程序如下：

```
b=[1]; a=[1, -1, 0.9];
x=impseq(0, -20, 120);
n=[-20:120];
h=filter(b, a, x);
subplot(2, 1, 1);
stem(n, h, 'MarkerSize', 5);
x=stepseq(0, -20, 120);
s=filter(b, a, x);
subplot(2, 1, 2);
stem(n, s, 'MarkerSize', 5)
```

系统的单位脉冲响应和单位阶跃响应如图 1-16 所示。

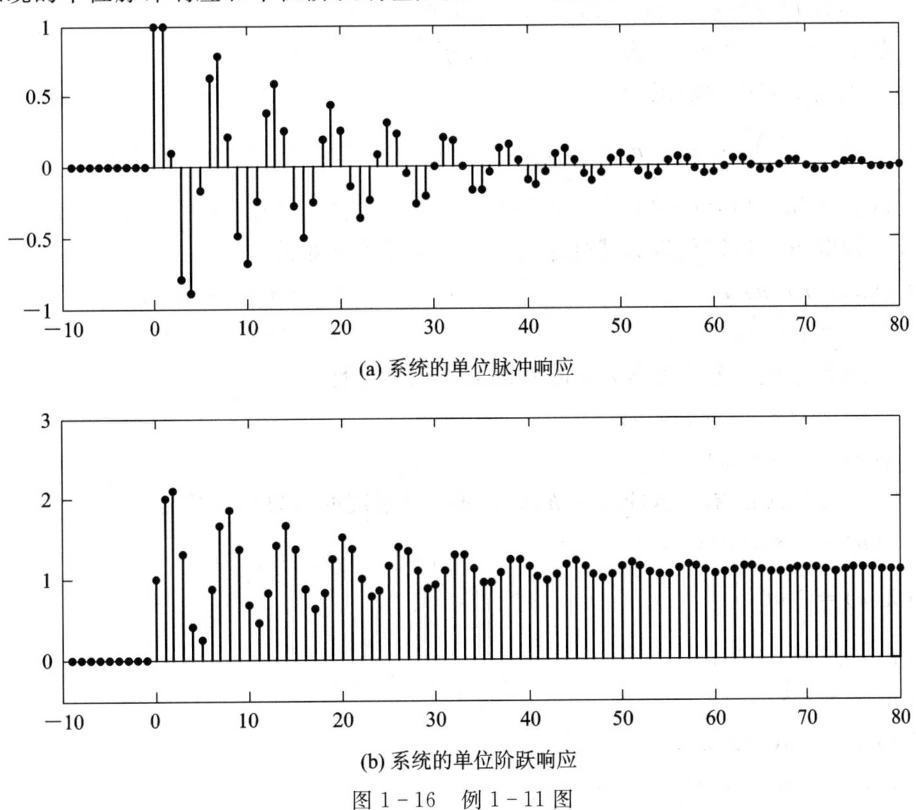

(a) 系统的单位脉冲响应

(b) 系统的单位阶跃响应

图 1-16 例 1-11 图

习 题

1-1 对三个正弦信号 $x_{a1}(t)=\cos2\pi t$，$x_{a2}(t)=-\cos6\pi t$，$x_{a3}(t)=\cos10\pi t$ 进行理想采样，采样频率为 $\Omega_s=8\pi$。画出 $x_{a1}(t)$、$x_{a2}(t)$、$x_{a3}(t)$的波形及采样点位置；画出三个采样输出序列的频谱，并解释是否发生频谱混叠现象。

1-2 用单位脉冲序列及其加权和表示题 1-2 图所示的序列。

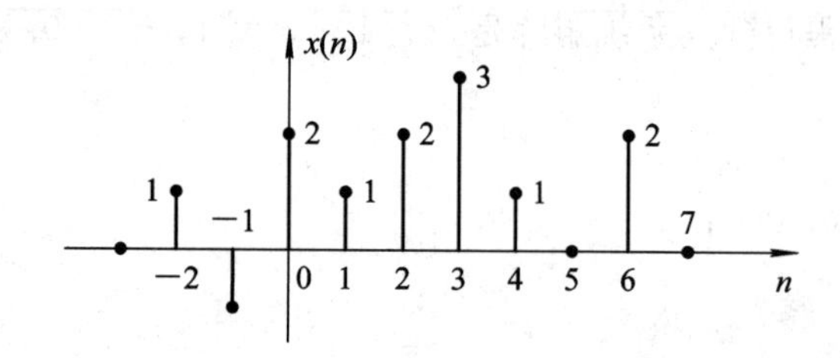

题 1-2 图

1-3 给定信号 $x(n)=\begin{cases}2n+4, & -4\leqslant n\leqslant -1\\ 4, & 0\leqslant n\leqslant 4\\ 0, & 其他\end{cases}$

(1) 画出 $x(n)$的波形，标出各序列值。

(2) 试用延迟的单位脉冲序列及其加权和表示 $x(n)$序列；

(3) 令 $x_1(n)=2x(n-2)$，画出 $x_1(n)$的波形；

(4) 令 $x_2(n)=x(2-n)$，画出 $x_2(n)$的波形。

1-4 画出下列序列的图形。

(1) $x(n)=\left(\dfrac{1}{2}\right)^n[u(n)-u(n-5)]$；　　(2) $x(n)=nu(n-4)$；

(3) $x(n)=(n-4)u(n-4)$；　　(4) $x(n)=(n-4)u(n+4)$。

1-5 判断下列系统是否为线性系统，是否为移不变系统。

(1) $y(n)=nx(n)$；　　(2) $y(n)=x(n^2)$；

(3) $y(n)=x^2(n)$；　　(4) $y(n)=3x(n)+5$。

1-6 已知系统的差分方程，判断系统的因果稳定性。

(1) $y(n)=x(n)-x(n-2)$；

(2) $y(n)=x(n-n_0)$。

1-7 已知系统的单位脉冲响应 $h(n)$，试指出系统的因果性及稳定性。

(1) $h(n)=0.8^n u(n)$；

(2) $h(n)=\dfrac{1}{n^2}u(n)$；

(3) $h(n)=\delta(n+6)$；

(4) $h(n)=2^n R_N(n)$；

(5) $h(n)=\sin(n)u(n)$；

(6) $h(n)=\delta(n+1)+\delta(n)+3\delta(n-1)$。

1-8 已知 LTI 系统的单位脉冲响应 $h(n)$和输入序列 $x(n)$，利用卷积求输出序列 $y(n)$。

(1) $h(n)=R_4(n)$，$x(n)=R_4(n)$；

(2) $h(n)=2^n R_3(n)$，$x(n)=\delta(n)-\delta(n-2)$；

(3) $h(n)=a^n u(n)$，$x(n)=b^n u(n)$。

第2章

离散时间信号与系统的变换域分析方法

第1章介绍了离散时间信号与系统的时域描述与分析方法，本章主要讨论离散时间信号与系统的变换域分析方法，包括基于离散时间傅里叶变换频域的分析方法和基于Z变换的Z域描述方法。连续时间信号与系统，通过傅里叶变换(Fourier Transform，FT)得到信号频谱和系统频率响应，而离散时间信号与系统，则借助离散时间傅里叶变换(Discrete-Time Fourier Transform，DTFT)获得序列的频谱和系统的频率响应特性。作为分析离散信号与系统的重要数学工具，Z变换将离散系统的数学模型——差分方程转换成代数方程，使求解过程简化，因而Z变换在离散系统分析中的地位与作用类似于连续系统中的拉普拉斯变换。

2.1 离散时间傅里叶变换定义与物理意义

如果序列 $x(n)$ 满足绝对可和的充分必要条件，即

$$\sum_{n=-\infty}^{\infty} |x(n)| < \infty \tag{2-1}$$

则序列 $x(n)$ 的离散时间傅里叶变换存在，其定义为

$$X(e^{j\omega}) = \sum_{n=-\infty}^{\infty} x(n)e^{-j\omega n} \tag{2-2}$$

离散时间傅里叶反变换定义为

$$x(n) = \frac{1}{2\pi}\int_{-\pi}^{\pi} X(e^{j\omega})e^{j\omega n}\,d\omega \tag{2-3}$$

式(2-3)可以理解为：任意一个序列 $x(n)$ 可表示为形如 $\frac{1}{2\pi}e^{j\omega n}d\omega$ 的复指数序列的线性组合，其权重是频率范围从 $-\pi$ 到 π 的复常量 $X(e^{j\omega})$。

例 2-1 求有限长序列 $x(n)=\{1, \underset{\uparrow}{2}, 3, 4, 5\}$ 的离散时间傅里叶变换。

解 利用DTFT定义，则

$$X(e^{j\omega}) = \sum_{-\infty}^{\infty} x(n)e^{-j\omega n} = e^{j\omega} + 2 + 3e^{-j\omega} + 4e^{-j2\omega} + 5e^{-j3\omega}$$

DTFT将序列 $x(n)$ 变换到频域 $X(e^{j\omega})$，$X(e^{j\omega})$ 描述序列 $x(n)$ 的频谱分布。$X(e^{j\omega})$ 是 ω 的连续函数，由于 $X(e^{j(\omega+2\pi k)})=X(e^{j\omega})$，故 $X(e^{j\omega})$ 是以 2π 为周期的周期函数。为了分析目的仅需要 $X(e^{j\omega})$ 的一个周期，即 $\omega\in[0, 2\pi]$ 或 $\omega\in[-\pi, \pi]$ 等)，而不需要整个域 $-\infty<\omega<\infty$。

由于 $X(e^{j\omega})$ 是复值函数，为了用图形描述 $X(e^{j\omega})$，需要分别画出 $X(e^{j\omega})$ 的幅度部分和相位部分，用 $|X(e^{j\omega})|$ 表示幅度频谱，$\arg[X(e^{j\omega})]$ 表示相位频谱，或者 $X(e^{j\omega})$ 的实部和虚部。由于 $X(e^{j\omega})$ 的幅度部分和相位部分具有对称性（稍后讨论），一般情况下，仅需要画出 $X(e^{j\omega})$ 的一半周期，即 $\omega\in[0, \pi]$ 即可。

例 2-2 求 $x(n)=(0.5)^n u(n)$ 的频谱，并画出其幅度频谱和相位频谱，以及 $X(e^{j\omega})$ 的实部和虚部。

解 序列 $x(n)$ 是绝对可加的，因此其离散时间傅里叶变换存在。根据定义，有

$$\begin{aligned}X(e^{j\omega}) &= \sum_{n=-\infty}^{\infty} x(n)e^{-j\omega n} = \sum_{0}^{\infty} (0.5)^n e^{-j\omega n} \\ &= \sum_{n=0}^{\infty}(0.5e^{-j\omega})^n = \frac{1}{1-0.5e^{-j\omega}} \\ &= \frac{e^{j\omega}}{e^{j\omega}-0.5}\end{aligned}$$

$x(n)$ 的幅度频谱和相位频谱以及 $X(e^{j\omega})$ 的实部和虚部如图 2-1 所示。

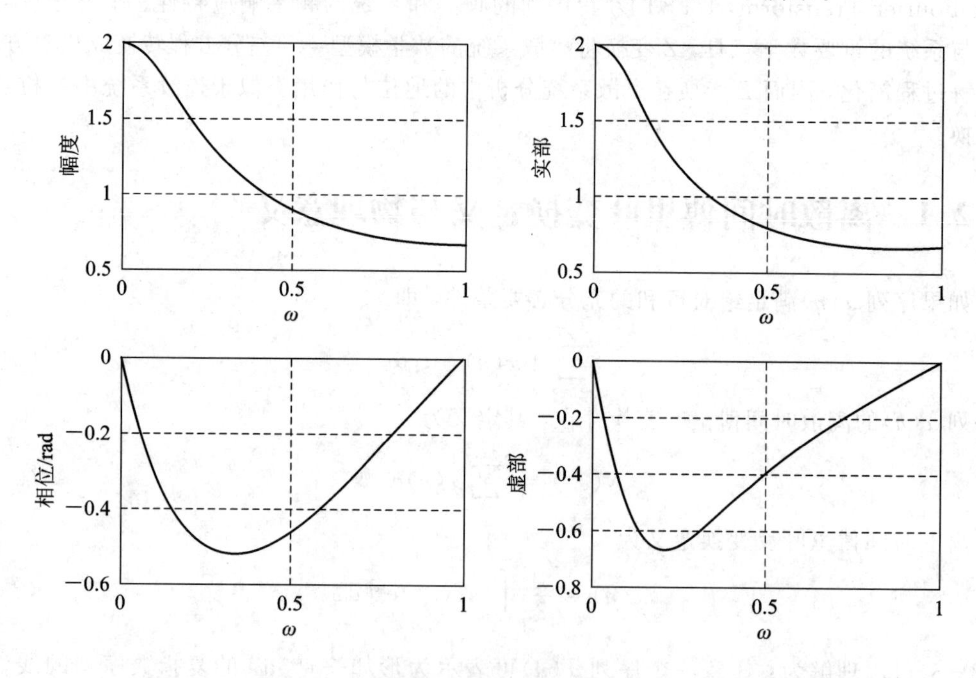

图 2-1 例 2-1 的结果（ω 的单位是 π）

2.2 离散时间傅里叶变换的性质

类似于连续时间的傅里叶变换，离散时间傅里叶变换也存在如下性质。

1. 周期性

离散时间傅里叶变换 $X(e^{j\omega})$ 是 ω 的周期函数，周期为 2π。

$$X(e^{j\omega}) = X(e^{j[\omega+2\pi]}) \tag{2-4}$$

2. 对称性

对于实值 $x(n)$，$X(e^{j\omega})$是共轭对称的，即

$$X(e^{j\omega}) = X^*(e^{j\omega}) \tag{2-5}$$

或者

$$\mathrm{Re}[X(e^{-j\omega})]=\mathrm{Re}[X(e^{j\omega})] \qquad 实部偶对称$$

$$\mathrm{Im}[X(e^{-j\omega})]=-\mathrm{Im}[X(e^{j\omega})] \qquad 虚部奇对称$$

$$|X(e^{-j\omega})|=|X(e^{j\omega})| \qquad 幅度谱偶对称$$

$$\arg[X(e^{-j\omega})]=-\arg[X(e^{j\omega})] \qquad 相位谱奇对称$$

3. 线性性质

离散时间傅里叶变换是一个线性变换，即对于任意 α、β 有

$$\alpha x_1(n)+\beta x_2(n)\leftrightarrow\alpha X_1(e^{j\omega})+\beta X_2(e^{j\omega}) \tag{2-6}$$

4. 时移性质

序列在时域的移位相应于频域的相移，即

$$x(n-k)\leftrightarrow e^{-j\omega k}X(e^{j\omega}) \tag{2-7}$$

5. 频移性质

在时域乘以复指数相应于频域中的移位，即

$$x(n)e^{j\omega_0 n}\leftrightarrow X(e^{j(\omega-\omega_0)}) \tag{2-8}$$

6. 共轭性质

在时域中的共轭相应于频域中的反转和共轭，即

$$x^*(n)\leftrightarrow X^*(e^{-j\omega}) \tag{2-9}$$

7. 反转性质

在时域中的反转相应于频域中的反转，即

$$x(-n)\leftrightarrow X(e^{-j\omega}) \tag{2-10}$$

8. 序列的卷积

序列的卷积是一个最有用的性质，它使得在频域进行系统分析非常方便。

$$x_1(n) * x_2(n)\leftrightarrow X_1(e^{j\omega})X_2(e^{j\omega}) \tag{2-11}$$

9. 序列的相乘

序列的相乘是序列卷积性质的对偶性质。

$$x_1(n)\cdot x_2(n)\leftrightarrow \frac{1}{2\pi}\int X_1(e^{j\theta})X_2(e^{j(\omega-\theta)})d\theta \tag{2-12}$$

10. 能量守恒(帕斯维尔定理)

序列 $x(n)$的能量可写成

$$\sum_{-\infty}^{\infty}|x(n)|^2=\frac{1}{2\pi}\int_{-\pi}^{\pi}|X(e^{j\omega})|^2 d\omega \tag{2-13}$$

11. 实序列对称性

实序列可以分解为它们的偶部和奇部，即

$$x(n)=x_e(n)+x_o(n)$$

那么

$$x_e(n) \leftrightarrow \mathrm{Re}[X(e^{j\omega})] \tag{2-14}$$

$$x_o(n) \leftrightarrow \mathrm{jIm}[X(e^{j\omega})] \tag{2-15}$$

如果序列 $x(n)$是实的且为偶序列，那么 $X(e^{j\omega})$也是实的且为偶函数，因此仅需要在$[0, \pi]$上的一张图就能完全表示。

12. 复序列的对称性

这里详细讨论复序列的对称性，即复序列的实部与虚部或共轭对称与反对称序列与其离散傅里叶变换相应部分的对应关系。

一个复序列 $x(n)$可以用其实部和虚部表示为

$$x(n) = \mathrm{Re}[x(n)] + \mathrm{jIm}[x(n)] \tag{2-16}$$

该复序列 $x(n)$又可以用其共轭对称序列 $x_e(n)$和共轭反对称序列 $x_o(n)$表示为

$$x(n) = x_e(n) + x_o(n) \tag{2-17}$$

其中，

$$x_e(n) = \frac{1}{2}[x(n) + x^*(-n)] \tag{2-18}$$

$$x_o(n) = \frac{1}{2}[x(n) - x^*(-n)] \tag{2-19}$$

同理，对于离散时间傅里叶变换 $X(e^{j\omega})$也可以表示如下：

$$X(e^{j\omega}) = \mathrm{Re}[X(e^{j\omega})] + \mathrm{jIm}[X(e^{j\omega})] \tag{2-20}$$

$$X(e^{j\omega}) = X_e(e^{j\omega}) + X_o(e^{j\omega}) \tag{2-21}$$

其中，

$$X_e(e^{j\omega}) = \frac{1}{2}[X(e^{j\omega}) + X^*(e^{j\omega})] \tag{2-22}$$

$$X_o(e^{j\omega}) = \frac{1}{2}[X(e^{j\omega}) - X^*(e^{j\omega})] \tag{2-23}$$

序列和其离散时间傅里叶变换存在如下的对应关系：

$$\begin{array}{ccc} x(n)= & \mathrm{Re}[x(n)]+ & \mathrm{jIm}[\mathrm{x(n)}] \\ \updownarrow & \updownarrow & \updownarrow \\ X(e^{j\omega})= & X_e(e^{j\omega})+ & X_o(e^{j\omega}) \end{array}$$

这个关系说明，序列的实部对应其 DTFT 的共轭对称部分，而序列的虚部对应其 DTFT 的共轭反对称部分。

序列和其离散时间傅里叶变换也存在如下的对应关系：

$$\begin{array}{ccc} x(n)= & x_e(n)+ & x_o(n) \\ \updownarrow & \updownarrow & \updownarrow \\ X(e^{j\omega})= & \mathrm{Re}[X(e^{j\omega})]+ & \mathrm{jIm}[X(e^{j\omega})] \end{array}$$

这个关系说明，序列的共轭对称序列对应其 DTFT 的实部，而序列的共轭反对称序列对应其 DTFT 的虚部。

为便于查找使用，将 DTFT 的主要性质整理并列于表 2-1 中。

表 2-1 离散时间傅里叶变换的性质

序号	性质名称	时域表示	离散时间傅里叶变换
1	线性	$ax_1(n)+bx_2(n)$	$aX_1(e^{j\omega})+bX_2(e^{j\omega})$
2	时移	$x(n-n_0)$	$e^{-j\omega n_0}X(e^{j\omega})$
3	频移	$e^{-j\omega_0 n}x(n)$	$X(e^{j(\omega-\omega_0)})$
4	共轭序列	$x^*(n)$	$X^*(e^{-j\omega})$
5	反转序列	$x(-n)$	$X(e^{-j\omega})$
6	时域卷积	$y(n)=x(n)*h(n)$	$Y(e^{j\omega})=X(e^{j\omega})\cdot H(e^{j\omega})$
7	时域乘积	$y(n)=x(n)\cdot h(n)$	$Y(e^{j\omega})=\frac{1}{2\pi}\int_{-\pi}^{\pi}X(e^{j\theta})H(e^{j(\omega-\theta)})d\theta$
8	频域微分	$nx(n)$	$j[dX(e^{j\omega})/d\omega]$
9	序列的实部	$\mathrm{Re}[x(n)]$	$X_e(e^{j\omega})$
10	序列的虚部	$j\mathrm{Im}[x(n)]$	$X_o(e^{j\omega})$
11	共轭对称序列	$x_e(n)$	$\mathrm{Re}[X(e^{j\omega})]$
12	共轭反对称序列	$x_o(n)$	$j\mathrm{Im}[X(e^{j\omega})]$
13	帕斯维尔定理	$\sum_{n=-\infty}^{\infty}\lvert x(n)\rvert^2$	$\frac{1}{2\pi}\int_{-\pi}^{\pi}\lvert X(e^{j\omega})\rvert^2 d\omega$

2.3 离散时间系统的频率响应

引入离散时间傅里叶变换这个数学工具后，可以用系统的频域响应来描述系统特性。系统的频域响应 $H(e^{j\omega})$定义为

$$H(e^{j\omega}) = \sum_{n=-\infty}^{\infty} h(n)e^{-j\omega n} \tag{2-24}$$

这里，$H(e^{j\omega})$是复变量，一般用$|H(e^{j\omega})|$表示幅度频谱，$\arg[H(e^{j\omega})]$表示相位频谱。

例 2-3 已知系统的单位脉冲响应 $h(n)=R_N(n)$，求该系统的频率响应，并画出幅度频谱与相位频谱曲线。

解

$$\begin{aligned}H(e^{j\omega}) &= \sum_{n=-\infty}^{+\infty} R_N(e^{j\omega})e^{-j\omega n}\\ &= \sum_{n=0}^{N-1} e^{-j\omega n} = \frac{1-e^{-j\omega N}}{1-e^{-j\omega}}\\ &= \frac{e^{-j\omega N/2}(e^{j\omega N/2}-e^{-j\omega N/2})}{e^{-j\omega/2}(e^{j\omega/2}-e^{-j\omega/2})}\\ &= e^{-j(N-1)\omega/2}\frac{\sin(\omega N/2)}{\sin(\omega/2)}\end{aligned}$$

图 2-2 分别给出了 $N=4$ 的矩形序列及其幅度频谱与相位频谱曲线。

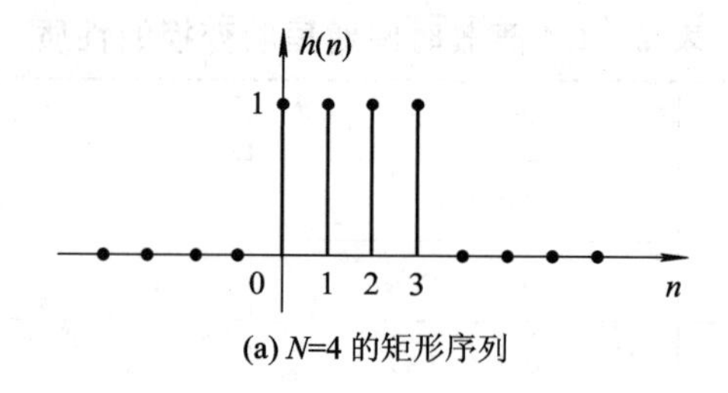

(a) N=4 的矩形序列

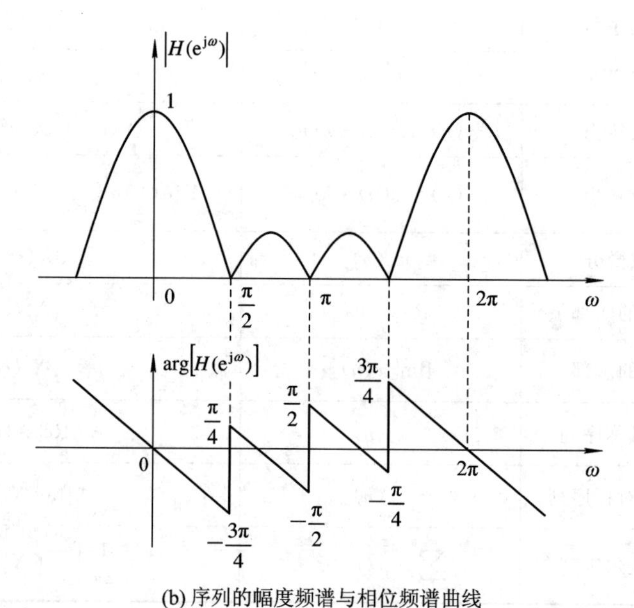

(b) 序列的幅度频谱与相位频谱曲线

图 2-2　长度为 $N=4$ 的矩形序列及其幅度频谱与相位频谱曲线

当离散时间系统用差分方程表示时，也可由差分方程求得系统的频率响应函数。设 LTI 系统的差分方程为

$$y(n)=\sum_{m=0}^{M}b_m x(n-m)-\sum_{l=1}^{N}a_l y(n-l) \tag{2-25}$$

当 $x(n)=e^{j\omega n}$ 时，$y(n)$ 是 $H(e^{j\omega})e^{j\omega n}$，将其代入式(2-20)，有

$$H(e^{j\omega})e^{j\omega n}+\sum_{l=1}^{N}a_l H(e^{j\omega})e^{j\omega(n-l)}=\sum_{m=0}^{M}b_m e^{j\omega(n-m)}$$

消去各项中的公共因式 $e^{j\omega n}$ 项并重新整理后，得

$$H(e^{j\omega})=\frac{\sum_{m=0}^{M}b_m e^{-j\omega m}}{1+\sum_{l=1}^{N}a_l e^{-j\omega l}} \tag{2-26}$$

例 2-4　一 LTI 系统由差分方差 $y(n)=0.8y(n-1)+x(n)$ 表征，求该系统的频率响应 $H(e^{j\omega})$，对输入 $x(n)=\cos(0.05\pi n)u(n)$ 进行计算并画出稳态响应 $y(n)$。

解　将差分方程重新写成

$$y(n)-0.8y(n-1)=x(n)$$

利用式(2-26)，求得

$$H(e^{j\omega}) = \frac{1}{1-0.8e^{-j\omega}}$$

在稳态下，当输入是 $x(n)=\cos(0.05\pi n)$时，其频率为 $\omega_0=0.05\pi$ 和 $\theta_0=0°$，系统的频率响应是

$$H(e^{j0.05\pi}) = \frac{1}{1-0.8e^{-j0.05\pi}} = 4.0928e^{-j0.5377}$$

因此

$$y(n) = 4.0928\cos(0.05\pi n - 0.5377) = 4.0928\cos[0.05\pi(n-3.42)]$$

即该正弦信号被放大 4.0928 倍，移位了 3.42 个单位。本例题的输入序列和输出序列如图 2-3 所示。

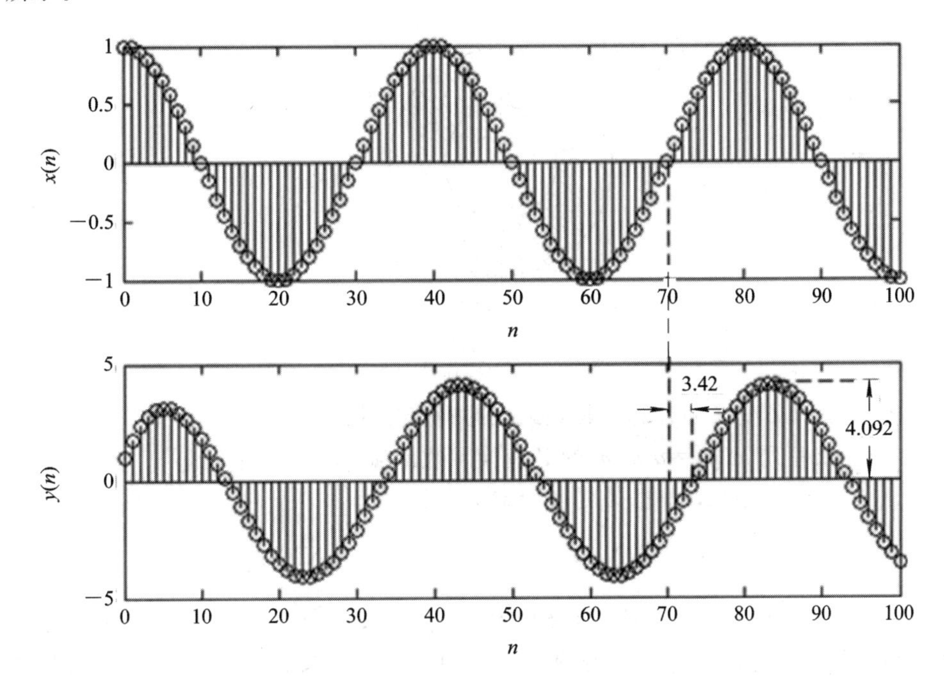

图 2-3　例 2-4 的输入序列和输出序列

从例 2-4 可以看出，系统的频率响应是如何对输入序列进行处理而成为输出序列的。

2.4　Z 变换的定义与收敛域

序列 $x(n)$的双边 Z 变换定义如下：

$$X(z) = Z[x(n)] = \sum_{n=-\infty}^{\infty} x(n)z^{-n} \tag{2-27}$$

将式(2-27)展开，即

$$X(z) = \sum_{n=-\infty}^{\infty} x(n)z^{-n} = \cdots + x(-2)z^2 + x(-1)z + x(0)z^0 + x(1)z^{-1} + x(2)z^{-2} + \cdots$$

由此可见，$X(z)$是 z^{-1}的幂级数之和，级数的系数就是 $x(n)$，$-\infty<n\leqslant-1$ 对应于 $x(n)$的左边序列，构成了 $X(z)$中 z 的正幂级数部分；而 $0\leqslant n<\infty$对应 $x(n)$的右边序列，构成$X(z)$中 z^{-1}中的负幂级数部分。

既然Z变换的实质是z^{-1}的幂级数求和，只有该幂级数收敛时，$X(z)$才存在，Z变换才有意义，故级数收敛的充要条件是绝对可和，即

$$\sum_{n=-\infty}^{\infty} |x(n)z^{-n}| = \sum_{n=-\infty}^{\infty} |x(n)||z|^{-n} = M < \infty \tag{2-28}$$

对于一个序列$x(n)$，使级数$\sum\limits_{n=-\infty}^{\infty} x(n)z^{-n}$收敛的$z$平面中$|z|$的取值区域，称为$X(z)$的收敛域。收敛域一般用$|R_{x-}|<|z|<|R_{x+}|$环状表示，这里$|R_{x-}|$和$|R_{X+}|$分别称为最小收敛半径和最大收敛半径，最小收敛半径可以小到包括0，而最大收敛半径可以大到包括∞，如图2-4所示。

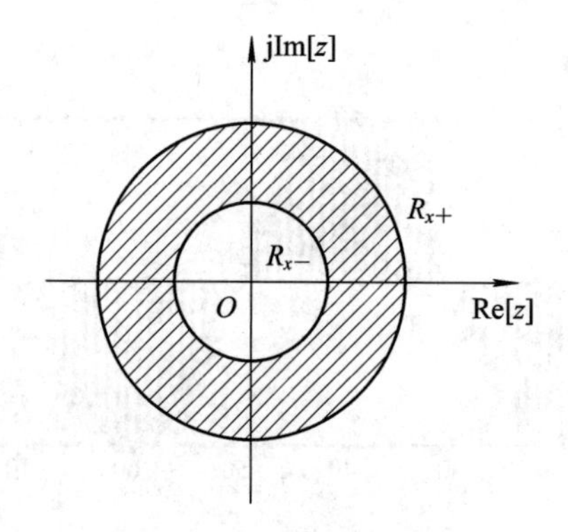

图2-4 Z变换的收敛域

下面举例说明Z变换的计算及其收敛域的确定方法。

例2-5 求序列$x(n)=a^n u(n)$的Z变换及收敛域。

解 $x(n)$为右边序列，根据Z变换的定义，则有

$$X(z) = \sum_{n=-\infty}^{\infty} x(n)z^{-n} = \sum_{n=0}^{\infty} a^n z^{-n} = \sum_{n=0}^{\infty} (az^{-1})^n$$

只有当$|az^{-1}|<1$，即$|z|>|a|$时，该级数才收敛，故$|z|>|a|$区域为$X(z)$的收敛域。即右边序列$x(n)$的Z变换$X(z)$的收敛域是z平面中以原点为圆心、以$|a|$为半径的圆外区域，如图2-5所示。对应的Z变换为

$$X(z) = \frac{1}{1-az^{-1}} = \frac{z}{z-a} \qquad |z|>|a|$$

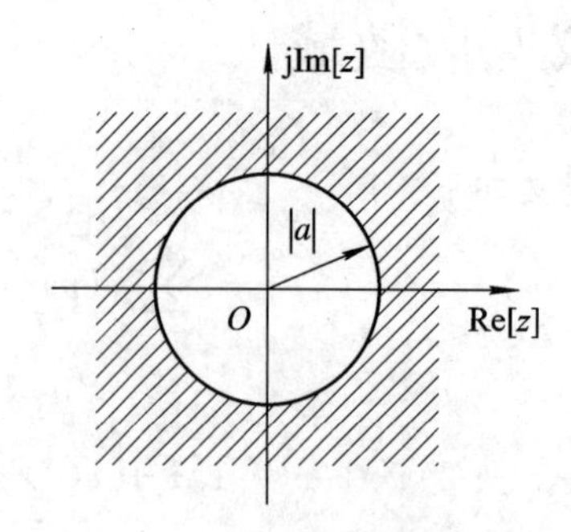

图2-5 右边序列的收剑域

例2-6 求序列$x(n)=-b^n u(-n-1)$的Z变换及其收敛域。

解 $x(n)$为左边序列，根据 Z 变换的定义有

$$X(z)=\sum_{n=-\infty}^{\infty}x(n)z^{-n}=-\sum_{n=-\infty}^{-1}b^{n}z^{-n}=1-\sum_{n=0}^{\infty}(b^{-1}z)^{n}$$

只有当$|b^{-1}z|<1$，即$|z|<|b|$时，该级数才收敛，则$|z|<|b|$区域为 $X(z)$的收敛域。即左边序列 $x(n)$的 Z 变换 $X(z)$的收敛域是 z 平面中以原点为圆心、以$|b|$为半径的圆内区域，如图 2-6 所示。对应的 Z 变换为

$$X(z)=1-\frac{1}{1-b^{-1}z}=\frac{z}{z-b}\qquad |z|<|b|$$

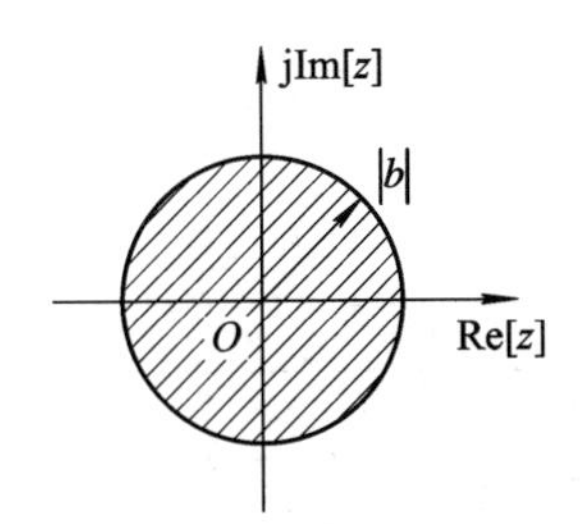

图 2-6 左边序列的收敛域

例 2-7 求双边序列 $x(n)=\begin{cases}a^{n}, & n\geqslant 0\\ b^{n}, & n<0\end{cases}$的 Z 变换及其收敛域。

解 $$X(z)=\sum_{n=-\infty}^{\infty}x(n)z^{-n}=\sum_{n=-\infty}^{-1}b^{n}z^{-n}+\sum_{n=0}^{\infty}a^{n}z^{-n}=\frac{-z}{z-b}+\frac{z}{z-a}$$

利用例 2-5 和例 2-6 的结果，上式第一项收敛域为$|z|<|b|$，第二项收敛域为$|z|>|a|$，在$|a|<|b|$时，双边序列 Z 变换的收敛域为$|b|<|z|<|a|$，即为一个圆环区域，如图 2-7 所示，否则，当$|a|>|b|$时，该则双边序列的 Z 变换便不存在。

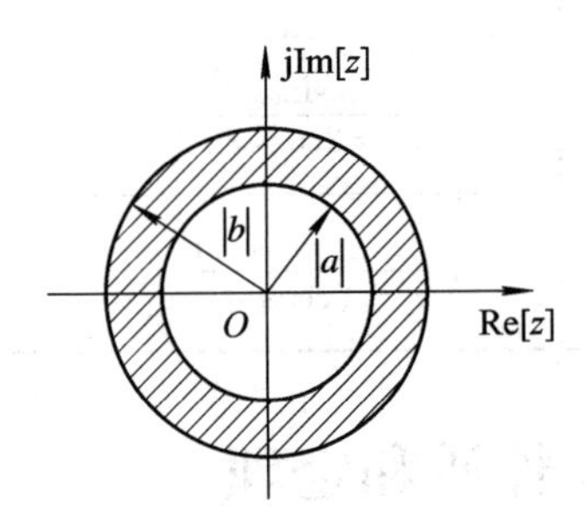

图 2-7 双边序列的收敛域

综合以上讨论，关于 Z 变换的收敛域有以下结论：

(1) 对于右边(因果)序列的 Z 变换，其收敛域为 z 平面上以原点为圆心的一个圆外区域，圆的半径与序列 $x(n)$有关。

(2) 对于左边(非因果)序列的 Z 变换，其收敛域为 z 平面上以原点为圆心的圆内区域，圆的半径取决于序列 $x(n)$。

(3) 对于双边序列的 Z 变换，其收敛域为 z 平面上以原点为圆心的圆环区域，内外半径同样取决于序列 $x(n)$。

最后，为便于查阅，将常用序列的 Z 变换列于表 2-2 中。

表 2-2 常用序列的 Z 变换

序号	$x(n)$	$X(z)$	收敛域
1	$\delta(n)$	1	$0\leqslant\|z\|\leqslant\infty$
2	$u(n)$	$\frac{z}{z-1}$	$1<\|z\|\leqslant\infty$
3	$a^n u(n)$	$\frac{z}{z-a}$	$\|a\|<\|z\|\leqslant\infty$
4	$e^{j\omega_0 n}u(n)$	$\frac{z}{z-e^{j\omega_0}}$	$1<\|z\|\leqslant\infty$
5	$R_N(n)$	$\frac{z(1-z^N)}{z-1}$	$0<\|z\|\leqslant\infty$
6	$nu(n)$	$\frac{z}{(z-1)^2}$	$1<\|z\|\leqslant\infty$
7	$n^2 u(n)$	$\frac{z(z+1)}{(z-1)^3}$	$1<\|z\|\leqslant\infty$
8	$na^n u(n)$	$\frac{az}{(z-a)^2}$	$\|a\|<\|z\|\leqslant\infty$
9	$\sin\omega_0 n\cdot u(n)$	$\frac{z\sin\omega_0}{z^2-2\cos\omega_0+1}$	$1<\|z\|\leqslant\infty$
10	$\cos\omega_0 n\cdot u(n)$	$\frac{z(z-\cos\omega_0)}{z^2-2z\cos\omega_0+1}$	$1<\|z\|\leqslant\infty$

2.5 Z 变换的基本性质和定理

1. 线性性质

若 $Z[x(n)]=X(z)$，$R_{x-}<|z|<R_{x+}$，$Z[y(n)]=Y(z)$，$R_{y-}<|z|<R_{y+}$，则有

$$Z[ax(n)+by(n)]=aX(z)+bY(z)$$
$$\max(R_{x-},R_{y-})<|z|<\min(R_{x+},R_{y+}) \tag{2-29}$$

2. 序列的移位

为了正确地利用 Z 变换的移位特性分析差分方程，这里讨论双边序列左移和右移后序列的单边 Z 变换。

如果 $Z[x(n)]=X(z)$，$R_{x-}<|z|<R_{x+}$。

若序列左移 m 个单位，则

$$Z[x(n+m)] = z^{m}\left[X(z) - \sum_{k=0}^{m-1} x(k)z^{-k}\right],\ m>0,\ R_{x-} < |z| < R_{x+} \tag{2-30}$$

若序列右移 m 个单位，则

$$Z[x(n-m)] = z^{-m}\left[X(z) - \sum_{k=1}^{m} x(-k)z^{k}\right],\ m>0,\ R_{x-} < |z| < R_{x+} \tag{2-31}$$

证明：根据 Z 变换的定义，则

$$Z[x(n-m)] = \sum_{n=0}^{\infty} x(n-m)z^{-n}$$

令 $k=n-m$，则有

$$\begin{aligned}
Z[x(n-m)] &= z^{-k}\sum_{k=-m}^{\infty} x(k)z^{-m} \\
&= z^{-k}\left[\sum_{k=0}^{\infty} x(k)z^{-k} + \sum_{k=-m}^{-1} x(k)z^{-k}\right] \\
&= z^{-k}\left[X(z) + \sum_{k=-m}^{-1} x(k)z^{-k}\right] \\
&= z^{-k}\left[X(z) + \sum_{k=1}^{m} x(-k)z^{k}\right]
\end{aligned}$$

例如，对于 $m=1$ 和 $m=2$ 时，则有

$$Z[(n-1)] = z^{-1}X(z) + x(-1) \tag{2-32}$$

$$Z[x(n-2)] = z^{-2}X(z) + z^{-1}x(-1) + x(-2) \tag{2-33}$$

特殊地，当 $x(n)$ 是右边序列时，由于 $x(-1)=x(-2)=\cdots=x(-m)=0$，则有

$$Z[x(n-m)] = z^{-m}X(z),\ R_{x-} < |z| < R_{x+} \tag{2-34}$$

3. 尺度变换

如果 $Z[x(n)]=X(z)$，$R_{x-}<|z|<R_{x+}$，则有

$$Z[a^{n}x(n)] = X\left(\frac{z}{a}\right),\ |a|R_{x-} < |z| < |a|R_{x+} \tag{2-35}$$

4. Z 域微分

如果 $Z[x(n)]=X(z)$，$R_{x-}<|z|<R_{x+}$，则有

$$Z[nx(n)] = -z\frac{\mathrm{d}}{\mathrm{d}z}X(z),\ R_{x-} < |z| < R_{x+} \tag{2-36}$$

证明：根据 Z 变换定义，有

$$X(z) = \sum_{n=-\infty}^{\infty} x(n)z^{-n}$$

对其两端关于 z 求导，有

$$\begin{aligned}
\frac{\mathrm{d}X(z)}{\mathrm{d}z} &= \frac{\mathrm{d}}{\mathrm{d}z}\left[\sum_{n=-\infty}^{\infty} x(n)z^{-n}\right] = \sum_{n=-\infty}^{\infty} x(n)\frac{\mathrm{d}}{\mathrm{d}z}(z^{-n}) \\
&= \sum_{n=-\infty}^{\infty} -nx(n)z^{-n-1} = -z^{-1}\sum_{n=-\infty}^{\infty} nx(n)z^{-n}
\end{aligned}$$

则有

$$Z[nx(n)]=-z\frac{\mathrm{d}}{\mathrm{d}z}X(z)$$

5. 复共轭序列的 Z 变换

如果 $Z[x(n)]=X(z)$，$R_{x-}<|z|<R_{x+}$，则有

$$Z[x^*(n)]=X^*(z^*),\ R_{x-}<|z|<R_{x+} \tag{2-37}$$

6. 反转序列的 Z 变换

如果 $Z[x(n)]=X(z)$，$R_{x-}<|z|<R_{x+}$，则有

$$Z[x(-n)]=X\left(\frac{1}{z}\right),\ \frac{1}{R_{x-}}<|z|<\frac{1}{R_{x+}} \tag{2-38}$$

证明：

$$Z[x(-n)]=\sum_{n=-\infty}^{\infty}x(-n)z^{-n}=\sum_{n=-\infty}^{\infty}x(n)z^{n}$$

$$=\sum_{n=-\infty}^{\infty}x(n)\,(z^{-1})^{-n}=X\left(\frac{1}{z}\right),\quad \frac{1}{R_{x+}}<|z|<\frac{1}{R_{x-}}$$

7. 时域卷积定理

如果 $y(n)=x(n)*h(n)=\sum\limits_{m=-\infty}^{\infty}x(m)h(n-m)$，且 $X(z)=Z[x(n)]$，$R_{x-}<|z|<R_{x+}$；$H(z)=Z[h(n)]$，$R_{h-}<|z|<R_{h+}$，则有

$$Y(z)=Z[y(n)]=X(z)H(z),\ \max[R_{x-},R_{h-}]<|z|<\min[R_{x+},R_{h+}] \tag{2-39}$$

8. Z 域卷积定理

如果 $y(n)=x(n)\cdot h(n)$，且 $X(z)=Z[x(n)]$，$R_{x-}<|z|<R_{x+}$；$H(z)=Z[h(n)]$，$R_{h-}<|z|<R_{h+}$，则有

$$Y(z)=Z[y(n)]=\frac{1}{2\pi \mathrm{j}}\oint_C X\left(\frac{z}{v}\right)H(v)v^{-1}\mathrm{d}v$$

$$=\frac{1}{2\pi \mathrm{j}}\oint_C X(v)H\left(\frac{z}{v}\right)v^{-1}\mathrm{d}v,\ R_{x-}R_{h-}<|z|<R_{x+}R_{h+} \tag{2-40}$$

9. 初值定理

设 $x(n)$为因果序列，且 $X(z)=Z[x(n)]$，则

$$x(0)=\lim_{z\to\infty}X(z) \tag{2-41}$$

10. 终值定理

设 $x(n)$为因果序列，且 $X(z)=Z[x(n)]$在单位圆上只能有一个一阶极点，其余极点均在单位圆内，则

$$\lim_{n\to\infty}x(n)=\lim_{z\to 1}[(z-1)X(z)] \tag{2-42}$$

11. 帕斯维尔定理

如果 $X(z)=Z[x(n)]$，$R_{x-}<|z|<R_{x+}$；$H(z)=Z[h(n)]$，$R_{h-}<|z|<R_{h+}$；且 $R_{x-}R_{h-}<1<R_{x+}R_{h+}$，则有

$$\sum_{n=-\infty}^{+\infty}x(n)y^*(n)=\frac{1}{2\pi \mathrm{j}}\oint_C X(v)X^*\left(\frac{1}{v^*}\right)v^{-1}\mathrm{d}v \tag{2-43}$$

综上所述，Z 变换的主要性质如表 2-3 所示。

表 2-3　Z 变换的主要性质

序号	名称	性　　质	收 敛 域
1	线性特性	$Z[ax(n)+by(n)]=aX(z)+bY(z)$	$\max(R_{x-}, R_{y-})<\|z\|<\min(R_{x+}, R_{y+})$
2	尺度变换	$Z[a^n x(n)]=X\left(\frac{z}{a}\right)$	$\|a\|R_{x-}<\|z\|<\|a\|R_{x+}$
3	移位特性	$Z[x(n+m)]=z^m\left[X(z)-\sum_{k=0}^{m-1}x(k)z^{-k}\right],\ m>0$	$R_{x-}<\|z\|<R_{x+}$
		$Z[x(n-m)]=z^{-m}\left[X(z)-\sum_{k=1}^{m}x(-k)z^{k}\right],\ m>0$	$R_{x-}<\|z\|<R_{x+}$
		$Z[x(n-m)]=z^{-m}X(z)$	$R_{x-}<\|z\|<R_{x+}$
4	Z 域微分	$Z[nx(n)]=-z\frac{\mathrm{d}}{\mathrm{d}z}X(z)$	$R_{x-}<\|z\|<R_{x+}$
		$Z[n^2x(n)]=\left(-z\frac{\mathrm{d}}{\mathrm{d}z}\right)^2X(z)$	$R_{x-}<\|z\|<R_{x+}$
5	时域卷积	$Z[x(n)*h(n)]=X(z)H(z)$	$\max[R_{x-}, R_{h-}]<\|z\|<\min[R_{x+}, R_{h+}]$
6	Z 域卷积	$Z[x(n)h(n)]=\frac{1}{2\pi \mathrm{j}}\oint_C X\left(\frac{z}{v}\right)H(v)v^{-1}\mathrm{d}v$	$R_{x-}R_{h-}<\|z\|<R_{x+}R_{h+}$
7	初值定理	$x(0)=\lim\limits_{z\to\infty}X(z)$	
8	终值定理	$\lim\limits_{n\to\infty}x(n)=\lim\limits_{z\to1}[(z-1)X(z)]$	
9	帕斯维尔定理	$\sum_{n=-\infty}^{+\infty}x(n)y^*(n)=\frac{1}{2\pi \mathrm{j}}\oint_C X(v)X^*\left(\frac{1}{v^*}\right)v^{-1}\mathrm{d}v$	

2.6　Z 反变换方法

已知 Z 变换 $X(z)$及其收敛域，求序列 $x(n)$称为 Z 反变换，记为 $x(n)=Z^{-1}[X(z)]$。Z 反变换的公式为

$$x(n)=\frac{1}{2\pi \mathrm{j}}\oint_C X(z)z^{n-1}\mathrm{d}z,\ C\in(R_{x-}, R_{x+}) \tag{2-44}$$

其中，C 是收敛域内反时针环绕原点的一条封闭曲线，如图 2-8 所示。

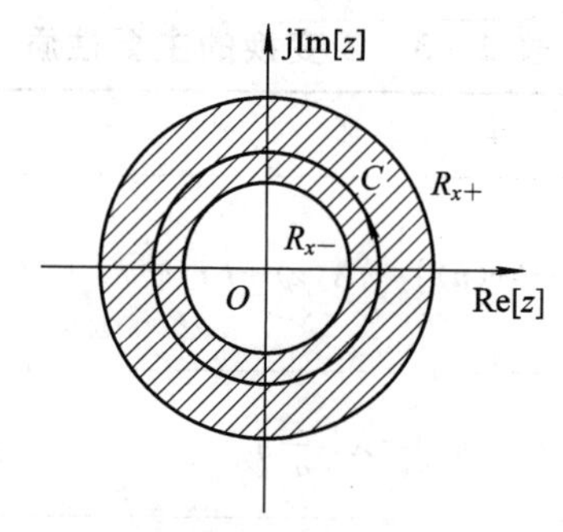

图 2-8 围线积分路径

直接计算围线积分比较麻烦，利用留数定理可将 Z 反变换的问题简化。

1. 留数定理

留数定理为

$$\frac{1}{2\pi j}\oint_C X(z)z^{n-1}\mathrm{d}z = \sum_k \mathrm{Res}\left[X(z)z^{n-1}\right]_{z=z_k} \tag{2-45}$$

式中，z_k 为围线 C 以内 $X(z)z^{n-1}$ 的第 k 个极点，Res[]表示极点的留数。留数计算方法如下：

如果 z_k 是单阶极点，则该极点的留数为

$$\mathrm{Res}\left[X(z)z^{n-1}\right]_{z=z_k} = \left[(z-z_k)X(z)z^{n-1}\right]_{z=z_k} \tag{2-46}$$

如果 z_k 是 N 阶极点，则该极点的留数为

$$\mathrm{Res}\left[X(z)z^{n-1}\right]_{z=z_k} = \frac{1}{(N-1)!}\frac{\mathrm{d}^{N-1}}{\mathrm{d}z^{N-1}}\left[(z-z_k)^N X(z)z^{n-1}\right]_{z=z_k} \tag{2-47}$$

为避免计算围线 C 内高阶极点留数，可用留数辅助定理将计算围线 C 内的极点转换为计算围线 C 外的极点。

2. 留数辅助定理

若 $X(z)z^{n-1}$ 在 z 平面上共有 N 个极点，其中收敛域中围线 C 以内有 N_1 个极点，围线 C 以外有 N_2 个极点，则

$$\sum_{k=1}^{N_1}\mathrm{Res}\left[X(z)z^{n-1},\ z_{1k}\right] = -\sum_{k=1}^{N_2}\mathrm{Res}\left[X(z)z^{n-1},\ z_{2k}\right] \tag{2-48}$$

例 2-8 已知 $X(z)=\dfrac{2z^2-3z+1}{z^2-4z-5}$，收敛域为 $|z|>5$，求原序列 $x(n)$。

解 $X(z)z^{n-1}=\dfrac{2z^2-3z+1}{z(z+1)(z-5)}z^n$，收敛域和极点如图 2-9 所示。

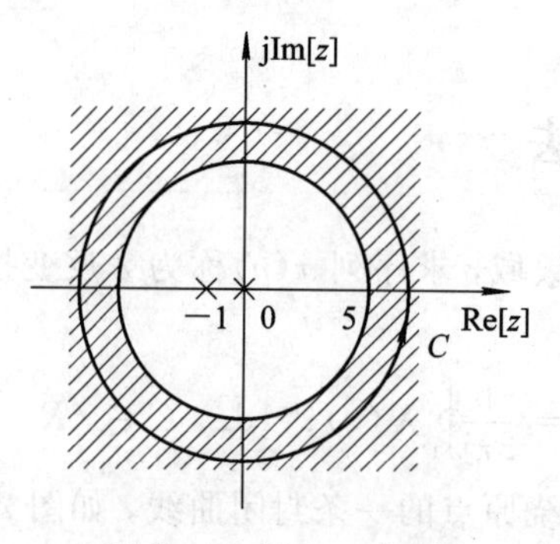

图 2-9 例 2-8 解图

由图可见，$X(z)z^{n-1}$在围线 C 内包含 $z=0$，$z=-1$，$z=5$ 三个一阶极点，则

$$
\begin{aligned}
x(n) &= \mathrm{Res}[X(z)z^n, z=0] + \mathrm{Res}[X(z)z^n, z=-1] + \mathrm{Res}[X(z)z^n, z=5] \\
&= \frac{2z^2-3z+1}{(z+1)(z-5)}z^n\Big|_{z=0} + \frac{2z^2-3z+1}{z(z-5)}z^n\Big|_{z=-1} + \frac{2z^2-3z+1}{z(z+1)}z^n\Big|_{z=5} \\
&= -\left(\frac{1}{5}\right)\delta(n) + (-1)u(n) + \frac{6}{5}(5)^n u(n)
\end{aligned}
$$

例 2-9 已知 $X(z)=\dfrac{5z}{3z^2-7z+2}$，收敛域为$\dfrac{1}{3}<|z|<2$，求原序列 $x(n)$。

解 $X(z)z^{n-1}=\dfrac{-\frac{5}{3}z^n}{\left(z-\frac{1}{3}\right)(z-2)}$，收敛域和极点如图 2-10 所示。

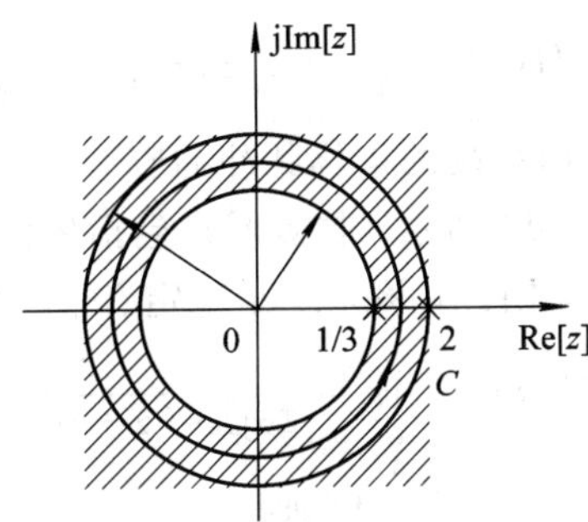

图 2-10 例 2-9 解图

当 $n\geqslant 0$ 时，$X(z)z^{n-1}$在围线 C 内只包含 $z=\dfrac{1}{3}$一个一阶极点，则

$$
x(n) = \mathrm{Res}\left[X(z)z^{n-1}, z=\frac{1}{3}\right] = \frac{-\frac{5}{3}z^n}{\left(z-\frac{1}{3}\right)(z-2)}\left(z-\frac{1}{3}\right)\Big|_{z=\frac{1}{3}} = \left(\frac{1}{3}\right)^n u(n)
$$

当 $n<0$ 时，$X(z)z^{n-1}$在围线 C 内外包含 $z=\dfrac{1}{3}$一个一阶极点和 $z=0$ 处的 n 阶极点，为避免计算 $z=0$ 处的 n 阶极点留数，根据留数辅助定理，转为计算围线 C 外包含的 $z=2$ 一阶极点计算，则

$$
\begin{aligned}
x(n) &= -\mathrm{Res}[X(z)z^{n-1}, z=2] = \frac{\frac{5}{3}z^n}{\left(z-\frac{1}{3}\right)(z-2)}(z-2)\Big|_{z=2} \\
&= 2^n u(-n-1)
\end{aligned}
$$

所以

$$
x(n) = \left(\frac{1}{3}\right)^n u(n) + 2^n u(-n-1)
$$

2.7 离散时间系统的 Z 域系统函数

对于一个线性时不变离散时间系统，其输入和输出关系有 $y_{zs}(n)=x(n)*h(n)$，将其

变换到 Z 域，则 $Y_{zs}(z)=X(z)\cdot H(z)$，所以，系统函数 $H(z)$ 的定义为

$$H(z)=\frac{Y_{zs}(z)}{X(z)} \tag{2-49}$$

表征同一个系统特性的单位脉冲响应 $h(n)$ 和系统函数 $H(z)$ 是一对 Z 变换关系，即

$$H(z)=Z[h(n)]=\sum_{n=-\infty}^{\infty}h(n)z^{-n} \tag{2-50}$$

这样，用单位脉冲响应 $h(n)$ 表示系统的因果性、稳定性的条件，就可用系统函数 $H(z)$ 的收敛域进行描述。因果系统的单位脉冲响应 $h(n)$ 是右边序列，故因果系统的系统函数 $H(z)$ 的收敛域是包括∞在内的某个圆的外部；稳定系统的单位脉冲响应 $h(n)$ 绝对可和，则稳定系统的系统函数 $H(z)$ 的收敛域应该包括单位圆在内；所以，既因果又稳定系统的系统函数 $H(z)$ 的收敛域为 $1\leqslant|z|\leqslant\infty$，即所有极点必须在单位圆以内。

例 2-10 已知系统函数为 $H(z)=\dfrac{0.95}{(1-0.5z^{-1})(1-0.1z)}$，$0.5<|z|<10$，根据收敛域判断系统的因果稳定性，并求出系统的单位脉冲响应。

解 该系统的收敛域如图 2-11 所示，收敛域是包括单位圆而不包括∞的有限环域，符合稳定条件，但不符合因果条件，因此，该系统是稳定、非因果的。

$$h(n)=\frac{1}{2\pi j}\oint_C H(z)z^{n-1}\,dz=\frac{1}{2\pi j}\oint_C\frac{-9.5z^n}{(z-0.5)(z-10)}dz$$

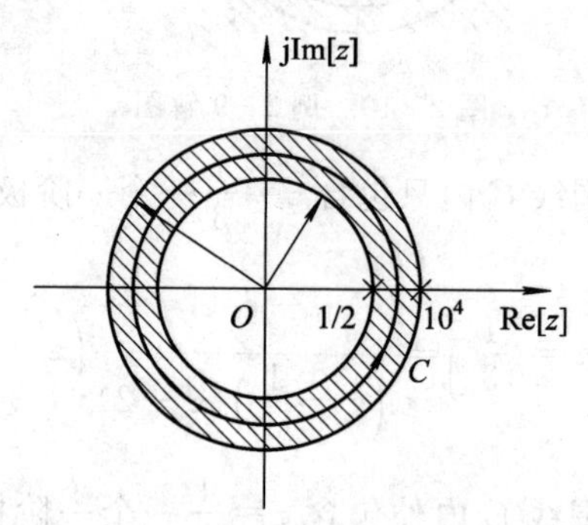

图 2-11 例 2-10 解图

当 $n\geqslant0$ 时，围线 C 内有 $z=\dfrac{1}{2}$ 单阶极点，根据留数定理，则

$$h(n)=\text{Res}[H(z)z^{n-1},0.5]=\left(\frac{1}{2}\right)^n u(n)$$

当 $n<0$ 时，围线 C 内除有 $z=\dfrac{1}{2}$ 单阶极点外，在 $z=0$ 出现 n 阶重极点，为避免计算麻烦，根据留数辅助定理，转而计算围线 C 外的 $z=10$ 单阶极点，则有

$$\begin{aligned}h(n)&=\text{Res}[H(z)z^{n-1},0.5]+\text{Res}[H(z)z^{n-1},0]\\&=-\text{Res}[H(z)z^{n-1},10]\\&=10^n u(-n-1)\end{aligned}$$

综合以上两种情况，所以

$$h(n)=\left(\frac{1}{2}\right)^n u(n)+10^n u(-n-1)$$

由于 $h(n)$ 中存在 $u(-n-1)$ 项，因此该系统是非因果的，但 $h(n)$ 仍然绝对可和，所以系统是稳定的，这与根据 $H(z)$ 的收敛域进行判断的结果是一致的。

同样，表征同一个系统特性的差分方程和系统函数 $H(z)$ 也有如下关系：

$$H(z)=\frac{\sum_{m=0}^{M} bz^{-m}}{1-\sum_{k=1}^{N} a_k z^{-k}} \tag{2-51}$$

将 $H(z)$ 的分子和分母分别进行因式分解，则系统函数 $H(z)$ 完全可以用它在 z 平面的零、极点来表示，即

$$H(z)=A\cdot\frac{\prod_{r=1}^{M}(1-c_r z^{-1})}{\prod_{r=1}^{N}(1-d_r z^{-1})} \tag{2-52}$$

而 $H(z)$ 在单位圆上的 z 变换就是系统的频率响应 $H(\mathrm{e}^{\mathrm{j}\omega})$，因此，系统的频率响应 $H(\mathrm{e}^{\mathrm{j}\omega})$ 可根据 $H(z)$ 的零、极点位置，采用几何的方法来确定。将 $z=\mathrm{e}^{\mathrm{j}\omega}$ 代入式(2-52)，得到系统的频率响应 $H(\mathrm{e}^{\mathrm{j}\omega})$ 为

$$\begin{aligned}H(\mathrm{e}^{\mathrm{j}\omega})&=A\cdot\frac{\prod_{r=1}^{M}(1-c_r z^{-1})}{\prod_{r=1}^{N}(1-d_r z^{-1})}\Bigg|_{z=\mathrm{e}^{\mathrm{j}\omega}}=A\frac{\prod_{r=1}^{M}(\mathrm{e}^{\mathrm{j}\omega}-c_r)}{\prod_{r=1}^{N}(\mathrm{e}^{\mathrm{j}\omega}-d_r)}\\&=A\cdot\frac{\prod_{r=1}^{M}C_r\mathrm{e}^{\mathrm{j}\alpha_r}}{\prod_{r=1}^{N}D_r\mathrm{e}^{\mathrm{j}\beta_r}}\end{aligned} \tag{2-53}$$

则频率响应 $H(\mathrm{e}^{\mathrm{j}\omega})$ 的模和相位分别为

$$|H(\mathrm{e}^{\mathrm{j}\omega})|=|A|\cdot\frac{\prod_{r=1}^{M}C_r}{\prod_{r=1}^{N}D_r} \tag{2-54}$$

$$\arg[H(\mathrm{e}^{\mathrm{j}\omega})]=\sum_{r=1}^{M}\alpha_r-\sum_{r=1}^{N}\beta_r \tag{2-55}$$

用矢量表示零、极点如图 2-12 所示，图中零矢量 $C_r\mathrm{e}^{\mathrm{j}\alpha_r}$ 是指由零点指向单位圆的矢量，而极矢量 $D_r\mathrm{e}^{\mathrm{j}\beta_r}$ 是指由极点指向单位圆的矢量。

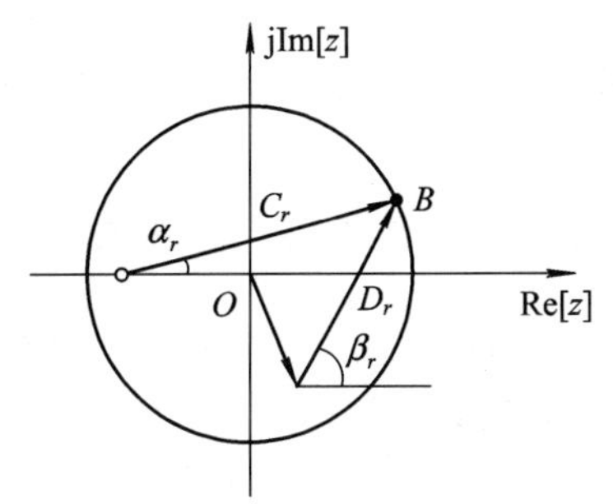

图 2-12 用矢量表示零、极点

从式(2－53)和式(2－54)可以看出零、极点位置对系统频响的影响，当 $e^{j\omega}$ 在某个极点附近，这时极矢量的长度 D_r 最短，因而频响在极点附近出现峰值，同时，极点越靠近单位圆，D_r 长度越短，频响出现的峰值越尖锐；零点的位置则正好相反，当 $e^{j\omega}$ 在某个零点附近，这时零矢量的长度 C_r 最短，因而频响在零点附近出现谷点，同时，零点越靠近单位圆，C_r 长度越短，频响的谷点越接近零。当频率 ω 从 0 到 2π 时，零矢量和极矢量的端点沿单位圆逆时针方向旋转一周，从而可以估算出整个系统的频率响应。

例 2－11 已知系统函数 $H(z)=1-z^{-N}$，试定性画出系统的幅频特性。

解 系统函数可以写为 $H(z)=1-z^{-N}=\dfrac{z^N-1}{z^N}$，系统函数 $H(z)$ 的分母 $z^N=0$，可知 $z=0$ 是一个 N 阶极点，由于极点位于坐标原点，当 ω 变化时，极点矢量长度始终是 1，分析时可以不考虑。$H(z)$ 的分子有 N 个零点，等间隔地分布在单位圆上，即 $z_k=e^{j\frac{2\pi}{N}k}$，$k=0$，1，2，…，$N-1$。假设 $N=8$，零、极点的分布如图 2－13(a)所示。当频率从 $\omega=0$ 开始增加时，每遇到一个零点，其幅度为零，而单位圆上的零点是圆对称的，在两个零点的中点幅度最大，形成峰值；幅度谷值点的频率为 $\omega_k=(2\pi/N)k$，$k=0$，1，2，…，$N-1$。

定性画出该系统的幅频特性如图 2－13(b)所示，因为有 N 个等幅度的峰，一般将具有这种特点的滤波器称为梳状滤波器。

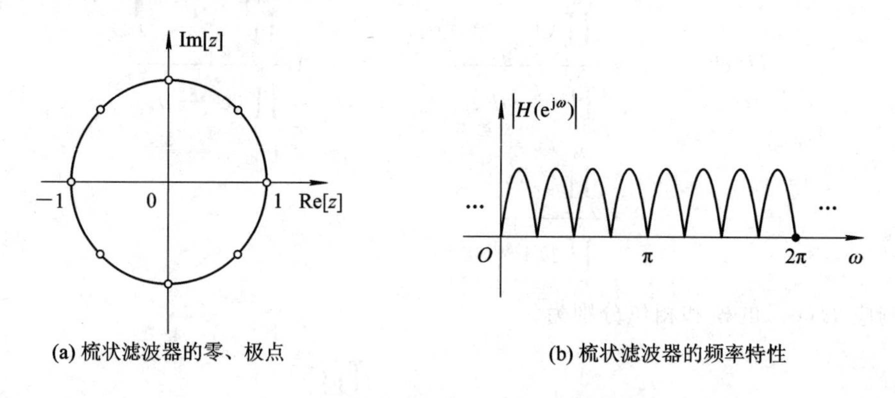

(a) 梳状滤波器的零、极点

(b) 梳状滤波器的频率特性

图 2－13 梳状滤波器的零极点和频率特性

例 2－12 一个因果的线性非时变系统的系统函数为 $H(z)=\dfrac{1-a^{-1}z^{-1}}{1-az^{-1}}$，式中 a 为实数。求：

(1) a 值在哪些范围内才能使系统稳定？

(2) 假设 $0<a<1$，画出零极点图，并以阴影注明收敛域。

(3) 证明这个系统是全通系统。

解 (1) 要使系统稳定，收敛域包含单位圆，而因果系统收敛域为 $R_{x^-}<|z|\leqslant\infty$，即要求系统函数极点在单位圆内。

$$H(z)=\frac{1-a^{-1}z^{-1}}{1-az^{-1}}=\frac{z-a^{-1}}{z-a}$$

为使系统满足因果稳定条件，则系统极点在单位圆内，即 $|a|<1$。

(2) 极点 $z=a$，零点 $z=a^{-1}$，收敛域为 $|a|<|z|\leqslant\infty$，零极点图如图 2－14 所示。

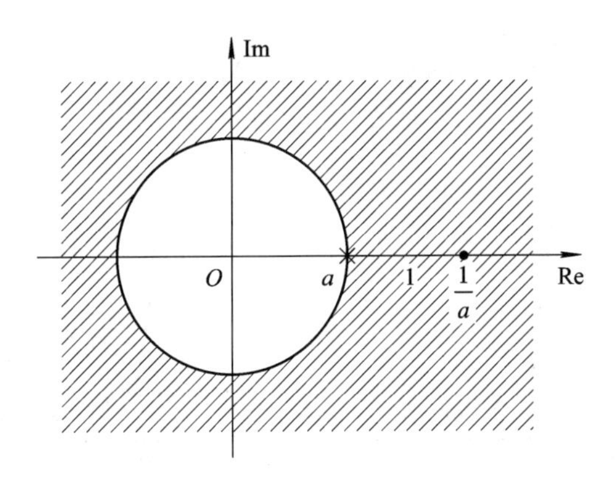

图 2-14 例 2-12 解图

(3) $H(e^{j\omega})=\frac{1-a^{-1}e^{-j\omega}}{1-ae^{-j\omega}}$，则

$$\begin{aligned}|H(e^{j\omega})|^2 &= \left(\frac{1-a^{-1}e^{-j\omega}}{1-ae^{-j\omega}}\right)\left(\frac{1-a^{-1}e^{-j\omega}}{1-ae^{-j\omega}}\right)^* = \left(\frac{1-a^{-1}e^{-j\omega}}{1-ae^{-j\omega}}\right)\left(\frac{1-a^{-1}e^{j\omega}}{1-ae^{j\omega}}\right)\\ &= \frac{1-a^{-2}-a^{-1}(e^{j\omega}+e^{-j\omega})}{1+a^2-a(e^{j\omega}+e^{-j\omega})} = \frac{1-a^{-2}-2a^{-1}\cos\omega}{1+a^2-2a\cos\omega}\\ &= \frac{a^{-2}(1+a^2-2a\cos\omega)}{1+a^2-2a\cos\omega}\\ &= a^{-2}\end{aligned}$$

所以 $|H(e^{j\omega})|=a^{-1}$，即系统的幅频特性为一常数，该系统是一个全通系统。

2.8 MATLAB 用于离散时间信号与系统的变换域分析

2.8.1 用 MATLAB 计算 DTFT

用 MATLAB 计算 DTFT 和 IDTFT 时，由于无法计算连续变量 ω，通常把 ω 赋值为长度很短且很密的向量来近似表示连续变量，即令 $d\omega=k\frac{2\pi}{K}$，$k=0, 1, \cdots, \frac{K}{2}-1$，则计算序列的 DTFT 可以很简洁地写为 X=x * exp(j * dω * n * k)，然后调用 plot(k * dw, abs(X)) 和 plot(k * dw, angle(X))语句分别画出其幅频特性和相频特性曲线。

例 2-13 设 $x(n)=(0.9\exp(j\pi/3))^n$，$0\leqslant n\leqslant 10$，求计算序列 $x(n)$的 DTFT，并研究 $X(e^{j\omega})$的周期性和对称性。

源程序如下：

```
n=0:10; x=(0.9 * exp(j * pi/3)).^n; %首先产生 x(n)信号及在-2pi 到 2pi 之间的频率点
k=-200:200;
w=(pi/100) * k;
X=x * (exp(-j * pi/100)).^(n' * k); %求出信号的离散傅里叶变换
magX=abs(X); angX=angle(X); %求出变换后的幅值和相位
subplot(2, 1, 1);
plot(w/pi, magX, 'k', 'MarkerSize', 5, 'LineWidth', 2); grid
```

```
subplot(2, 1, 2);
plot(w/pi, angX/pi, 'k', 'MarkerSize', 5, 'LineWidth', 2); grid
```

运行结果如图 2-15 所示，由图可见，$X(e^{jw})$是周期函数，但不是共轭对称的。

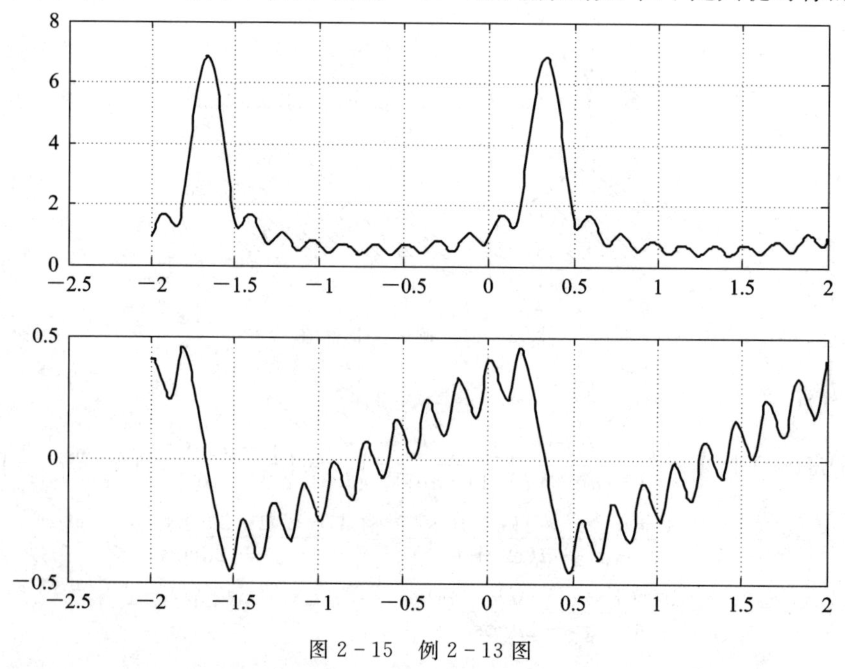

图 2-15 例 2-13 图

2.8.2 用 MATLAB 计算系统的频率特性

如果已知系统的脉冲响应 $h(n)$，利用 MATLAB 可以方便地计算系统的频率特性，并可以直观地画出幅度响应曲线和相位响应曲线。

例 2-14 求由 $h(n)=(0.9)^n u(n)$所表征的系统频率响应 $H(e^{j\omega})$，画出幅度和相位响应。

解 源程序如下：

```
w=[0:1:500]*pi/500; %将 0 到 pi 平均分成 501 个点
H=exp(j*w)./(exp(j*w)- 0.9*ones(1.501)); %求出系统的频率响应
magH=abs(H);
angH=angle(H); %计算频率响应的幅值和相位
subplot(2, 1, 1);
plot(w/pi, magH, 'k', 'LineWidth', 2); grid
subplot(2, 1, 2);
plot(w/pi, angH/pi, 'k', 'LineWidth', 2); grid
```

运行结果如图 2-16 所示。根据其幅度响应可知，由 $h(n)=(0.9)^n u(n)$所表征的系统是一个低通滤波器。

如果系统是以差分方程形式来描述的，则可以利用 freqz 函数求出频率响应特性，其调用格式如下：

```
w=[0:1:100]*pi/100;
H=freqz(b, a, w); %利用 freqz 函数计算由向量 w 指定的频率点上的频率响应
```

```
magH=abs(H); phaH=angle(H); %计算出频率响应的幅值部分和相位部分
```

或者

```
H=freqz(b, a, 'whole'); %利用 freqz 函数求出全频段的频率响应
magH=abs(H); phaH=angle(H); %计算出频率响应的幅值和相位
```

或者

```
[H, w]=freqz(b, a, M); %利用 freqz 函数计算出 M 个频率点上的频率响应，其频率响应存放
                        %在 H 向量里，M 个频率点存放在向量 w 里
magH=abs(H); phaH=angle(H);%计算出频率响应的幅值和相位
```

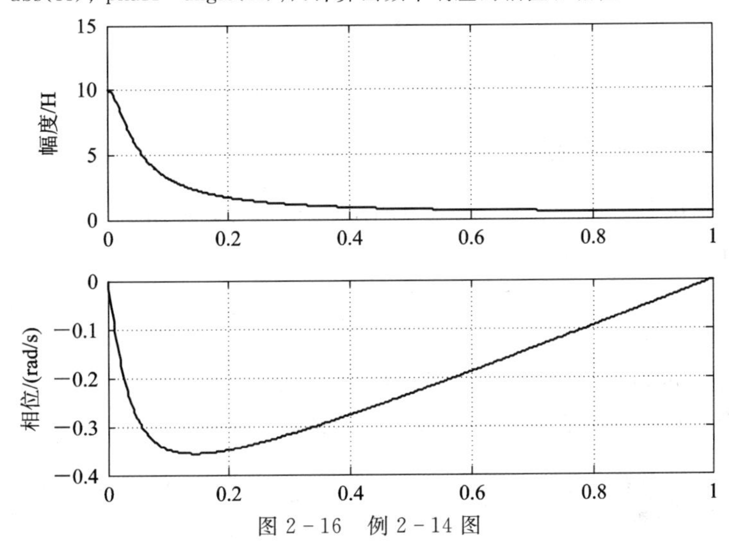

图 2-16 例 2-14 图

例 2-15 已知一因果系统 $y(n)=0.9y(n-1)+x(n)$，画出 $|H(e^{j\omega})|$ 和 $\angle H(e^{j\omega})$。

解 源程序如下：

```
[H, w]=freqz(b, a, 100); %利用 freqz 函数求出频率响应
magH=abs(H); phaH=angle(H); %计算出频率响应的幅值和相位
subplot(2, 1, 1);
plot(w/pi, magH); grid
subplot(2, 1, 2);
plot(w/pi, phaH/pi); grid
```

运行结果同图 2-16。

2.8.3 用 MATLAB 计算系统函数的零极点

使用 MATLAB 的 zplane 函数求系统函数 $H(z)$ 的零极点，并画出它的零极点图。

例 2-16 已知因果系统 $y(n)=0.9y(n-1)+x(n)$，求 $H(z)$ 的零极点，并画出它的零极点图。

解 源程序如下：

```
b=[1, 0]; a=[1, -0.9];
zplane(b, a); %计算零极点
text(0, 0, '0'); %标注零点位置
text(0.9, 0, '0.9'); %标注极点位置
```

程序运行结果如图 2-17 所示。

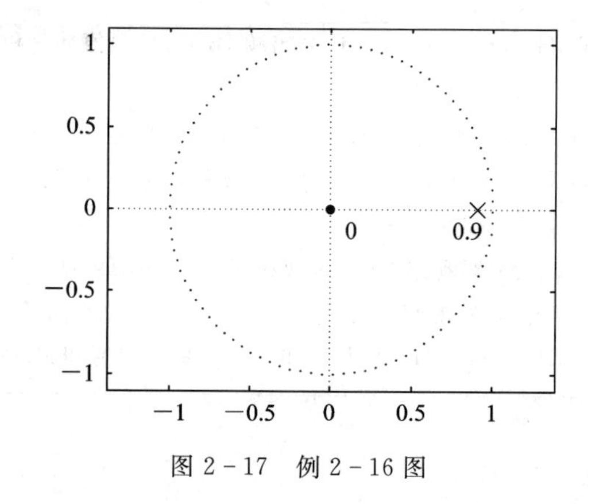

图 2-17 例 2-16 图

2.8.4 MATLAB 用于系统的 Z 域分析

MATLAB 提供了计算离散系统留数的 residuez 函数，利用这个函数可以求解 Z 反变换问题，其调用格式为

```
[R, p, C]=residuez(b, a)
```

其中，b 和 a 分别是系统函数中分子和分母多项式中按 z^{-1} 升幂排列的系数向量；R 为对应于根向量中各个根的留数向量；p 为分母的根向量，即系统函数极点向量；C 为当系统函数为假分式时，存放使其成为真分式时的多项式的系数，否则 C 中为零。

例 2-17 已知系统函数为 $H(z)=\dfrac{z}{3z^2-4z+1}$，利用 residuez 函数将其变换成为部分分式之和的形式。

解 函数源程序如下：

```
b=[0, 1]; a=[3, -4, 1];
[R, p, C]=residuez(b, a)
```

运行结果如下：

```
R=0.5000
-0.5000
p=1.0000
0.3333
C=[]
```

从而得出 $H(z)=\dfrac{\frac{1}{2}}{1-z^{-1}}-\dfrac{\frac{1}{2}}{1-\frac{1}{3}z^{-1}}$。

例 2-18 求 $X(z)=\dfrac{1}{(1-0.9z^{-1})^2(1+0.9z^{-1})}$，$|z|>0.9$ 的 Z 反变换。

解 源程序如下：

```
b=1; a=poly([0.9, 0.9, -0.9]);
[R, p, C]=residuez(b, a)
```

运行结果为

```
R=0.2500
```

```
    0.5000
    0.2500
p=0.9000
    0.9000
   -0.9000
C=[ ]
```

根据以上结果可得

$$X(z)=\frac{0.25}{1-0.9z^{-1}}+\frac{0.5}{0.9}z\frac{(0.9z^{-1})}{(1-0.9z^{-1})^2}+\frac{0.25}{1+0.9z^{-1}},\ |z|>0.9$$

因此，源序列为

$$x(n)=0.25(0.9)^n u(n)+0.5n(0.9)^n u(n)+0.25(-0.9)^n u(n)$$

习　题

2-1　已知序列 $x(n)$ 的傅里叶变换为 $X(e^{j\omega})$，求下列各式的傅里叶变换。

(1) $x(n-n_0)$；　　(2) $x^*(n)$；　　(3) $x(-n)$；

(4) $nx(n)$；　　(5) $x^2(n)$；　　(6) $x(2n)$。

2-2　已知 $x(n)$ 如题2-2图所示，其DTFT用 $X(e^{j\omega})$ 表示，不直接求出 $X(e^{j\omega})$，完成下列运算。

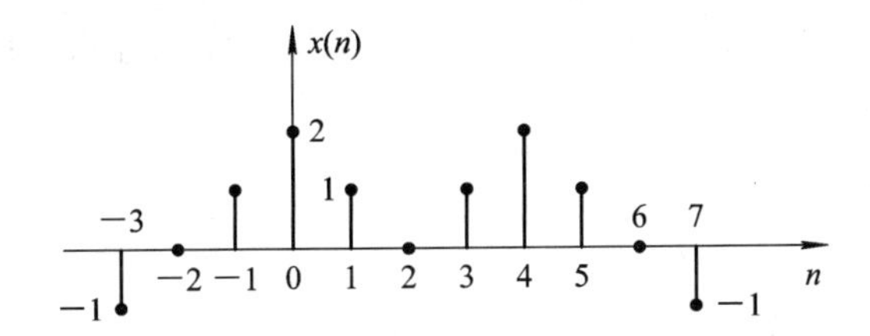

题2-2图

(1) $X(e^{j0})$；

(2) $\int_{-\pi}^{\pi}X(e^{j\omega})d\omega$；

(3) $X(e^{j\pi})$；

(4) 确定并画出傅里叶变换为 $\text{Re}[X(e^{j\omega})]$ 所对应的时间序列 $x_e(n)$；

(5) $\int_{-\pi}^{\pi}|X(e^{j\omega})|^2 d\omega$；

(6) $\int_{-\pi}^{\pi}\left|\frac{dX(e^{j\omega})}{d\omega}\right|^2 d\omega$。

2-3　计算下列序列的Z变换，并画出其收敛域。

(1) $x(n)=2^n u(n)$；

(2) $x(n)=\left(\frac{1}{2}\right)^2 u(n)$；

(3) $x(n)=R_4(n)$；

(4) $x(n)=\delta(n-2)-\delta(n-3)$。

2-4 利用Z变换的性质，计算下列序列的Z变换。

(1) $x(n)=na^n u(n)$；

(2) $x(n)=\begin{cases} n, & 0\leqslant n\leqslant N \\ 2N-n, & N+1\leqslant n\leqslant 2N \\ 0, & 其他 \end{cases}$

2-5 画出 $X(z)=\dfrac{-3z^{-1}}{2-5z^{-1}+2z^{-2}}$ 的零极点图，在以下三种收敛域下，哪一种是左边序列？哪一种是右边序列？哪一种是双边序列？并求出各自对应的序列。

(1) $|z|>2$；

(2) $|z|<\dfrac{1}{2}$；

(3) $\dfrac{1}{2}<|z|<2$。

2-6 用MATLAB实现序列的基本运算。

(1) $x(n)=2\delta(n+2)-\delta(n-4)$，$-5\leqslant n\leqslant 5$。

(2) $x(n)=n[u(n)-u(n-10)]+10e^{-0.3(n-10)}[u(n-10)-u(n-20)]$，$0\leqslant n\leqslant 20$。

(3) $x(n)=\cos(0.04\pi n)+0.2\omega(n)$，$0\leqslant n\leqslant 50$，其中 $\omega(n)$ 为均值为0、方差为1的高斯随机序列。

(4) $\tilde{x}(n)=\{\cdots, 5, 4, 3, 2, 1, \underset{\uparrow}{5}, 4, 3, 2, 1, 5, 4, 3, 2, 1, \cdots\}$，$-10\leqslant n\leqslant 9$。

2-7 令 $x(n)=\{1, 2, \underset{\uparrow}{3}, 4, 5, 6, 7, 6, 5, 4, 3, 2, 1\}$，用MATLAB画出以下序列：

(1) $x_1(n)=2x(n-5)-3x(n+4)$；

(2) $x_2(n)=x(3-n)+x(n)x(n-2)$。

2-8 已知某离散时间系统的系统函数为 $H(z)=\dfrac{1}{1-\dfrac{3}{4}z^{-1}+\dfrac{1}{8}z^{-2}}$，用MATLAB求解并画出该系统的单位冲激响应和单位阶跃响应。

2-9 已知某离散因果的LTI系统的系统函数为 $H(z)=\dfrac{z^{-1}+3z^{-2}+2z^{-3}}{1-0.5z^{-1}-0.005z^{-2}+0.3z^{-3}}$，试用MATLAB计算出其零、极点，并画出零极点图。

第二部分

数字谱分析

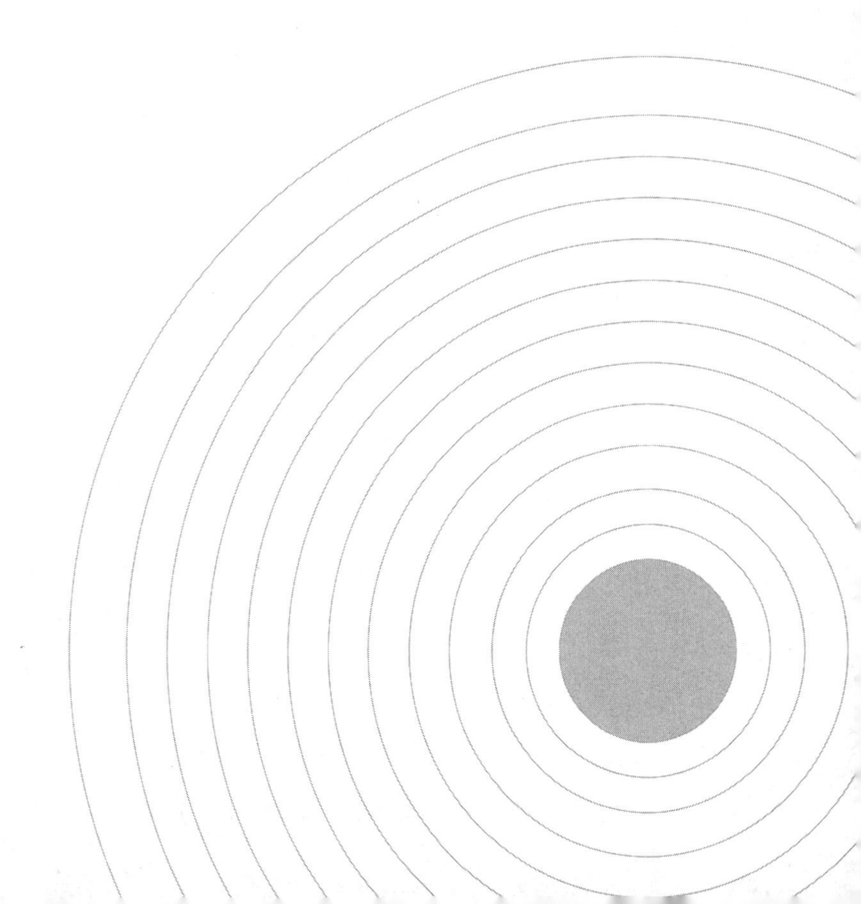

第3章

离散傅里叶变换

通过傅里叶变换(Fourier Transform，FT)得到连续信号的频谱，借助离散时间傅里叶变换(Discrete Time Fourier Transform，DTFT)可以得到序列的频谱，但这种频谱是以 2π 为周期的 ω 的连续函数。为了便于计算机处理，需要对频域也进行离散化处理。我们知道，时域采样导致频域的周期重复，同样，频域的等间隔采样也会导致时域的周期重复，这就是周期序列的离散傅里叶级数(Discrete Fourier Series，DFS)，即周期序列经过 DFS，其频域也是离散和周期的。由于周期序列的信息体现在有限长度的一个周期内，取周期序列及其离散傅里叶级数在主值区间上对应的变换，得到离散傅里叶变换(Discrete Fourier Transform，DFT)，即 DFT 把有限长的离散序列变换成同等长度的频域离散序列，这样，就可以利用计算机来计算信号的频谱，即所谓的数字谱分析。

本章首先简要回顾信号频域分析的几种形式，旨在说明如何由连续时间、连续频域的傅里叶变换得到时域和频域都离散的有限长度的离散傅里叶变换的过程；然后讨论离散傅里叶变换的定义、物理意义和的性质；其次，介绍用 DFT 计算数字谱可能产生的误差及解决方法；最后说明用 MATLAB 计算 DFT 的方法。

3.1 信号频域分析的几种形式

1. 连续时间非周期信号的傅里叶变换(FT)

连续时间信号 $x(t)$ 的傅里叶变换 $X(\Omega)$ 定义为

$$X(\Omega)=\int_{-\infty}^{\infty}x(t)\mathrm{e}^{-\mathrm{j}\Omega t}\mathrm{d}t \tag{3-1}$$

反变换由下式确定

$$x(t)=\frac{1}{2\pi}\int_{-\infty}^{\infty}X(\Omega)\mathrm{e}^{\mathrm{j}\Omega t}\mathrm{d}\Omega \tag{3-2}$$

如图 3-1 所示为连续信号 $x(t)$ 及其傅里叶变换 $X(\Omega)$。由该图可以看出，连续信号的傅里叶变换也是连续的，这不便于计算机处理。

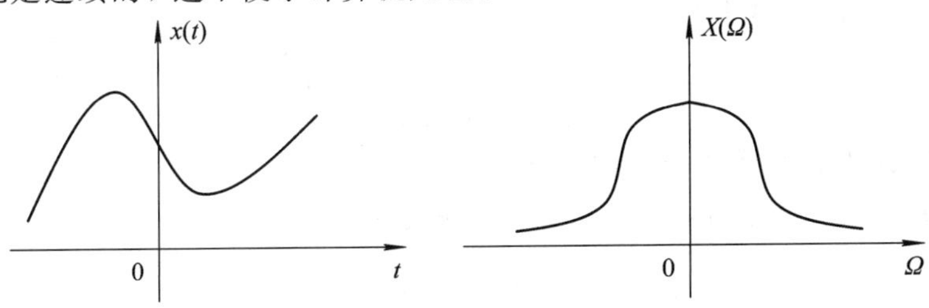

图 3-1 连续信号及其傅里叶变换

2. 连续时间周期信号的傅里叶级数表示(FS)

连续时间周期信号 $x(t)$ 的傅里叶级数表示把 $x(t)$ 展开为复指数信号 $e^{jk\Omega_0 t}$ 的加权和，即

$$x(t) = \sum_{k=-\infty}^{\infty} X(k\Omega_0) e^{jk\Omega_0 t} \tag{3-3}$$

设周期信号 $x(t)$ 的周期为 T，称 $\Omega_0 = 2\pi/T$ 为基波频率，简称为基频；对 $k>1$ 的一般情况，称 $k\Omega_0$ 为 k 次谐波频率。k 次谐波的系数 $X(k\Omega_0)$ 由下式确定

$$X(k\Omega_0) = \frac{1}{T}\int_{\langle T\rangle} x(t) e^{-jk\Omega_0 t} dt \tag{3-4}$$

图 3-2 所示为连续周期信号 $x(t)$ 及其傅里叶级数表示 $X(k\Omega_0)$。由该图可以看出，连续时间周期信号的傅里叶级数把频域变成离散的了，但时域仍然是连续的，这也不便于计算机处理。

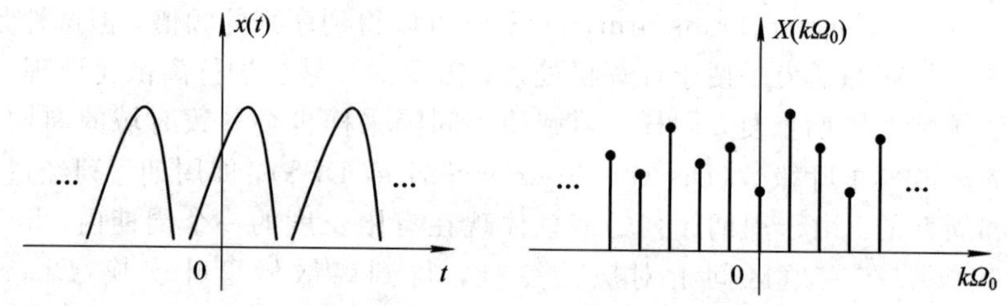

图 3-2 连续时间周期信号及其傅里叶级数

3. 序列的离散时间傅里叶变换(DTFT)

对连续时间信号进行采样，得到在时间上离散的信号即序列。非周期序列 $x(n)$ 可以通过离散时间傅里叶变换得到其频谱，离散时间傅里叶变换 $X(e^{j\omega})$ 定义如下：

$$X(e^{j\omega}) = \sum_{n=-\infty}^{\infty} x(n) e^{-j\omega n} \tag{3-5}$$

离散时间傅里叶反变换定义为

$$x(n) = \frac{1}{2\pi}\int_{\langle 2\pi\rangle} X(\omega) e^{j\omega n} d\omega \tag{3-6}$$

非周期序列 $x(n)$ 的傅里叶变换 $X(e^{j\omega})$ 是 ω 的连续函数且隐含着周期性，$X(e^{j\omega})$ 的周期为 2π，这个周期性质表明为了分析目的仅仅需要 $X(e^{j\omega})$ 的一个周期即可。如图3-3所示为离散序列及其离散时间傅里叶变换，从图中可以看出频域的周期性是由时域的离散化所致。但是从图中可以看出频域还是连续的，同样不便于计算机处理。

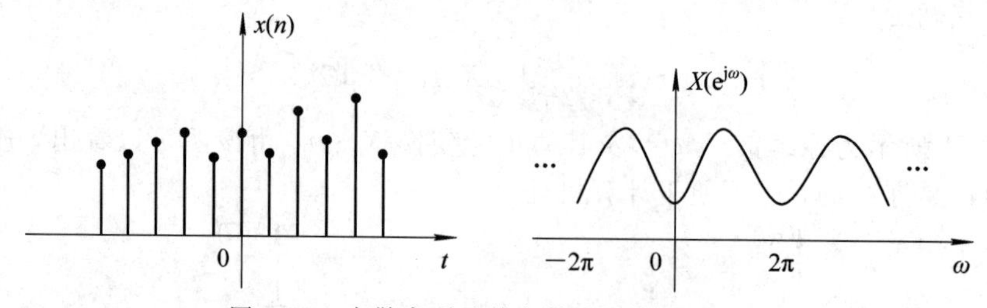

图 3-3 离散序列及其离散时间傅里叶变换

4. 周期序列的离散傅里叶级数(DFS)

周期为 N 的离散序列 $\tilde{x}(n)$ 的傅里叶级数定义为

$$\tilde{X}(k) = \sum_{n=0}^{N-1} \tilde{x}(n) e^{-jk(2\pi/N)nk} \tag{3-7}$$

$$\tilde{x}(n)=\frac{1}{N}\sum_{k=0}^{N-1}\tilde{X}(k)\mathrm{e}^{\mathrm{j}k(2\pi/N)nk} \tag{3-8}$$

如图3-4所示为离散周期序列及其离散傅里叶级数，从图中可以看出时域与频域都是离散的，但时域和频域都是周期的。

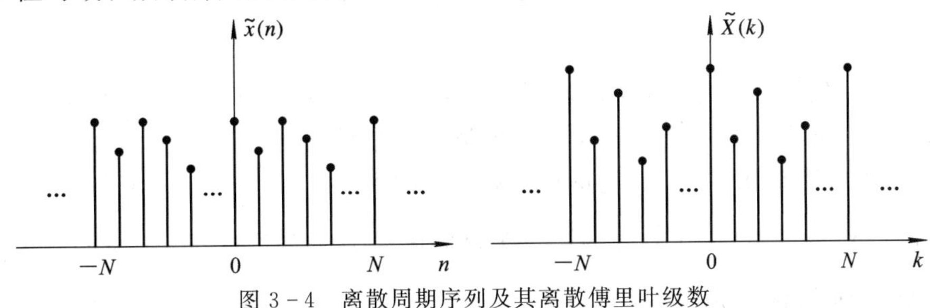

图3-4 离散周期序列及其离散傅里叶级数

至此，我们已经介绍了信号频域分析的四处形式，总结如下：

♣ 连续时间非周期信号的傅里叶变换其时域和频域都是连续的；

♣ 连续时间周期信号的傅里叶级数表示其时域是连续的，但频域是离散的；

♣ 非周期序列的离散时间傅里叶变换其时域是离散的，但频域是连续的；

♣ 周期序列的离散时间傅里叶级数表示其时域和频域都是离散的。

信号在时域和频域都具有连续与离散、周期与非周期两种特征，其对应规律如下：如果信号在频域是离散的，则该信号在时域必然表现为周期性；反之，如果信号在时域是离散的，则该信号在频域必然是周期的。所以，周期的离散信号(序列)经过DFS表示，其频域一定既是周期又是离散的。存在这种对应规律的原因是：一个域的离散化导致另一个域的周期化；一个域的周期化导致另一个域的离散化。

3.2 离散傅里叶变换的定义

3.2.1 DFT与DFS的关系

DFS将信号的时域和频域都离散化了，但两者都是周期性的。实际中遇到的序列往往都是有限长的序列，一般并不满足周期性。但是我们知道，一个周期序列和其周期的离散频谱所携带的信息都体现在一个周期，即周期序列和有限长序列在携带信息上并无本质区别。这样通过将有限长序列人为地延拓成为周期序列，然后对其离散傅里叶级数取它的主值区间，就可以得到有限长序列的离散频谱。所以，离散傅里叶变换为有限长序列提供了一个有效的频率分析方法。

把N点有限长序列$x(n)$，$0\leqslant n\leqslant N-1$进行周期延拓得到周期序列$\tilde{x}(n)$，则$x(n)$与$\tilde{x}(n)$满足以下关系式

$$\tilde{x}(n)=\sum_{l=-\infty}^{\infty}x(n+lN) \tag{3-9}$$

$$x(n)=\begin{cases}\tilde{x}(n), & 0\leqslant n\leqslant N-1\\ 0, & \text{其他}\end{cases} \tag{3-10}$$

通常把$x(n)$称为$\tilde{x}(n)$的主值区间序列。同样的方法定义周期序列$\tilde{X}(k)$与主值区间序列

$X(k)$的关系如下：

$$\widetilde{X}(k)=\sum_{l=-\infty}^{\infty}X(k+lN) \tag{3-11}$$

$$X(k)=\begin{cases}\widetilde{X}(k), & 0\leqslant k\leqslant N-1\\ 0, & 其他\end{cases} \tag{3-12}$$

如果仅仅从定义式来看，在主值区间$[0, N-1]$内离散傅里叶变换与离散傅里叶级数变换一致，或者说可以把离散傅里叶变换理解为离散傅里叶级数在主值区间上进行的变换。图 3-5 给出了 DFS 与 DFT 之间的关系，其中图 3-5(a)为周期序列$\widetilde{x}(n)$的离散傅里叶级数(DFS)$\widetilde{X}(k)$，图 3-5(b)为$\widetilde{x}(n)$主值区间序列$x(n)$的傅里叶变换$X(k)$，而$X(k)$对应于$\widetilde{X}(k)$的主值区间序列。

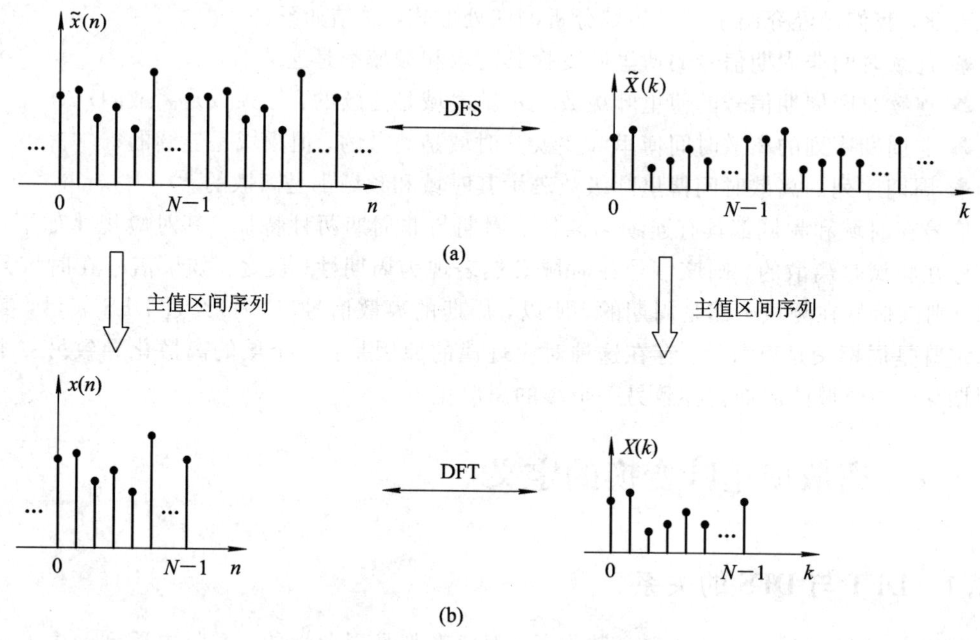

图 3-5 DFS 与 DFT 的关系示意图

3.2.2 DFT 的定义

对于有限长序列$x(n)$，$0\leqslant n\leqslant N-1$，其 N 点离散傅里叶变换和离散傅里叶反变换的定义分别为

$$X(k)=\sum_{n=0}^{N-1}x(n)W_N^{kn}, \ 0\leqslant k\leqslant N-1 \tag{3-13}$$

$$x(n)=\frac{1}{N}\sum_{k=0}^{N-1}X(k)W_N^{-kn}, \ 0\leqslant n\leqslant N-1 \tag{3-14}$$

式中，$W_N=\mathrm{e}^{-\mathrm{j}\frac{2\pi}{N}}$。

DFT 的定义可以写成矩阵形式

$$\boldsymbol{X}=\boldsymbol{W}\boldsymbol{x} \tag{3-15}$$

其中，$\boldsymbol{x}$ 为输入序列组成的向量，即 $\boldsymbol{x}=[x(0), x(1), \cdots, x(N-1)]^{\mathrm{T}}$；$\boldsymbol{X}$ 为 DFT 序列组

成的向量，即 $\boldsymbol{X}=[\boldsymbol{X}(0), \boldsymbol{X}(1), \cdots, \boldsymbol{X}(N-1)]^{\mathrm{T}}$；$\boldsymbol{W}$ 为 DFT 矩阵，即

$$\boldsymbol{W}=\begin{bmatrix} 1 & 1 & 1 & \cdots & 1 \\ 1 & W_N^1 & W_N^2 & \cdots & W_N^{N-1} \\ 1 & W_N^2 & W_N^4 & \cdots & W_N^{2(N-1)} \\ \vdots & \vdots & \vdots & \ddots & \vdots \\ 1 & W_N^{N-1} & W_N^{2(N-1)} & \cdots & W_N^{(N-1)(N-1)} \end{bmatrix} \tag{3-16}$$

3.2.3 DFT 的物理意义

式(3-13)看似比较复杂，它是数字信号处理中数字谱分析最有用的工具。为了理解式(3-13)，通过欧拉公式 $\mathrm{e}^{-\mathrm{j}\theta}=\cos\theta-\mathrm{j}\sin\theta$，可以将其转化为

$$X(k)=\sum_{n=0}^{N-1} x(n)\left[\cos\left(\frac{2\pi nk}{N}\right)-\mathrm{j}\sin\left(\frac{2\pi nk}{N}\right)\right] \tag{3-17}$$

把式(3-13)中复杂的指数转化为实数部分与虚数部分，其中 $X(k)$ 为 DFT 第 k 个输出部分，k 为 DFT 在频域的输出序号，$k=0, 1, 2, 3, \cdots, N-1$。$x(n)$ 则为输入样本序列，n 为时域输入序号，$n=0, 1, 2, 3, \cdots, N-1$。数值 N 是一个很重要的参数，因为它决定了所需要输入样本的大小、频域输出结果的分辨率和计算 N 点 DFT 函数所需要的时间。

以 $N=4$ 为例，n 和 k 都是从 0 到 3，代入式(3-17)得

$$X(k)=\sum_{n=0}^{3} x(n)\left[\cos\left(\frac{2\pi nk}{4}\right)-\mathrm{j}\sin\left(\frac{2\pi nk}{4}\right)\right]$$

当 $k=0$ 时，其 DFT 的第一个输出值为

$$\begin{aligned} X(0)=&x(0)\cos(2\pi\cdot 0\cdot 0/4)-\mathrm{j}x(0)\sin(2\pi\cdot 0\cdot 0/4)\\ &+x(1)\cos(2\pi\cdot 1\cdot 0/4)-\mathrm{j}x(1)\sin(2\pi\cdot 1\cdot 0/4)\\ &+x(2)\cos(2\pi\cdot 2\cdot 0/4)-\mathrm{j}x(2)\sin(2\pi\cdot 2\cdot 0/4)\\ &+x(3)\cos(2\pi\cdot 3\cdot 0/4)-\mathrm{j}x(3)\sin(2\pi\cdot 3\cdot 0/4) \end{aligned} \tag{3-18}$$

当 $k=1$ 时，DFT 的第二个输出值为

$$\begin{aligned} X(1)=&x(0)\cos(2\pi\cdot 0\cdot 1/4)-\mathrm{j}x(0)\sin(2\pi\cdot 0\cdot 1/4)\\ &+x(1)\cos(2\pi\cdot 1\cdot 1/4)-\mathrm{j}x(1)\sin(2\pi\cdot 1\cdot 1/4)\\ &+x(2)\cos(2\pi\cdot 2\cdot 1/4)-\mathrm{j}x(2)\sin(2\pi\cdot 2\cdot 1/4)\\ &+x(3)\cos(2\pi\cdot 3\cdot 1/4)-\mathrm{j}x(3)\sin(2\pi\cdot 3\cdot 1/4) \end{aligned} \tag{3-19}$$

当 $k=2$ 时，DFT 的第三个输出值为

$$\begin{aligned} X(2)=&x(0)\cos(2\pi\cdot 0\cdot 2/4)-\mathrm{j}x(0)\sin(2\pi\cdot 0\cdot 2/4)\\ &+x(1)\cos(2\pi\cdot 1\cdot 2/4)-\mathrm{j}x(1)\sin(2\pi\cdot 1\cdot 2/4)\\ &+x(2)\cos(2\pi\cdot 2\cdot 2/4)-\mathrm{j}x(2)\sin(2\pi\cdot 2\cdot 2/4)\\ &+x(3)\cos(2\pi\cdot 3\cdot 2/4)-\mathrm{j}x(3)\sin(2\pi\cdot 3\cdot 2/4) \end{aligned} \tag{3-20}$$

当 $k=3$ 时，DFT 的最后一个输出值为

$$\begin{aligned} X(3)=&x(0)\cos(2\pi\cdot 0\cdot 3/4)-\mathrm{j}x(0)\sin(2\pi\cdot 0\cdot 3/4)\\ &+x(1)\cos(2\pi\cdot 1\cdot 3/4)-\mathrm{j}x(1)\sin(2\pi\cdot 1\cdot 3/4)\\ &+x(2)\cos(2\pi\cdot 2\cdot 3/4)-\mathrm{j}x(2)\sin(2\pi\cdot 2\cdot 3/4)\\ &+x(3)\cos(2\pi\cdot 3\cdot 3/4)-\mathrm{j}x(3)\sin(2\pi\cdot 3\cdot 3/4) \end{aligned} \tag{3-21}$$

由此可见，DFT 的每一个输出值 $X(k)$ 都由输入序列值与不同频率的正弦和余弦乘积之和来确定。不同的频率取决于原始信号的采集频率 f_s 和 DFT 的样本数量 N。比如，给定一个速率为 500 每秒的样本连续信号，然后对其执行 16 点 DFT 数据抽样，则正弦函数的频率为 $f_s/N=500/16$ 或者 31.25 Hz。其他 $X(k)$ 的分析频率则是基频的整数倍，例如：

$X(0)$ 为第一个频率项，其频率为 $0 \cdot 31.25=0$ Hz；

$X(1)$ 为第二个频率项，其频率为 $1 \cdot 31.25=31.25$ Hz；

$X(2)$ 为第三个频率项，其频率为 $2 \cdot 31.25=62.5$ Hz；

$X(3)$ 为第四个频率项，其频率为 $3 \cdot 31.25=93.75$ Hz；

…

$X(15)$ 为第十六个频率项，其频率为 $15 \cdot 31.25=468.75$ Hz。

从例子中可以看出，$X(0)$ 的 DFT 项包含了当前输入信号的所有 0 Hz 部分，$X(1)$ 项包含了输入信号的所有 31.25 Hz 部分，$X(2)$ 项包含了输入信号的所有 62.5 Hz 部分。

一个长度为 N 的时域离散序列 $x(n)$，其离散傅里叶变换 $X(k)$（离散频谱）是由实部和虚部组成的复数，即

$$X(k)=X_R(k)+jX_I(k) \tag{3-22}$$

对于实信号 $x(n)$，其频谱是共轭偶对称的，故只要求出 k 在 0，1，2，…，$N/2$ 上的 $X(k)$ 即可。

将 $X(k)$ 写成极坐标形式

$$X(k)=|X(k)|e^{j\arg[X(k)]} \tag{3-23}$$

式中，$|X(k)|$ 称为幅度频谱，$\arg[X(k)]$ 称为相位频谱。将式(3-23)绘成的图形称为频谱图，由频谱图可以知道信号存在哪些频率分量，它们就是谱图中峰值对应的点。谱图中最小的频率为 $k=0$，对应实际频率为 0，即直流分量；最高频率为 $N/2$，对应实际频率为 $f=f_s/2$；对处于 0，1，2，…，$N/2$ 上的任意点 k，对应的实际频率为 $f=kF=kf_s/N$。由于所取单位不同，频率轴有几种定标方式，图 3-6 列出了频率轴几种定标方式的对应关系。

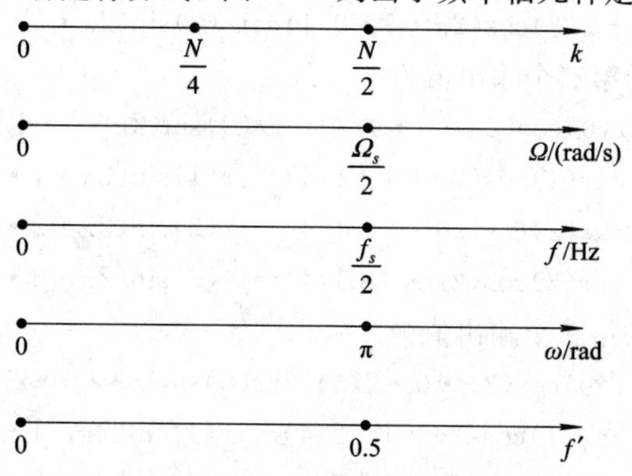

图 3-6　模拟频率与数字频率之间的定标关系

图 3-6 中，f' 为归一化频率，定义为

$$f'=\frac{f}{f_s} \tag{3-24}$$

式中，f' 无量纲，在归一化频率谱图中，最高频率为 0.5。专用频谱分析仪器常用归一化频率表示。

工程实际中也常常用信号的功率谱进行信号的频谱表示，功率谱是幅度谱的平方，功

率谱定义为

$$\mathrm{PSD}(k)=\frac{|X(k)|^2}{N} \tag{3-25}$$

功率谱具有突出主频率的特性，在分析带有噪声干扰的信号时特别有用。

例 3-1 已知序列 $x(n)=\delta(n)$，求它的 N 点 DFT。

解 $X(k)=\mathrm{DFT}[x(n)]=\sum_{n=0}^{N-1}\delta(n)W_N^{nk}=W_N^0=1 \quad k=0, 1, \cdots, N-1$

$\delta(n)$的 $X(k)$ 如图 3-7 所示。这是一个很特殊的例子，它表明对序列 $\delta(n)$ 来说，不论对它进行多少点的 DFT，所得结果都是一个离散矩形序列，这是因为 $\delta(n)$ 的频谱是均匀谱。

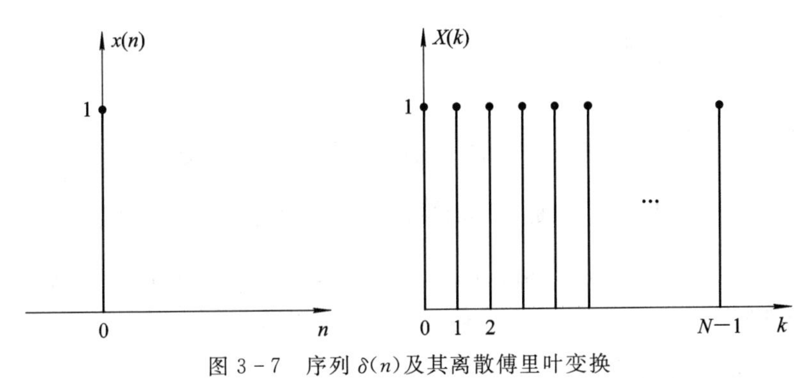

图 3-7 序列 $\delta(n)$ 及其离散傅里叶变换

例 3-2 已知 $x(n)=\cos(n\pi/6)$ 是一个长度 $N=12$ 的有限长序列，求 $x(n)$ 的 N 点 DFT。

解

$$X(k)=\sum_{n=0}^{11}\cos\frac{n\pi}{6}W_{12}^{nk}=\sum_{n=0}^{11}\frac{1}{2}\left(\mathrm{e}^{\mathrm{j}\frac{n\pi}{6}}+\mathrm{e}^{-\mathrm{j}\frac{n\pi}{6}}\right)\mathrm{e}^{-\mathrm{j}\frac{2\pi}{12}nk}$$

$$=\frac{1}{2}\left(\sum_{n=0}^{11}\mathrm{e}^{-\mathrm{j}\frac{2\pi}{12}n(k-1)}+\sum_{n=0}^{11}\mathrm{e}^{-\mathrm{j}\frac{2\pi}{12}n(k+1)}\right)$$

利用复正弦序列的正交特性，再考虑到 k 的取值区间，可得

$$X(k)=\begin{cases}6, & k=1,11\\ 0, & 其他，k\in[0, 11]\end{cases}$$

有限长序列 $x(n)$ 及其 $X(k)$(DFT) 如图 3-8 所示。

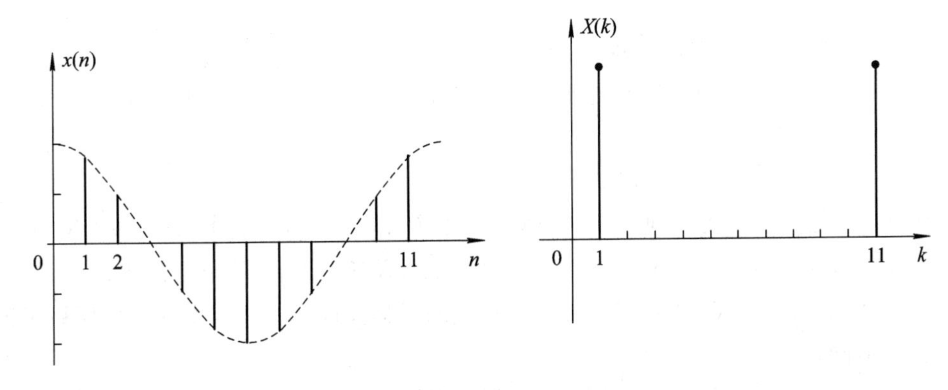

图 3-8 有限长序列及其 DFT

3.3 DFT 与 DTFT、Z 变换的关系

前面已讨论了 DFT 与 DFS 的关系，现在讨论 DFT 与 DTFT、Z 变换的关系。

1. DFT 与 Z 变换的关系

若 $x(n)$是一个长度为 N 的有限长序列，对 $x(n)$进行 Z 变换，有

$$X(z)=\sum_{n=0}^{N-1}x(n)z^{-n}$$

比较 Z 变换与 DFT 的定义可以看到，当 $z=W_N^{-k}$ 时，

$$X(z)\big|_{z=W_N^{-k}}=\sum_{n=0}^{N-1}x(n)W_N^{nk}=\mathrm{DFT}[x(n)]$$

即

$$X(k)=X(z)\big|_{z=W_N^{-k}} \tag{3-26}$$

式中，$z=W_N^{-k}=\mathrm{e}^{\mathrm{j}\left(\frac{2\pi}{N}\right)k}$ 表明 W_N^{-k} 是 z 平面单位圆上幅角为 $\omega=\frac{2\pi}{N}k$ 的点，即将 z 平面单位圆 N 等分后的第 k 点，所以 $X(k)$也就是对 $X(z)$在 z 平面单位圆上的 N 点等间隔采样值，如图 3-9(a)所示。

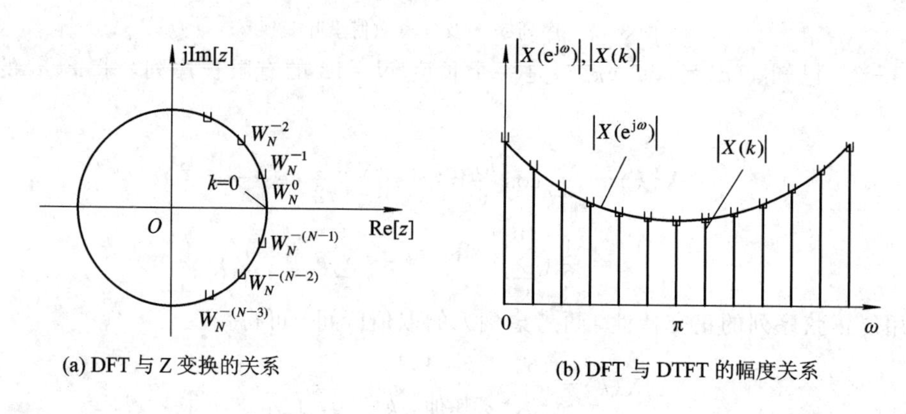

(a) DFT 与 Z 变换的关系　　(b) DFT 与 DTFT 的幅度关系

图 3-9　DFT 与 DTFT、Z 变换的关系

2. DFT 与 DTFT 变换的关系

由于 DTFT，即序列的傅里叶变换 $X(\mathrm{e}^{\mathrm{j}\omega})$是单位圆上的 Z 变换，根据式(3-26)，DFT 与 DTFT 的关系为

$$X(k)=X(\mathrm{e}^{\mathrm{j}\omega})\big|_{\omega=\frac{2\pi}{N}k}=X(\mathrm{e}^{\mathrm{j}k\omega_N}) \tag{3-27}$$

上式说明 $X(k)$也可以视为序列 $x(n)$的傅里叶变换 $X(\mathrm{e}^{\mathrm{j}\omega})$在区间[0，2π]上的 N 点等间隔采样，其采样间隔为 $\omega_N=2\pi/N$，图 3-9(b)给出了$|X(\mathrm{e}^{\mathrm{j}\omega})|$和$|X(k)|$的关系。DFT 的变换区间长度 N 不同，对 $X(\mathrm{e}^{\mathrm{j}\omega})$在区间[0，2π]上的采样间隔和采样点数不同，所以 DFT 的变换结果也不同。

例 3-3　设 $x(n)=R_6(n)$，计算该序列的 DTFT，并画出其幅度频谱，再计算变换

区间长度分别为 $N=8$、$N=16$、$N=32$、$N=64$ 点的 DFT，并画出对应点数的 $|X(k)|$。

解 根据离散时间傅里叶变换定义，则

$$X(e^{j\omega}) = \sum_{0}^{5} x(n)e^{-j\omega n} = 1 + e^{-j\omega} + e^{-j2\omega} + e^{-j3\omega} + e^{-j4\omega} + e^{-j5\omega}$$
$$= \frac{1-e^{-j6\omega}}{1-e^{-j\omega}}$$
$$= \frac{\sin(3\omega)}{\sin(\omega/2)}e^{-j5\omega/2} \tag{3-28}$$

所以

$$|X(e^{j\omega})| = \left|\frac{\sin(3\omega)}{\sin(\omega/2)}\right| \tag{3-29}$$

$$\arg X(e^{j\omega}) = \begin{cases} -\dfrac{5\omega}{2}, & \dfrac{\sin(3\omega)}{\sin(\omega/2)}>0 \\ -\dfrac{5\omega}{2}\pm\pi, & \dfrac{\sin(3\omega)}{\sin(\omega/2)}<0 \end{cases} \tag{3-30}$$

该序列的 $N=8$ 点 DFT 为

$$X(k) = \sum_{n=0}^{7} x(n)W_8^{kn} = \sum_{n=0}^{5} e^{-j\frac{2\pi}{8}kn}$$
$$= e^{-j\frac{3}{4}\pi k}\frac{\sin\left(\frac{3\pi}{4}k\right)}{\sin\left(\frac{\pi}{8}k\right)}, \quad k=0, 1, \cdots 7 \tag{3-31}$$

也可以将 $\omega=\frac{\pi}{4}k$、$\omega=\frac{\pi}{8}k$、$\omega=\frac{\pi}{16}k$、$\omega=\frac{\pi}{32}k$ 分别代入式(3-29)，得到 $N=8$、$N=16$、$N=32$、$N=64$ 不同点数的 DFT 的幅度频谱分别如下：

$$|X(k)| = \left|\frac{\sin\left(\frac{3\pi}{4}k\right)}{\sin\left(\frac{\pi}{8}k\right)}\right|, \quad k=0, 1, 2, \cdots 7 \tag{3-32}$$

$$|X(k)| = \left|\frac{\sin\left(\frac{3\pi}{8}k\right)}{\sin\left(\frac{\pi}{16}k\right)}\right|, \quad k=0, 1, 2, \cdots 15 \tag{3-33}$$

$$|X(k)| = \left|\frac{\sin\left(\frac{3\pi}{16}k\right)}{\sin\left(\frac{\pi}{32}k\right)}\right|, \quad k=0, 1, 2, \cdots 31 \tag{3-34}$$

$$|X(k)| = \left|\frac{\sin\left(\frac{3\pi}{32}k\right)}{\sin\left(\frac{\pi}{64}k\right)}\right|, \quad k=0, 1, 2, \cdots 63 \tag{3-35}$$

图 3-10 给出了矩形序列 $R_6(n)$的 DTFT 以及 $N=8$、$N=16$、$N=32$、$N=64$ 不同点数的 DFT 的幅度值。从中可以看出，DFT 就是对序列频谱的等间隔采样。

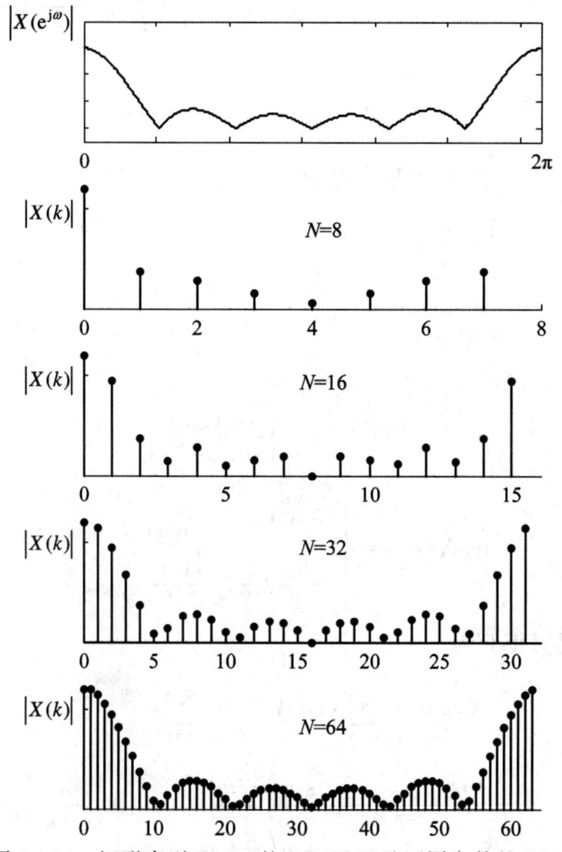

图 3-10 矩形序列 $R_6(n)$的 DTFT 以及不同点数的 DFT

3.4 离散傅里叶变换的性质

1. 线性特性

若 $w(n)=ax(n)+by(n)$，则

$$\text{DFT}[w(n)]=W(k)=aX(k)+bY(k) \tag{3-36}$$

如果 $x(n)$和 $y(n)$的序列长度 N_1、N_2不同，则选择 $N=\max[N_1, N_2]$作为变换长度，而短序列通过补 0 达到 N 点。

2. DFT 隐含的周期性

离散傅里叶变换定义了时域 N 个离散点到频域 N 个频率点的一一映射，但是定义式本身隐含着周期性，即 $x(n)$和 $X(k)$都是周期为 N 的序列。

$$X(k+lN)=X(k),\ x(n+lN)=x(n) \tag{3-37}$$

离散傅里叶变换定义中的正变换和反变换分别限定 $0\leqslant n\leqslant N-1$ 和 $0\leqslant k\leqslant N-1$。用计算机或数字处理器对信号进行频谱分析时，一般都期望信号在时域和频域都是离散和有限的，因而这种限定是自然而然和合情合理的。离散傅里叶变换潜在的周期性直接导出了它具有许多优异的特性，利用这些特性就得到了离散傅里叶变换的快速算法，它使得计算 DFT 高效而方便。我们可以把 $x(n)$和 $X(k)$看成是其中的任意一个周期，只要进行 DFT 计算时取的点数 N 不小于对信号的采样点数 M，DFT 和 IDFT 都是精确的。

3. 循环(圆周)移位的概念

在定义序列 $x(n)$ 的 N 点离散傅里叶变换时，把序号 n 约束为 $0\leqslant n\leqslant N-1$。期望移位后新序列的序号 n 也满足前述约束，显然使用模运算符定义循环移位即可满足这个约束条件。定义循环移位运算如下：

$$x(\langle n-m\rangle_N) \tag{3-38}$$

图 3-11 给出了循环移位运算的实例。其中图 3-11(a)为原序列 $x(n)$，图 3-11(b)为 $x_1(n)=x(\langle n-2\rangle_6)$，图 3-11(c)为 $x_2(n)=x(\langle n+2\rangle_6)$。图中的 n 表示序列的序号，序号按顺时针依次排列。$x(\langle n-2\rangle_6)$ 使得 $x(n)$ 的所有取值依顺时针移位 2 个点；而 $x(\langle n+2\rangle_6)$ 使得 $x(n)$ 的所有取值依逆时针移位 2 个点。这样移动的结果是所有取值的相对位置不变，而对应的新序列的序号保持不动，把序号与取值对应起来就构成了新序列，如图 3-11(b)中，新的序列为 $x_1(0)=x(4)$，$x_1(1)=x(5)$，$x_1(2)=x(0)$，$x_1(3)=x(1)$，$x_1(4)=x(2)$，$x_1(5)=x(3)$。

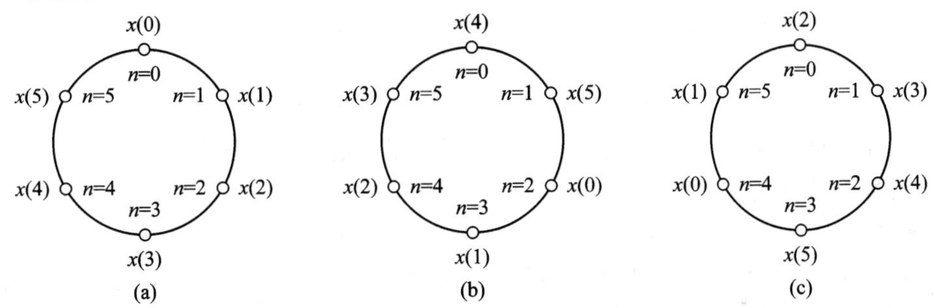

图 3-11 循环(圆周)移位运算示意图

循环移位可以想象将序列 $x(n)$ 顺序排列在 N 等分的圆周上，$x(n-m)$ 是将序列各元素在圆周上按顺时针旋转 m 个位置，而 $x(n+m)$ 是将序列各元素在圆周上按反时针方向旋转 m 个位置，所以，循环移位又叫圆周移位。

为简便起见，记

$$x(\langle n-m\rangle_N)\text{为 } x(n-m)$$

同理

$$X(\langle k-l\rangle_N)\text{为 } X(k-l)$$

4. 时域循环移位性质

若 $x(n)\leftrightarrow X(k)$，则

$$x(\langle n-m\rangle_N)\leftrightarrow X(k)W_N^{km} \tag{3-39}$$

或者简记为

$$\mathrm{DFT}[x(n-m)]=W^{mk}X(k) \tag{3-40}$$

序列在时域循环移位 m 个单位，其 DFT 的相位频谱各次谐波相位平移，但幅度频谱不变。

例 3-4 已知实序列 $x(n)=[4, 6, 2, 8, -4, -6, -5, -5, 8]$ 的 9 点 DFT 为 $X(k)$，而序列 $y(n)$ 的 9 点 DFT 为 $Y(k)=X(k)W_3^{-4k}$，利用 DFT 的时域循环移位性质确定序列 $y(n)$。

解 因为 $Y(k)=X(k)W_3^{-4k}=X(k)W_9^{-12k}$，由 DFT 的时域循环移位特性得

$$y(n)=x(\langle n-12\rangle_9)=x(\langle n-3\rangle_9)$$

由此可得

$$y(0)=x(\langle 0-3\rangle_9)=x(6)=-5$$
$$y(1)=x(\langle 1-3\rangle_9)=x(7)=-5$$
$$y(2)=x(\langle 2-3\rangle_9)=x(8)=8$$
$$y(3)=x(\langle 3-3\rangle_9)=x(0)=4$$
$$y(4)=x(\langle 4-3\rangle_9)=x(1)=6$$
$$y(5)=x(\langle 5-3\rangle_9)=x(2)=2$$
$$y(6)=x(\langle 6-3\rangle_9)=x(3)=8$$
$$y(7)=x(\langle 7-3\rangle_9)=x(4)=-4$$
$$y(8)=x(\langle 8-3\rangle_9)=x(5)=-6$$

5. 频域循环移位性质

若 $x(n)\leftrightarrow X(k)$，则

$$x(n)W_N^{-km}\leftrightarrow X(\langle k-\mathrm{m}\rangle_N) \tag{3-41}$$

或者简记为

$$\mathrm{DFT}[W^{-mk}x(n)]=X(k-m) \tag{3-42}$$

序列在时域被调制相当于频谱的平移，包括幅度频谱和相位频谱。

6. 循环卷积定理

1) 两个有限长序列的循环卷积

$x_1(n)$和$x_2(n)$的长度分别为M_1和M_2，对任意$N\geqslant\max(M_1, M_2)$，定义如下的N点循环卷积运算：

$$x_1(n)\otimes x_2(n)=\sum_{m=0}^{N-1}x_1(m)x_2(\langle n-m\rangle_N),\ 0\leqslant n\leqslant N-1 \tag{3-43}$$

记$y_c(n)=x_1(n)\otimes x_2(n)$，式(3-43)可以写成以下矩阵的形式：

$$\begin{bmatrix} y_c(0)\\ y_c(1)\\ y_c(2)\\ \vdots\\ y_c(N-1)\end{bmatrix}=\begin{bmatrix} x_1(0) & x_1(N-1) & x_1(N-2) & \cdots x_1(1)\\ x_1(1) & x_1(0) & x_1(N-1) & \cdots x_1(2)\\ x_1(2) & x_1(1) & x_1(0) & \cdots x_1(3)\\ \vdots & \vdots & \vdots & \vdots\\ x_1(N-1) & x_1(N-2) & x_1(N-1) & \cdots x_1(0)\end{bmatrix}\begin{bmatrix} x_2(0)\\ x_2(1)\\ x_2(2)\\ \vdots\\ x_2(N-1)\end{bmatrix} \tag{3-44}$$

循环卷积要求$N\geqslant\max(M_1, M_2)$，所以在上述矩阵中，当$M_1\leqslant n\leqslant N-1$时，$x_1(n)=0$；当$M_2\leqslant n\leqslant N-1$时，$x_2(n)=0$，这就得到循环卷积的矩阵求法。

例 3-5 分别计算$x_1(n)=\{2, 1, 0, 1\}$和$x_2(n)=\{2, 3, 0, 1, 2\}$的5点循环卷积$y_{c5}(n)$和6点循环卷积$y_{c6}(n)$。

解 先计算5点循环卷积$y_{c5}(n)$，写成矩阵的形式如下：

$$\begin{bmatrix} y_{c5}(0)\\ y_{c5}(1)\\ y_{c5}(2)\\ y_{c5}(3)\\ y_{c5}(4)\end{bmatrix}=\begin{bmatrix} x_1(0) & x_1(4) & x_1(3) & x_1(2) & x_1(1)\\ x_1(1) & x_1(0) & x_1(4) & x_1(3) & x_1(2)\\ x_1(2) & x_1(1) & x_1(0) & x_1(4) & x_1(3)\\ x_1(3) & x_1(2) & x_1(1) & x_1(0) & x_1(4)\\ x_1(4) & x_1(3) & x_1(2) & x_1(1) & x_1(0)\end{bmatrix}\begin{bmatrix} x_2(0)\\ x_2(1)\\ x_2(2)\\ x_2(3)\\ x_2(4)\end{bmatrix}$$

将序列的取值代入得

$$\begin{bmatrix} y_{c5}(0) \\ y_{c5}(1) \\ y_{c5}(2) \\ y_{c5}(3) \\ y_{c5}(4) \end{bmatrix} = \begin{bmatrix} 2 & 0 & 1 & 0 & 1 \\ 1 & 2 & 0 & 1 & 0 \\ 0 & 1 & 2 & 0 & 1 \\ 1 & 0 & 1 & 2 & 0 \\ 0 & 1 & 0 & 1 & 2 \end{bmatrix} \begin{bmatrix} 2 \\ 3 \\ 0 \\ 1 \\ 2 \end{bmatrix} = \begin{bmatrix} 6 \\ 9 \\ 5 \\ 4 \\ 8 \end{bmatrix}$$

然后计算6点循环卷积 $y_{c6}(n)$，写成矩阵的形式如下：

$$\begin{bmatrix} y_{c6}(0) \\ y_{c6}(1) \\ y_{c6}(2) \\ y_{c6}(3) \\ y_{c6}(4) \\ y_{c6}(5) \end{bmatrix} = \begin{bmatrix} x_1(0) & x_1(5) & x_1(4) & x_1(3) & x_1(2) & x_1(1) \\ x_1(1) & x_1(0) & x_1(5) & x_1(4) & x_1(3) & x_1(2) \\ x_1(2) & x_1(1) & x_1(0) & x_1(5) & x_1(4) & x_1(3) \\ x_1(3) & x_1(2) & x_1(1) & x_1(0) & x_1(5) & x_1(4) \\ x_1(4) & x_1(3) & x_1(2) & x_1(1) & x_1(0) & x_1(5) \\ x_1(5) & x_1(4) & x_1(3) & x_1(2) & x_1(1) & x_1(0) \end{bmatrix} \begin{bmatrix} x_2(0) \\ x_2(1) \\ x_2(2) \\ x_2(3) \\ x_2(4) \\ x_2(5) \end{bmatrix}$$

将序列的取值代入得

$$\begin{bmatrix} y_{c6}(0) \\ y_{c6}(1) \\ y_{c6}(2) \\ y_{c6}(3) \\ y_{c6}(4) \\ y_{c6}(5) \end{bmatrix} = \begin{bmatrix} 2 & 0 & 0 & 1 & 0 & 1 \\ 1 & 2 & 0 & 0 & 1 & 0 \\ 0 & 1 & 2 & 0 & 0 & 1 \\ 1 & 0 & 1 & 2 & 0 & 0 \\ 0 & 1 & 0 & 1 & 2 & 0 \\ 0 & 0 & 1 & 0 & 1 & 2 \end{bmatrix} \begin{bmatrix} 2 \\ 3 \\ 0 \\ 1 \\ 2 \\ 0 \end{bmatrix} = \begin{bmatrix} 5 \\ 10 \\ 3 \\ 4 \\ 8 \\ 2 \end{bmatrix}$$

2）时域循环卷积定理

设 $x_1(n)$ 和 $x_2(n)$ 的 N 点离散傅里叶变换分别为 $X_1(k)$ 和 $X_2(k)$，则有如下时域循环卷积定理：

$$x_1(n)\otimes x_2(n)\leftrightarrow X_1(k)X_2(k) \tag{3-45}$$

3）频域循环卷积定理

设 $x_1(n)$ 和 $x_2(n)$ 的 N 点离散傅里叶变换分别为 $X_1(k)$ 和 $X_2(k)$，则有如下的频域循环卷积定理：

$$x_1(n)x_2(n)\leftrightarrow \frac{1}{N}X_1(k)\otimes X_2(k) \tag{3-46}$$

循环卷积定理实际上提供了一个间接实现循环卷积的方法。如果要求 $x_1(n)\otimes x_2(n)$，先分别求得 $x_1(n)$ 和 $x_2(n)$ 的离散傅里叶变换 $X_1(k)$ 和 $X_2(k)$，再对两者的乘积 $X_1(k)X_2(k)$ 求离散傅里叶反变换即可得 $x_1(n)\otimes x_2(n)$。如果要求 $X_1(k)\otimes X_2(k)$，先分别求得 $X_1(k)$ 和 $X_2(k)$ 的离散傅里叶反变换 $x_1(n)$ 和 $x_2(n)$，再对两者的乘积 $x_1(n)x_2(n)$ 求离散傅里叶变换即可得 $X_1(k)\otimes X_2(k)/N$。

7. 共轭对称性

设 $x^*(n)$ 为 $x(n)$ 实共轭复序列，若 $x(n)\leftrightarrow X(k)$，则有

$$x^*(n)\leftrightarrow X^*(N-k) \tag{3-47}$$

同理

$$x^*(N-n)\leftrightarrow X^*(k) \tag{3-48}$$

在讨论DTFT的对称性时，也提到过共轭对称序列和共轭范对称序列，那里的对称性

是指关于纵坐标的对称性。DFT 的对称性有所不同，序列 $x(n)$和其离散傅里叶变换 $X(k)$都是有限长序列，其定义的区间为 $0\leqslant n\leqslant N-1$，所以，DFT 的对称性是指关于 $N/2$ 的对称性。

下面讨论序列的实部和虚部的 DFT 特点。

由 $x(n)=x_R(n)+jx_I(n)$易得，任意序列 $x(n)$的实部 $x_R(n)$和虚部 $x_I(n)$可以表示为

$$x_R(n)=\frac{1}{2}[x(n)+x^*(n)] \tag{3-49}$$

$$x_I(n)=\frac{1}{2j}[x(n)-x^*(n)] \tag{3-50}$$

对式(3-49)、式(3-50)两边进行 DFT，利用共轭对称性可得到

$$X_R(n)\leftrightarrow\frac{1}{2}[X(k)+X^*(N-k)] \tag{3-51}$$

$$X_I(n)\leftrightarrow\frac{1}{2j}[X(k)-X^*(N-k)] \tag{3-52}$$

利用式(3-51)、式(3-52)可以通过计算一个 N 点复序列的 DFT 来同时完成两个 N 点实序列的 DFT。设待求 DFT 的两个等长实序列为 $g(n)$和 $w(n)$，它们的 DFT 分别为 $G(k)$和 $W(k)$。

构造新序列 $x(n)$如下：

$$x(n)=g(n)+jw(n) \tag{3-53}$$

即 $g(n)$和 $w(n)$分别为 $x(n)$的实部和虚部。由式(3-51)和式(3-52)可得 $G(k)$和 $W(k)$为

$$G(k)=\frac{1}{2}[X(k)+X^*(N-k)] \tag{3-54}$$

$$W(k)=\frac{1}{2j}[X(k)-X^*(N-k)] \tag{3-55}$$

例 3-6 用计算 4 点复序列 DFT 来同时计算两个实序列 $g(n)=[1, 2, 1, 2]$和 $h(n)=[2, 3, 1, 5]$的 4 点离散傅里叶变换 $G(k)$和 $W(k)$。

解 构造新序列 $x(n)$如下：

$$x(n)=g(n)+jh(n)=[1+j2, 2+j3, 1+j, 2+j5]$$

则 $x(n)$的傅里叶变换为

$$\begin{bmatrix}X(0)\\X(1)\\X(2)\\X(3)\end{bmatrix}=\begin{bmatrix}1&1&1&1\\1&W_4^1&W_4^2&W_4^3\\1&W_4^2&W_4^4&W_4^6\\1&W_4^3&W_4^6&W_4^9\end{bmatrix}\begin{bmatrix}x(0)\\x(1)\\x(2)\\x(3)\end{bmatrix}$$

代入数值得

$$\begin{bmatrix}X(0)\\X(1)\\X(2)\\X(3)\end{bmatrix}=\begin{bmatrix}1&1&1&1\\1&-j&-1&j\\1&-1&1&-1\\1&j&-1&-j\end{bmatrix}\begin{bmatrix}1+j2\\2+j3\\1+j\\2+j5\end{bmatrix}=\begin{bmatrix}6+j11\\-2+j\\-2-j5\\2+j\end{bmatrix}$$

此即

$$X(k)=[6+\mathrm{j}11,\ -2+\mathrm{j},\ -2-\mathrm{j}5,\ 2+\mathrm{j}]$$

所以

$$X(\langle -k\rangle_4)=[6+\mathrm{j}11,\ 2+\mathrm{j},\ -2-\mathrm{j}5,\ -2+\mathrm{j}]$$

从而

$$X^*(\langle -k\rangle_4)=[6-\mathrm{j}11,\ 2-\mathrm{j},\ -2+\mathrm{j}5,\ -2-\mathrm{j}]$$

由式(3-54)得 $G(k)$ 为

$$G(k)=\frac{1}{2}[X(k)+X^*(N-k)]=[\ 6,\ 0,\ -2,\ 0]$$

由式(3-55)得 $W(k)$ 为

$$W(k)=\frac{1}{2\mathrm{j}}[X(k)-X^*(N-k)]=[\ 11,\ 1+\mathrm{j}2,\ -5,\ 1-\mathrm{j}2]$$

8. 帕萨瓦尔定理

设 $x(n)$ 和 $y(n)$ 的 N 点离散傅里叶变换分别为 $X(k)$ 和 $Y(k)$，则有如下帕萨瓦尔定理

$$\sum_{n=0}^{N-1}x(n)y^*(n)=\frac{1}{N}\sum_{n=0}^{N-1}X(k)Y^*(k) \tag{3-56}$$

特别地，当 $x(n)=y(n)$ 时，帕萨瓦尔定理变为

$$\sum_{n=0}^{N-1}|x(n)|^2=\frac{1}{N}\sum_{n=0}^{N-1}|X(k)|^2 \tag{3-57}$$

式(3-57)表明，序列在时域和频域的能量是不变的，故也称为能量守恒定理。

3.5 用DFT计算数字频谱的误差及解决方法

首先通过一个例题来了解利用DFT计算数字频谱的好处。

例3-7 已知信号 $x(t)=0.15\sin(2\pi f_1 t)+\sin(2\pi f_2 t)-0.1\sin(2\pi f_3 t)$，其中 $f_1=1$ Hz，$f_2=2$ Hz，$f_3=3$ Hz。从 $x(t)$ 的表达式可以看出，它包含三个正弦波，但从时域波形图3-12(a)来看，似乎是一个频率的正弦信号，很难看到其他频率的小信号的存在，因为它被放大信号所掩盖。取 $f_s=32$ Hz 进行频谱分析。

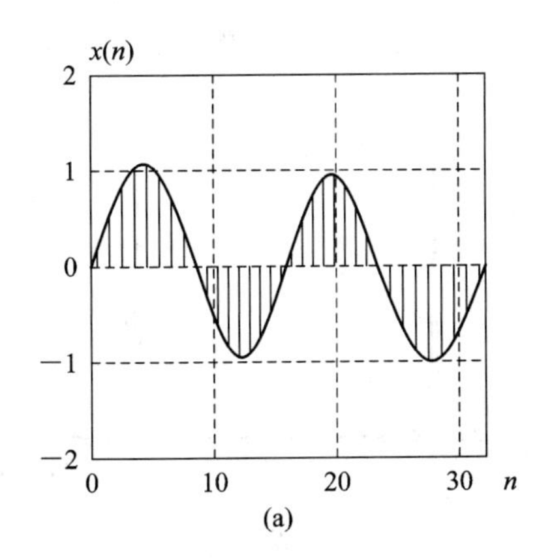

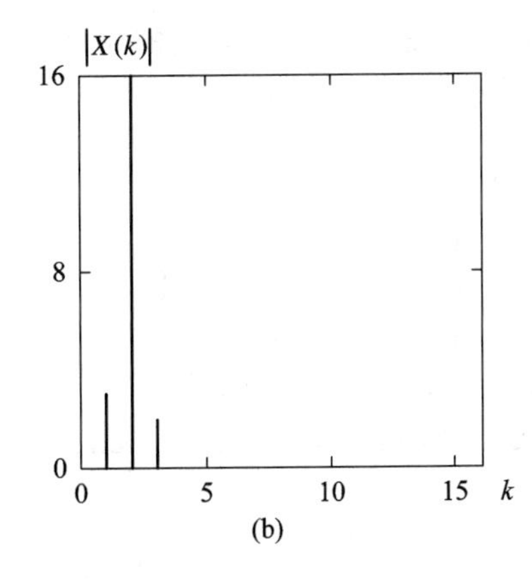

图3-12 混合频率信号的时域、频域分析

解 因 $f_s=32$ Hz，故

$$x(n)=x(nT)=0.15\sin\left(\frac{2\pi}{32}n\right)+\sin\left(\frac{4\pi}{32}n\right)-0.1\sin\left(\frac{6\pi}{32}n\right)$$

该信号为周期信号，其周期为 $N=32$。对 $x(n)$ 作 32 点离散傅里叶变换，其幅度特性 $|X(k)|$ 如图 3-12(b)所示。图中仅给出了 $k=0, 1, \cdots, 15$ 的结果，$k=16, 17, \cdots, 31$ 的结果可由 $|X(N-k)|=|X(k)|$ 得出。因 $N=32$，故频率分辨率 $F=f_s/N=1$ Hz，$k=1, 2, 3$ 所对应的频谱即为频率 $f_1=1$ Hz，$f_2=2$ Hz，$f_3=3$ Hz 的正弦波所对应的频谱，而且该图中小信号成分可以清楚地显示出来。可见，小信号成分在时域中很难辨识而在频域中则容易识别。

在实际应用中，原始信号可能是无限长的连续时间信号，为了利用离散傅里叶变换计算这样信号的离散频谱，还必须进行一些必要的处理，而这些处理过程可能对原始信号的真实频谱产生误差，下面讨论误差产生的原因和解决的办法。

如果原始信号是连续的模拟信号 $x_a(t)$，第一步是对其进行等间隔采样得到采样信号，则由时域采样定理知采样信号的频谱是 $x_a(t)$ 频谱的周期延拓。为了避免频谱混叠，要求采样频率不小于信号最高频率的两倍。一般来说，原始信号是有限长的，所以其频谱宽度是无限的，因此，在对有限长信号进行采样前先进行抗混叠滤波，一方面使得采样频率无需非常高，另外一方面避免了频谱混叠。通过对连续信号 $x_a(t)$ 进行采样就得到了离散序列 $x(n)=x_a(nT)$。

第二步是对 $x(n)$ 进行截短处理，这是因为 $x(n)$ 太长则不利于处理。截短处理在时域进行，它通过把 $x(n)$ 乘以一个长度为 N 的窗函数 $w(n)$ 得到有限长序列 $x(n)w(n)$。$x(n)w(n)$ 的离散时间傅里叶变换(DTFT)是 $x(n)$ 的离散时间傅里叶变换 $X(\omega)$ 与 $w(n)$ 的离散时间傅里叶变换 $W(\omega)$ 之卷积。因为有限长序列 $w(n)$ 的频谱宽度是无限的，所以乘积 $x(n)w(n)$ 的频谱也是无限的，即频谱"扩散"(拖尾，展宽)了，或者说频谱"泄露"了。为了减小频谱泄露，可以采取两个方法：其一，增加窗函数的宽度，即取更多的数据；其二，采用性能更优的窗函数，这些窗函数具有比矩形窗旁瓣小主瓣窄的优点，这必将减小频谱泄露，在 FIR 数字滤波器设计一章中会详细讲解这个问题。

作为实例，下面考虑用矩形窗函数 $R_L(n)$ 对离散余弦序列 $\cos(\omega_0 n)$ 进行截短处理后的频谱，截短得到的序列为 $\cos(\omega_0 n)R_L(n)$。图 3-13(a)给出了 $\cos(n\pi/3)$ 的频谱，图 3-13(b)为 $\cos(n\pi/3)$ 截短处理后的频谱，由图可以清楚地看出频谱发生了泄漏。

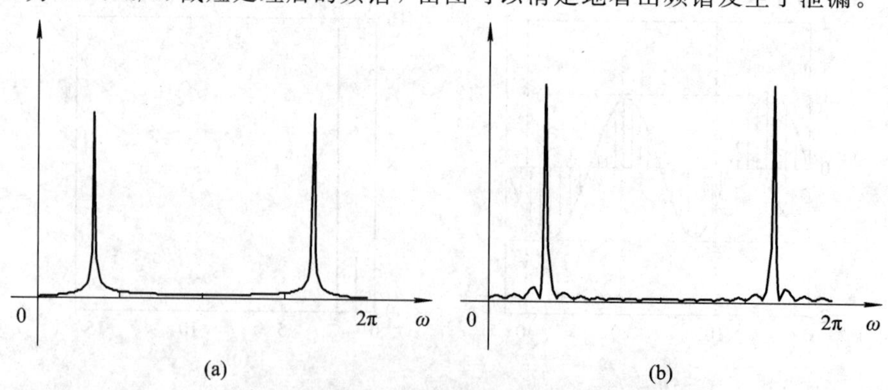

图 3-13 $\cos(n\pi/3)$ 的 DTFT 及截短处理后的 DTFT

由于 $x(n)w(n)$ 的频谱依然是连续的，所以要进行第三步处理：对 $x(n)w(n)$ 的频谱进行离散化，即等间隔采样得到 M 个离散点。与时域的等间隔采样导致频域的周期延拓相对偶，这种频域的等间隔采样导致了时域的周期延拓。在讲解离散傅里叶变换的物理意义时，已经指出只要一个周期内的采样点数 $M \geqslant N$，则时域信号不会发生混叠。

以下介绍两个有关分辨率的概念。“频率分辨率”是指所用的算法将所分析的时域信号频谱中两个靠得很近的谱峰分辨开来的能力，“频率分辨率”通常也称为“物理频率分辨率”，以便与“计算频率分辨率”相区别。“计算频率分辨率”是指所分析的信号的离散频谱中相邻点间的频率间隔。

如果连续信号 $x(t)$ 的持续时间为 T_u 秒，设其傅里叶变换为 $X(\omega)$，那么 $X(\omega)$ 的频率分辨率为

$$\Delta f = \frac{1}{T_u}(\text{Hz}) \tag{3-58}$$

我们知道长度为 T_u 的矩形窗的傅里叶变换是抽样信号，其主瓣宽度为 $1/T_u$。定义信号 $\tilde{x}(t)$：在 $x(t)$ 的持续时间内，$\tilde{x}(t)$ 与 $x(t)$ 波形相同；在 $x(t)$ 的持续时间外，$\tilde{x}(t)$ 为任意确定的波形。显然 $x(t)$ 可以看成是持续时间与 $x(t)$ 相同的矩形脉冲和 $\tilde{x}(t)$ 之乘积，所以 $X(\omega)$ 是 $\tilde{X}(\omega)$ 与矩形脉冲频谱之卷积，这样 $X(\omega)$ 能分开的最小频率间隔不会超过 $1/T_u$。

将 $x(t)$ 用间隔 T_s 采样得到 $x(n)$，采样频率为 $f_s = 1/T_s$，则能得到总的采样点数为 $M = T_u/T_s = T_u f_s$。我们知道在对 $x(n)$ 进行 N 点离散傅里叶变换时，只要 $N \geqslant M$。这里的计算频率分辨率为

$$\Delta f_c = \frac{f_s}{N} \tag{3-59}$$

物理频率分辨率为

$$\Delta f_p = \frac{f_s}{M} \tag{3-60}$$

将 $M = T_u f_s$ 代入式(3-60)得到的物理频率分辨率与式(3-58)给出的一致，这说明不能光靠增加采样点数 M 来提高物理频率分辨率，这是因为在信号的持续时间 T_u 保持不变的前提下，采样点数 M 增加，则采样间隔 T_s 减小，但 M 与 T_s 两者的乘积保持为 T_u 不变。

在进行离散傅里叶变换时，通过在有效数据后面补充一些零来达到改善频谱的目的，但这并不能提高算法的物理频率分辨率，这是因为物理频率分辨率由有效的数据点数 M 决定。从根本上说，补零并没有提供新的信息，不能提高分辨率就理所当然了，但这样做能提高算法的计算频率分辨率。此外补零可以使得总的点数 N 是 2 的整数次幂，便于用下一章要讲解的快速傅里叶变换来高效地计算离散傅里叶变换。

下面说明一个结论：补零不能改变序列的离散时间傅里叶变换，但改变了序列的傅里叶变换。记原始未补零的 M 点序列的离散时间傅里叶变换为 $X_M(\omega)$，补零后的 N 点序列的离散时间傅里叶变换为 $X_N(\omega)$；原始未补零的 M 点序列的 M 点离散傅里叶变换为 $X_M(k)$，补零后的 N 点序列的 N 点离散傅里叶变换为 $X_N(k)$。由离散时间傅里叶变换的定义有

$$X_N(\omega) = \sum_{n=0}^{N-1} x(n)\mathrm{e}^{-\mathrm{j}\omega n} = \sum_{n=0}^{M-1} x(n)\mathrm{e}^{-\mathrm{j}\omega n} + \sum_{n=M}^{N-1} x(n)\mathrm{e}^{-\mathrm{j}\omega n} \tag{3-61}$$

因为在 $M \leqslant n \leqslant N-1$ 内 $x(n)$ 是补充的零点，所以上式变为

$$X_N(\omega)=\sum_{n=0}^{M-1}x(n)\mathrm{e}^{-\mathrm{j}\omega n}=X_M(\omega) \tag{3-62}$$

由离散傅里叶的定义有

$$X_M(k)=\sum_{n=0}^{M-1}x(n)\mathrm{e}^{-\mathrm{j}\frac{2\pi}{M}kn}=\sum_{n=0}^{M-1}x(n)\mathrm{e}^{-\mathrm{j}\frac{2\pi}{M}kn} \tag{3-63}$$

$$X_N(\omega)=\sum_{n=0}^{N-1}x(n)\mathrm{e}^{-\mathrm{j}\frac{2\pi}{N}kn}=\sum_{n=0}^{M-1}x(n)\mathrm{e}^{-\mathrm{j}\frac{2\pi}{N}kn} \tag{3-64}$$

显然 $X_M(k)\neq X_N(k)$。

我们知道 $x(n)$的 N 点离散傅里叶变换 $X(k)$与 $x(n)$的离散时间傅里叶变换在频率点 $2\pi k/N$ 的取值相等。通过这 N 个离散的频率点处的离散时间傅里叶变换来观察序列的频谱，就像通过一个“栅栏”观赏风景一样，只能在这些离散的频率点处看到真实的景象，称这种现象为“栅栏效应”。显然如果 N 足够大(如果有效数据长度 M 不变，可以通过补零增大 N)，这些频率点分布得足够稠密，则可减小栅栏效应。补零可以把原来由于频率点错位而拦住的有效频率成分显现，但并不能提高算法的物理频率分辨率，或者说原来分不开的两个频峰，补零后依然不能分开。

图 3-14 为序列补零对 DTFT 与 DFT 的影响。图 3-14(a)为在有效长度为 M 的序列尾部补充了 N_1-M 个零点，图 3-14(b)为对应的 DTFT。由式(3-62)知，补零后的DTFT与没有补零的 DTFT 一致，对图 3-14(b)所示的 DTFT 在一个周期内进行间隔为 $2\pi/N_1$ 等间隔采样，采样点对应的值就是 N_1 点离散傅里叶变换 $X_1(k)$，如图 3-14(c)所示。对原序列尾部补充了 N_2-M(其中 $N_2>N_1$)个零点得到图 3-14(d)，图 3-14(e)为对应的 DTFT，与图 3-14(b)一致。对图 3-14(e)所示的 DTFT 在一个周期内进行间隔为 $2\pi/N_2$ 等间隔采样，采样点对应的值就是 N_2 点离散傅里叶变换 $X_2(k)$，如图 3-14(f)所示。

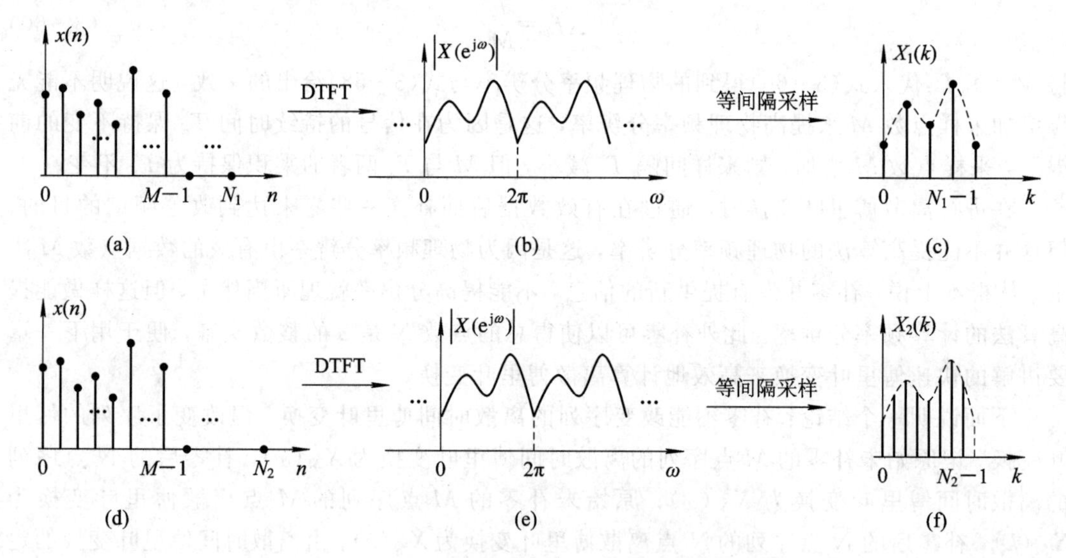

图 3-14　序列补零对 DTFT 与 DFT 的影响

在计算 DFT 时，需要选择合适的采样点数 M，下面给出具体的方法。设 $X(\omega)$的截止频率为 f_c，这个可以事先确定，因为已知 $x(t)$就可以得到 $X(\omega)$及其截止频率 f_c。为了避免混叠，选择采样频率 f_s 满足 $2.5f_c\leqslant f_s\leqslant 3.0f_c$。若给定频率分辨率 Δf_p，可得需要的最

少采样点数 M 为

$$M=\frac{f_s}{\Delta f_p} \tag{3-65}$$

例 3-8 对模拟信号进行离散数字谱分析，现要求谱分辨率 $\Delta f_p \leqslant 8$ Hz，模拟信号频谱的最高截止频率 $f_c=3$ kHz。试确定：最小的信号采样时间 $T_{\min}$、最大的采样间隔 $T_{\max}$ 和最少的采样点数 M。

解 最小的信号采样时间 $T_{\min}$ 由谱分辨率确定，由式(3-58)得

$$T_{\min}=\frac{1}{\Delta f_p}=0.125 \text{ s}$$

最大的采样间隔 $T_{\max}$ 由模拟信号频谱的最高截止频率决定，由采样定理 $f_s=1/T_{\max}=2f_c$ 得

$$T_{\max}=\frac{1}{2f_c}=\frac{1}{6} \text{ ms}$$

由式(3-65)可得最少的采样点数 M 为

$$M=\frac{f_s}{\Delta f_p}\geqslant\frac{2f_c}{\Delta f}=750$$

为了利用下一章讲解的快速傅里叶变换算法，需选采样点数 M 为 2 的整数次幂，故选取 $M=2^{10}=1024$。

3.6 用 MATLAB 实现离散傅里叶变换

本节通过 MATLAB 实现对连续信号进行 DFT 的分析。

例 3-9 设待分析的信号是三个正弦波的加权和，即

$$0.5\sin(2\pi f_1 t)+\sin(2\pi f_2 t)+1.5\sin(2\pi f_3 t)$$

式中，$f_1=2$ Hz，$f_2=2.1$ Hz，$f_3=2.5$ Hz。

解 因为三个频率彼此间的最小间隔为 $f_2-f_1=0.1$ Hz，这就是所需的频率分辨率 Δf_p。采样频率满足 $f_s\geqslant 2f_c=2f_3$，这里取 $f_s=6$ Hz。

首先要确定所需的采样点数 M，所需的采样点数 M 为

$$M=\frac{f_s}{\Delta f_p}=\frac{6}{0.1}=60$$

MATLAB 实现如下。首先定义实现离散傅里叶变换的函数文件 DFT.m，程序代码如下：

```
function [Xk]=DFT(xn, N)
%-----------------------------------
%M 为待分析信号的有效长度
%N 为进行 DFT 分析的点数
%xn 为待分析的原始序列
%对 x 进行 DFT 分析
%-----------------------------------
M=size(xn, 2);
x=zeros(1, N);
```

```
if N>M
        for i=1: M
            x(i)=xn(i);
        end                  %如果N>M，x为对xn末尾补充N-M个零的序列
else
        for i=1: N
            x(i)=xn(i);
        end                  %如果N<M，对xn截取前N个序列值得到x
end
%-------------------------------------
n=[0: 1: N-1];
k=[0: 1: N-1];
WN=exp(-j*2*pi/N);
nk=n'*k;
WNnk=WN.^nk;
Xk=x*WNnk;
%-------------------------------------
```

调用程序如下：

```
%-------------------------------------
N=200;                        %N为实际进行DFT分析的点数，取值可调
M=[1: 60];                    %总共60个采样点
fs=6;                         %fs为采样频率
nt=M/fs;                      %nt为采样时刻
f1=2; f2=2.1; f3=2.5;
xn=0.5*sin(2*pi*f1*nt)+sin(2*pi*f2*nt)+1.5*sin(2*pi*f3*nt);
%-------------------------------------
Xk=DFT(xn, N);
Xk=abs(Xk);                   %Xk为DFT的模值
%-------------------------------------
k=1: N;
wk=k/N*fs;                    %wk为实际频率，N个频率点平分fs
stem(wk, Xk(k), 'k.');
xlabel('Hz'): ylabel('|X|');
%-------------------------------------
```

图3-15依次为采样得到的离散序列的40、100、150和200点DFT。由图3-15可以看出DFT的点数比所需的采样点数少时，算法的分辨率不足以分辨出所有的频率分量。

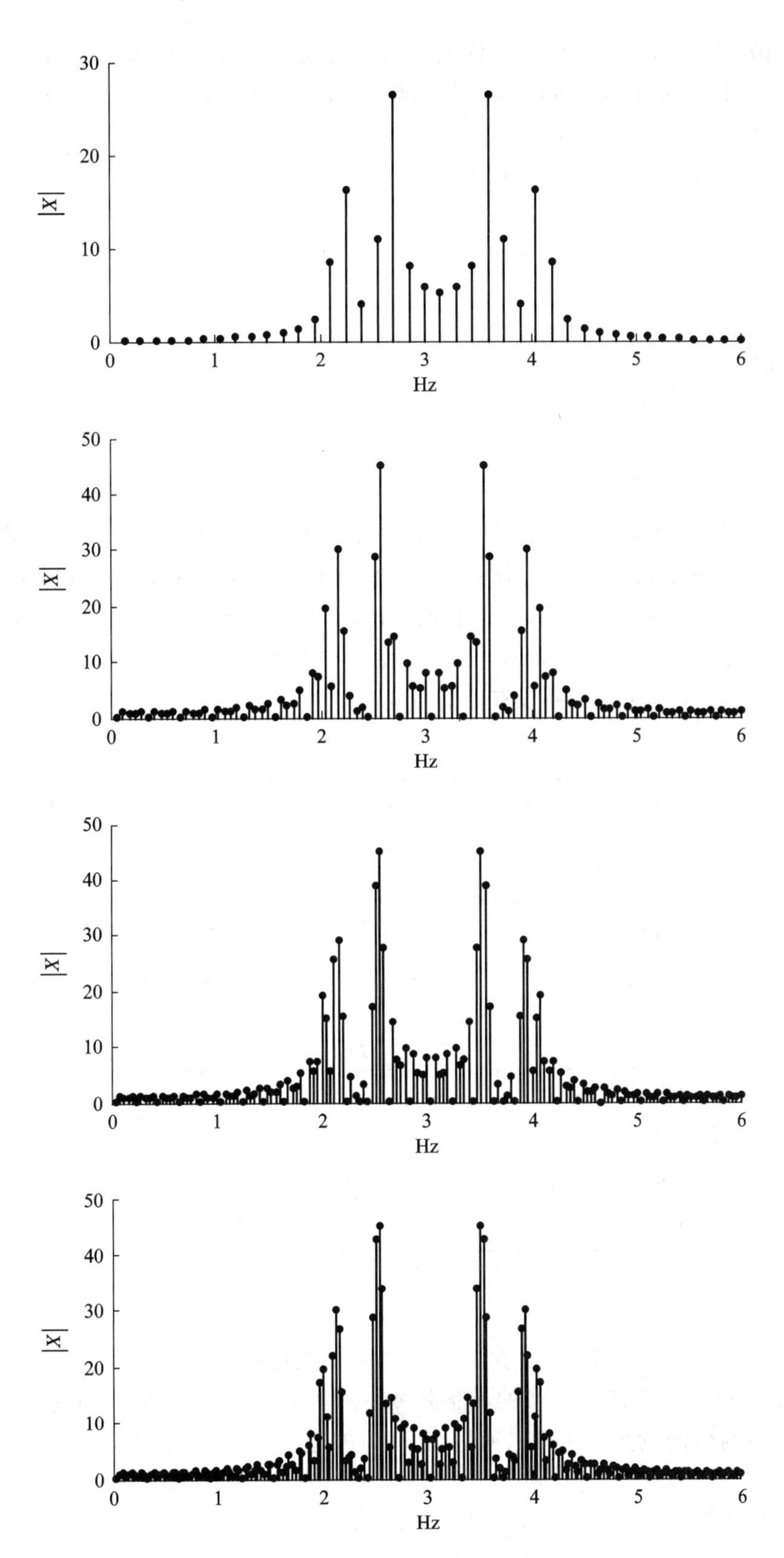

图3-15 例3-9进行不同点数的DFT分析结果

例 3-10 设 $x(n)=R_4(n)$，计算该序列在变换区间分别为 $N=8$、$N=16$、$N=32$、$N=64$点的 DFT，画出其幅度频谱和相位频谱，并进一步讨论序列补零对频谱分辨率的影响。

解 MATLAB 脚本如下：

```
>>x = [1, 1, 1, 1];N = 4;
>>X = dft(x, N);
>>magX = abs(X);phaX = angle(X) * 180/pi;
magX =
    4.0000    0.0000    0.0000    0.0000
phaX =
    0  -134.9810   -90.0000   -44.9979
```

所以

$$X_4(k)=\{\underset{\uparrow}{4}, 0, 0, 0\}$$

需要注意的是，当幅度采样是零时，相应的相位并不是零，这是由于用 MATLAB 计算相位部分所用的特定算法所致。图 3-16 所示的 DFT 图，图中也用虚线示出 $X(e^{j\omega})$的图以供比较。从图 3-16 中可见，$X_4(k)$正确给出了 $X(e^{j\omega})$的 4 个样本值，但仅有一个是非零样本，即一个常数(或直流 DC)信号，这就是由于 DFT$X_4(k)$所预期的在 $k=0$(或 $\omega=0$)时有一个非零样本，而在其他频率没有值的缘故。

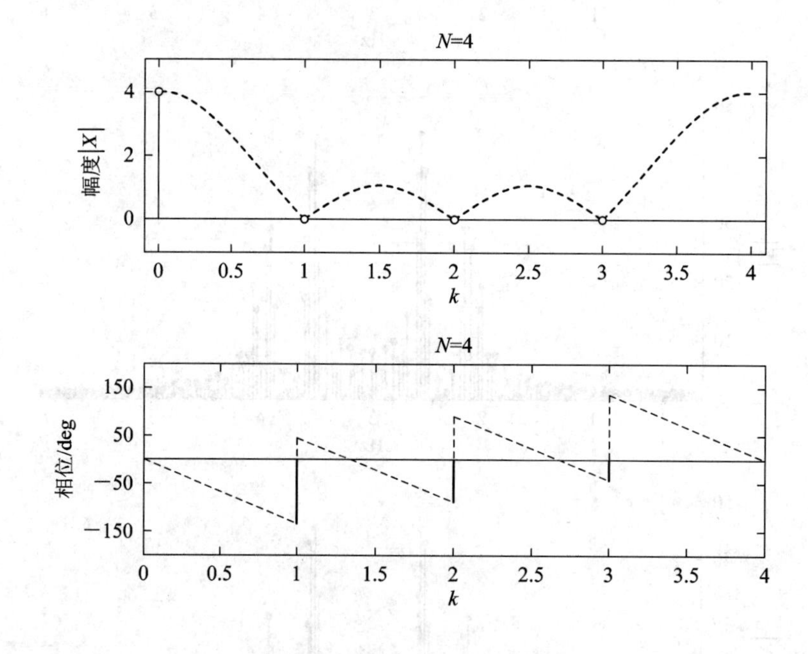

图 3-16 例 3-10 在 $N=4$ 点时的 DFT 结果

那么如何得到 DTFT $X(e^{j\omega})$的其他样本？很明显应该增加采样的密度，即应增大 N。设想现用两倍的点数，这可以通过将 $x(n)$补上 4 个零值而构成一个 8 点的序列来完成

$$x(n)=\{\underset{\uparrow}{1}, 1, 1, 1, 0, 0, 0, 0\}$$

这是一种非常重要的运算，称为补零运算。在实际中为了得到信号更密的谱，这一运算是

必须的。

令 $X_8(k)$是一个 8 点的 DFT，那么

$$X_8(k) = \sum_{n=0}^{7} x(n) W_8^{nk}, \ k = 0,1, \cdots, 7; \ W_8 = e^{-j\pi/4}$$

这时，频率分辨率是 $\omega_1 = \frac{2\pi}{8} = \frac{\pi}{4}$。

MATLAB 脚本如下：

```
>>x = [1, 1, 1, 1,Zeros(1, 4)]; N = 8;
>>X = dft(x, N);
>>magX = abs(X); phaX = angle(X) * 180/pi;
magX =
    4.0000   2.6131   0.0000   1.0824   0.0000   1.0824   0.0000   2.6131
phaX =
    0   -67.5000 -134.9810   -22.5000   -90.0000    22.5000   -44.9979
    67.5000
```

所以

$$X_8(k) = \{\underset{\uparrow}{4}, 2.6131e^{-j67.5°}, 0, 1.0824e^{-j22.5°}, 0, 1.0824e^{j22.5°}, 0, 2.6131e^{j67.5°}\}$$

结果如图 3-17 所示。

$$x(n) = \{\underset{\uparrow}{1}, 1, 1, 1, 0, 0, 0, 0, 0, 0, 0, 0\}$$

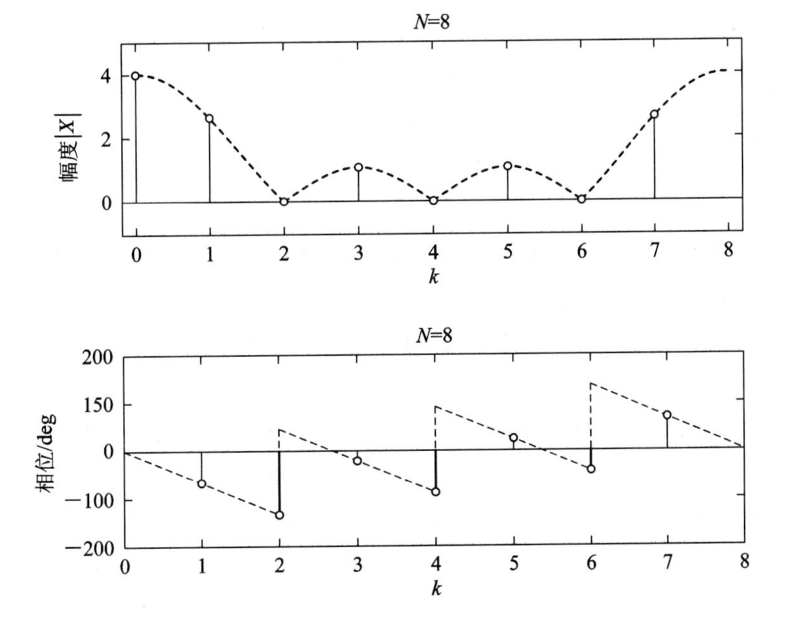

图 3-17　例 3-10 在 $N=8$ 点时的 DFT 结果

继续下去，若将 $x(n)$补 12 个零值而作为一个 16 点序列，那么频率分辨率是 $\omega_1 = 2\pi/16 = \pi/8$ 和 $W_{16} = e^{-j\pi/8}$，因此得到一个更为密集的谱，谱样本相距 $\pi/8$。$X_{16}(k)$如图 3-18所示。

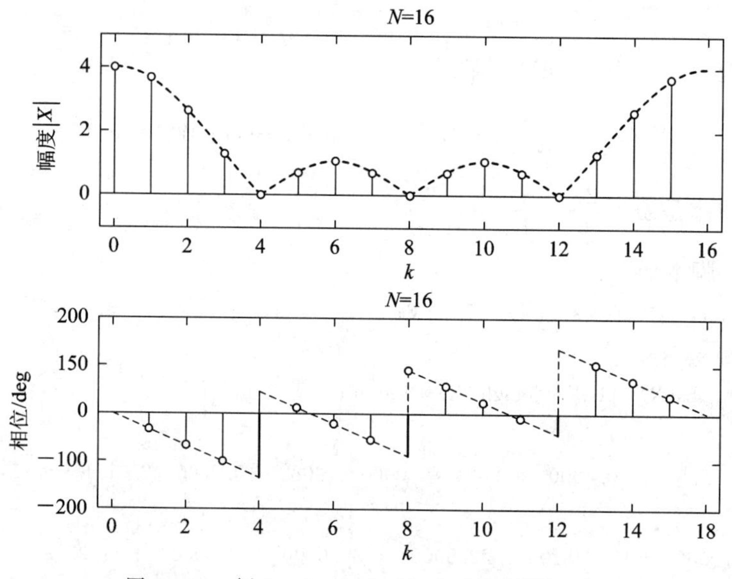

图 3-18　例 3-10 在 $N=16$ 点时的 DFT 结果

通过以上例题，可以得出如下几点结论。

(1) 补零就是将更多的零值补在原序列的后面，所得到的更长一些的序列对离散时间傅里叶变换提供了更为密集的样本。在 MATLAB 中，补零使用 zeros 函数实现。

(2) 补零给出了一种高密度的谱，并对画图提供了一种更好的展现形式，但是它并没有给出高分辨率的谱，因为没有任何新的信息附加到这个信号上，而仅在数据中添加了额外的零值。

(3) 为了得到更高分辨率的谱，就必须要从实验或观察中获取更多的数据，也存在一些高级的方法是利用附加的边缘信息或非线性技术来获得的。

习　题

3-1　对周期为 6 的离散周期序列 $\tilde{x}(n)$ 的主值区间序列为 $\{1, 2, 3, 4, 5, 6\}$，求 $\tilde{x}(n)$ 的离散傅里叶级数展开。

3-2　求矩形脉冲序列 $R_6(n)$ 的离散时间傅里叶变换，以及 8 点和 12 点离散傅里叶变换。

3-3　两个周期都为 5 的离散周期序列 $\tilde{x}(n)$ 和 $\tilde{h}(n)$ 的主值区间序列分别为：$x(n)=\{2, 1, -1, 3, 5\}$ 和 $h(n)=\{2, 1, 0, 4, 3\}$。求 $\tilde{x}(n)$ 和 $\tilde{h}(n)$ 的周期卷积。

3-4　有两个离散序列：$x(n)=\{1, 3, 5, 7\}$ 和 $h(n)=\{3, 2, 5, 1\}$。

(1) 求两者的线性卷积；

(2) 分别求两者的 6 点、7 点、8 点循环卷积；

(3) 通过比较(1)和(2)的结果，验证线性卷积与循环卷积的关系。

3-5　求离散序列 $x(n)=\{2, 4, 6, 8, 1, 3, 5, 7\}$ 的循环移位序列 $x(\langle n-4\rangle_8)$ 和 $x(\langle n+2\rangle_8)$。

3-6　设 $x(n)$，$0\leqslant n\leqslant N-1$ 的 N 点 DFT 为 $X(k)$，$0\leqslant k\leqslant N-1$。求以下三个序列的

$2N$ 点 DFT：

(1) $y(n)=\begin{cases}x(n), & 0\leqslant n\leqslant N-1\\0, & N\leqslant n\leqslant 2N-1\end{cases}$；

(2) $y(n)=\begin{cases}0, & 0\leqslant n\leqslant N-1\\x(N-n), & N\leqslant n\leqslant 2N-1\end{cases}$；

(3) $y(n)=\begin{cases}x(n), & 0\leqslant n\leqslant N-1\\x(N-n), & N\leqslant n\leqslant 2N-1\end{cases}$。

3-7 实值序列 $x(n)$的 8 点 DFT 的前 5 个值为：$\{1+\mathrm{j}, 1-2\mathrm{j}, 3+2\mathrm{j}, 4+5\mathrm{j}, 7\}$，利用 DFT 的奇偶虚实性求 DFT 的后 3 个值，并求解以下各个序列的 DFT：

(1) $x(\langle n-4\rangle_8)$；

(2) $x(\langle -n-4\rangle_8)$；

(3) $x(n)\mathrm{e}^{-\mathrm{j}2\pi/4}$；

(4) $x(n)\otimes x(\langle -n\rangle_8)$。

3-8 设 $x(n)$，$0\leqslant n\leqslant N-1$ 的离散时间傅里叶变换为 $X_0(\omega)$。已知 N 为偶数，用 $X_0(\omega)$表示以下结果：

(1) $x(\langle n-N/2\rangle_N)$的 N 点 DFT；

(2) $x(\langle -n\rangle_{2N})$的 $2N$ 点 DFT。

第4章

快速傅里叶变换

由于 DFT 在时域和频域都是离散的，因而可以用计算机来计算 DFT。但由于直接计算 DFT 的计算量很大，其运算量在当时的计算机硬件条件下，当序列长度较长时，不能够解决实时性问题。自从 1965 年 J. W. Cooly 和 T. W. Tukey 发表了第一篇关于 DFT 的快速算法后，人们相继提出了许多快速计算 DFT 算法，这些算法统称为快速傅里叶变换(Fast Fourier Transform，FFT)。FFT 不是一种新的变换，仅是 DFT 的快速计算算法。

4.1 直接计算 DFT 的运算量及改进的途径

由 $x(n)$的 N 点离散傅里叶变换定义式

$$X(k)=\sum_{n=0}^{N-1}x(n)W_N^{nk},\quad k=0,1,\cdots,N-1$$

可以看出，为了完成每一个值 $X(k)$的计算，需要 N 次复数乘法 $x(n)W_N^{nk}$，$n=0,1,\cdots,N-1$，然后把这 N 个乘积相加，这需要 $N-1$ 次复数加法，因此，计算全部 N 点离散傅里叶变换 $X(k)$总共需要 N^2 次复数乘法和 $N(N-1)$次复数加法，当 N 较大时，运算量是很大的。例如当 $N=1024$ 时，需要完成 1 048 756 次复数乘法，即 100 多万次复数乘法。可见离散傅里叶变换的计算量随 N^2 变化，当 N 较大时，计算量相当惊人，所以要把较长点数的离散傅里叶变换分解为两个较短点数的离散傅里叶变换，进而得到快速傅里叶变换算法。那么，如何减少 DFT 的计算量呢？观察离散傅里叶变换定义式，可利用 W_N^{nk} 的固有性质来实现。

(1) W_N^{nk} 的对称性：

$$(W_N^{nk})^*=W_N^{-nk}\tag{4-1}$$

(2) W_N^{nk} 的周期性：

$$W_N^{nk}=W_N^{(n+N)k}=W_N^{n(k+N)}\tag{4-2}$$

(3) W_N^{nk} 的可约性：

$$W_N^{nk}=W_{mN}^{mnk},\ W_N^{nk}=W_{N/m}^{nk/m}\tag{4-3}$$

由以上这些特性，还可以得到

$$W_N^{n(N-k)}=W_N^{(N-n)k}=W_N^{-nk}\tag{4-4}$$

$$W_N^{N/2}=W_N^{N/2}=\mathrm{e}^{-\mathrm{j}\pi}=-1\tag{4-5}$$

$$W_N^{(k+N/2)}=-W_N^k\tag{4-6}$$

利用 W_N^{nk} 的对称性、周期性和可约性，可以将长序列的 DFT 分解为短序列的 DFT，从而减小计算量。本章只讲解在时间和频率进行基 2 的分解算法，即参与运算的点数经过一次分解变为原来的一半，所以计算量大约也可以减半，经过连续的分解，最后只进行 2 点离散傅里叶变换。这种分解既可以在时域进行，也可以在频域进行。

4.2 基 2 时间抽取的快速傅里叶变换

设 N 为 2 的整数次幂，即 $N=2^M$。在计算 N 点离散傅里叶变换时，按序列 $x(n)$ 序号的奇偶，把 $x(n)$ 分成两个长度均为 $N/2$ 的序列 $x_1(n)$ 和 $x_2(n)$，即

$$x_1(n)=x(2n),\ n=0,\ 1,\ \cdots,\ N/2-1 \tag{4-7}$$

$$x_2(n)=x(2n+1),\ n=0,\ 1,\ \cdots,\ N/2-1 \tag{4-8}$$

显然 $x_1(n)$ 和 $x_2(n)$ 刚好取遍序列 $x(n)$ 的 N 个序列值。

由离散傅里叶变换的定义得

$$\begin{aligned} X(k) &= \sum_{n=0}^{N-1} x(n) W_N^{kn} \\ &= \sum_{l=0}^{N/2-1} x(2l) W_N^{2kl} + \sum_{l=0}^{N/2-1} x(2l+1) W_N^{k(2l+1)} \\ &= \sum_{l=0}^{N/2-1} x_1(l) W_N^{2kl} + \sum_{l=0}^{N/2-1} x_2(l) W_N^{k(2l+1)} \end{aligned} \tag{4-9}$$

因为，$W_N^{2kl}=W_{N/2}^{kl}$，则式(4-9)变为

$$\begin{aligned} X(k) &= \sum_{l=0}^{N/2-1} x_1(l) W_{N/2}^{kl} + W_N^k \sum_{l=0}^{N/2-1} x_2(l) W_{N/2}^{kl} \\ &= X_1(k) + W_N^k X_2(k),\ 0 \leqslant k \leqslant N-1 \end{aligned} \tag{4-10}$$

这里，$X_1(k)$ 是序列 $x_1(n)$ 的 $N/2$ 点离散傅里叶变换，$X_2(k)$ 是序列 $x_2(n)$ 的 $N/2$ 点离散傅里叶变换，即

$$X_1(k) = \sum_{l=0}^{N/2-1} x_1(l) W_{N/2}^{kl} = \mathrm{DFT}[x_1(n)],\ 0 \leqslant k \leqslant N/2-1 \tag{4-11}$$

$$X_2(k) = \sum_{l=0}^{N/2-1} x_2(l) W_{N/2}^{kl} = \mathrm{DFT}[x_2(n)],\ 0 \leqslant k \leqslant N/2-1 \tag{4-12}$$

需要注意的是，$X_1(k)$ 和 $X_2(k)$ 中 k 的取值范围均为 $0\leqslant k\leqslant N/2-1$，而 $X(k)$ 中 k 的取值范围是 $0\leqslant k\leqslant N-1$，可以利用 $X_1(k)$ 和 $X_2(k)$ 的周期性，求 $X(k)$ 中 $N/2\leqslant k\leqslant N-1$ 时的值。

将式(4-11)中的 k 换成 $\frac{N}{2}+k$，得到

$$X_1\left(\frac{N}{2}+k\right) = \sum_{r=0}^{\frac{N}{2}-1} x_1(r) W_{\frac{N}{2}}^{r\left(\frac{N}{2}+k\right)} = \sum_{r=0}^{\frac{N}{2}-1} x_1(r) W_{\frac{N}{2}}^{rk} = X_1(k) \tag{4-13}$$

同理，

$$X_2\left(\frac{N}{2}+k\right) = X_2(k) \tag{4-14}$$

将式(4-10)中的 k 换成$\dfrac{N}{2}+k$，得到

$$X\left(\frac{N}{2}+k\right)=X_1\left(\frac{N}{2}+k\right)-W_N^{k+N2}X_2\left(\frac{N}{2}+k\right) \tag{4-15}$$

考虑到 $W_N^{(k+N/2)}=-W_N^k$，将式(4-13)、式(4-14)代入式(4-15)得到

$$X\left(\frac{N}{2}+k\right)=X_1(k)-W_N^kX_2(k) \tag{4-16}$$

综合式(4-10)和式(4-16)可得

$$X(k)=X_1(k)+W_N^kX_2(k)，0\leqslant k\leqslant\frac{N}{2}-1 \tag{4-17}$$

$$X\left(\frac{N}{2}+k\right)=X_1(k)-W_N^kX_2(k)，0\leqslant k\leqslant\frac{N}{2}-1 \tag{4-18}$$

这样就将 N 点的离散傅里叶变换 $X(k)$ 分解成两个 $N/2$ 点的离散傅里叶变换 $X_1(k)$ 和 $X_2(k)$，再通过以上两式分别计算 $X(k)$ 前后各 $N/2$ 点序列值。

式(4-17)和式(4-18)的计算可用如图 4-1 所示的蝶形运算符号来示意。显然，图 4-1(b)和图 4-1(a)等价，而图 4-1(b)的运算结构像蝴蝶，所以把这种运算称为“蝶形运算”。

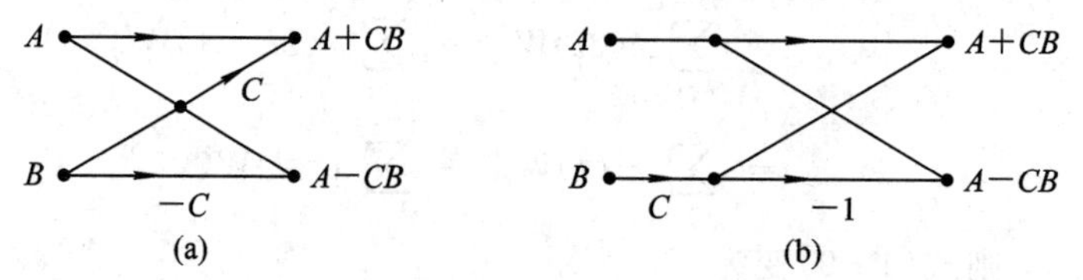

图 4-1　基 2 时间抽取 FFT 的蝶形运算

图 4-2 为采用蝶形运算对 $N=8$ 点序列进行一次时间抽取计算 DFT 的示意图。

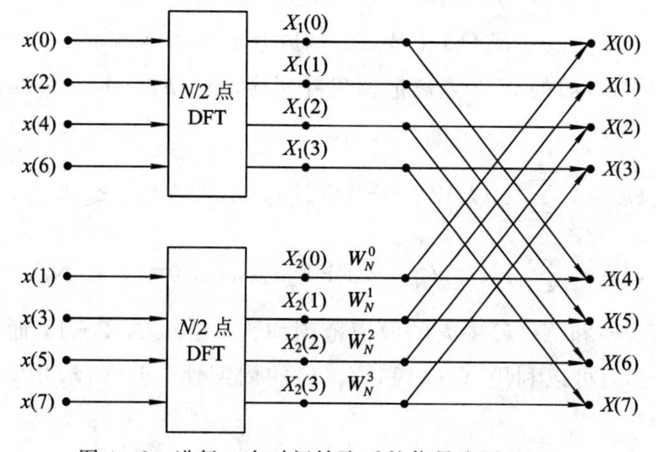

图 4-2　进行一次时间抽取后的信号流图($N=8$)

在第一次抽取(分解)中，蝶形运算中的复数乘法 $W_N^kX_2(k)$，总共需要两个 $N/2$ 次蝶形运算，所以总的运算量为 $N/2$ 次复数乘法。为计算 $N/2$ 点离散傅里叶变换 $X_1(k)$ 和 $X_2(k)$需要的运算量为 $2*(N/2)^2=\dfrac{N^2}{2}$次复数乘法。与直接进行 N 点离散傅里叶变换的运算量相比，经过一次分解后的运算量降低一半。

为了计算 $X_1(k)$，同样按序号的奇偶把 $x_1(n)$分解成两个长度均为 $N/4$ 的序列，即

$$x_3(n)=x_1(2n),\ n=0,\ 1,\ \cdots,\ N/4-1 \tag{4-19}$$

$$x_4(n)=x_1(2n+1),\ n=0,\ 1,\ \cdots,\ N/4-1 \tag{4-20}$$

先计算 $x_3(n)$和 $x_4(n)$的 $N/4$ 点离散傅里叶变换 $X_3(k)$和 $X_4(k)$，然后用蝶形算法即可完成 $X_1(k)$的计算，有

$$X_1(k)=X_3(k)+W_{N/2}^{k}X_4(k),\ 0\leqslant k\leqslant N/4-1 \tag{4-21}$$

$$X_1(N/4+k)=X_3(k)-W_{N/2}^{k}X_4(k),\ 0\leqslant k\leqslant N/4-1 \tag{4-22}$$

用同样的方法可以完成 $X_2(k)$的计算。需要注意的是，每次分解都是把上一次分解得到的序列按序号的奇偶分解成两个序列，然后对每一对序列进行蝶形运算。图 4-3 为采用蝶形运算进行两次时间抽取完成 $N=8$ 点 DFT 的信号流图。

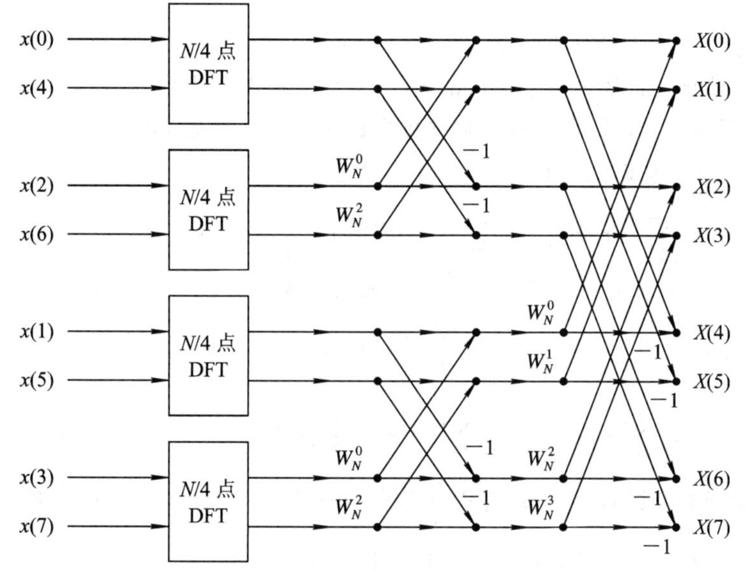

图 4-3 进行二次时间抽取后的信号流图($N=8$)

最后，将两点的 DFT 用蝶形运算表示，图 4-4 为完全分解三次得到的 8 点 FFT 信号流图。

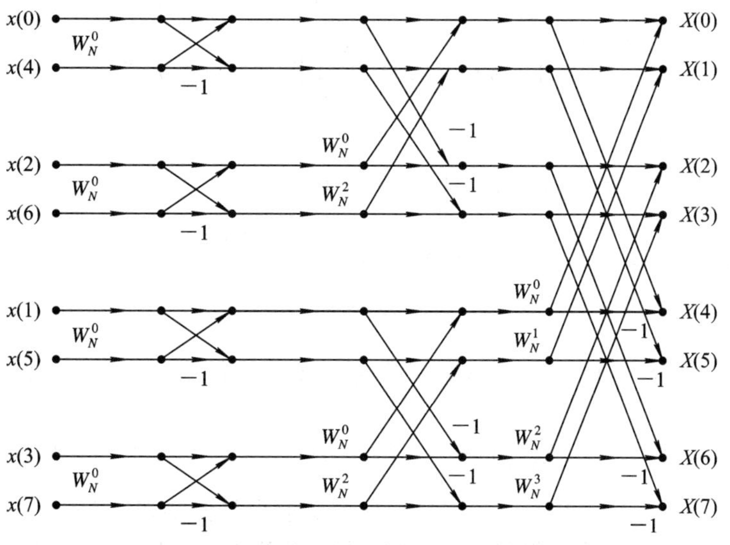

图 4-4 时域抽取完全分解得到的 8 点 FFT

设序列长度满足 $N=2^M$，这样彻底分解为两点 DFT 需要进行 M 级次分解。由图 4-4 可以看出，每一级都包含 $N/2$ 个蝶形，每个蝶形需要 1 次复数乘法，复数乘法次数为 $NM/2=N\lg N/2$。直接计算 $N=2^M$ 点的 DFT 需要 N^2 次复数乘法，所以 FFT 相对于 DFT 的复数乘法运算效率为

$$\frac{N^2}{N\lg N/2}=\frac{N}{\lg N/2} \tag{4-23}$$

当 $N=2^{10}$ 时，上式约等于 205；$N=2^{11}$ 时，上式约等于 372。显然 N 越大，FFT 的运算效率越高。

4.3 基 2 频率抽取的快速傅里叶变换

基 2 时间抽取的 FFT 算法将输入序列 $x(n)$，根据序号的奇偶逐次分解成较短的子序列完成 $X(k)$ 的计算，而基 2 频率抽取的 FFT 算法，根据输出序列 $X(k)$ 序号的奇偶逐次分解成较短的子序列。下面先介绍基 2 频率抽取的第一次分解过程。

由离散傅里叶变换的定义得

$$X(k)=\sum_{n=0}^{N-1}x(n)W_N^{kn}=\sum_{n=0}^{N/2-1}x(n)W_N^{kn}+\sum_{n=N/2}^{N-1}x(n)W_N^{kn},\ 0\leqslant k\leqslant N-1 \tag{4-24}$$

在上式右边第二项中令 $n=m+N/2$，代入上式第二项得

$$\begin{aligned}X(k)&=\sum_{n=0}^{N/2-1}x(n)W_N^{kn}+\sum_{m=0}^{N/2-1}x\left(m+\frac{N}{2}\right)W_N^{k(m+N/2)}\\&=\sum_{n=0}^{N/2-1}x(n)W_N^{kn}+\sum_{n=0}^{N/2-1}x\left(n+\frac{N}{2}\right)W_N^{k(n+N/2)},\ 0\leqslant k\leqslant N-1\end{aligned} \tag{4-25}$$

以上最后一步把求和变量 m 换回 n。考虑到 $W_N^{kN/2}=\mathrm{e}^{-\mathrm{j}k2\pi N/2N}=\mathrm{e}^{-\mathrm{j}k\pi}=(-1)^k$，式(4-25)变为

$$X(k)=\sum_{n=0}^{N/2-1}\left[x(n)+(-1)^k x\left(n+\frac{N}{2}\right)\right]W_N^{kn},\ 0\leqslant k\leqslant N-1 \tag{4-26}$$

根据 $X(k)$ 奇偶序号部分对应的表达式如下：

$$X(2l+1)=\sum_{n=0}^{N/2-1}\left[x(n)-x\left(n+\frac{N}{2}\right)\right]W_N^n W_{N/2}^{ln},\ 0\leqslant l\leqslant N/2-1 \tag{4-27}$$

$$X(2l)=\sum_{n=0}^{N/2-1}\left[x(n)+x\left(n+\frac{N}{2}\right)\right]W_{N/2}^{ln},\ 0\leqslant l\leqslant N/2-1 \tag{4-28}$$

令

$$x_1(n)=\left[x(n)+x\left(n+\frac{N}{2}\right)\right]W_N^n \tag{4-29}$$

$$x_2(n)=x(n)-x\left(n+\frac{N}{2}\right) \tag{4-30}$$

则

$$X(2l+1)=X_1(k)=\sum_{n=0}^{N/2-1}x_1(n)W_{N/2}^{ln},\ 0\leqslant l\leqslant N/2-1 \tag{4-31}$$

$$X(2l)=X_2(k)=\sum_{n=0}^{N/2-1}x_2(n)W_{N/2}^{ln},\ 0\leqslant l\leqslant N/2-1 \tag{4-32}$$

显然在区间 $0\leqslant n\leqslant N/2-1$ 内，$x(n)$ 对应原序列的前半部分序列值，而 $x(n+N/2)$ 对应原序列的后半部分序列值。为了得到 $x(n)$ 的 N 点离散傅里叶变换 $X(k)$，只需先求得 $N/2$ 点

离散傅里叶变换 $X_1(k)$和 $X_2(k)$，它们分别与 $X(k)$奇数序号和偶数序号的 $N/2$ 个序列值对应。由 $x(n)$和 $x\left(n+\dfrac{N}{2}\right)$得到 $x_1(n)$和 $x_2(n)$也可以由“蝶形运算”完成，如图 4－5 所示。

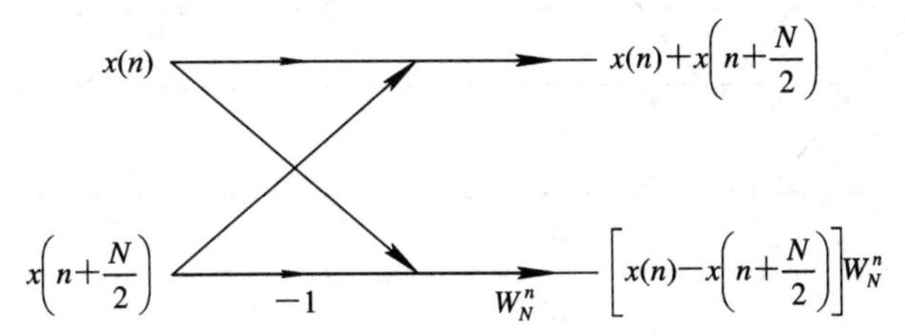

图 4－5　基 2 频率抽取 FFT 的蝶形运算

图 4－6 为采用蝶形运算对原序列进行一次频率抽取计算 DFT 的示意图。

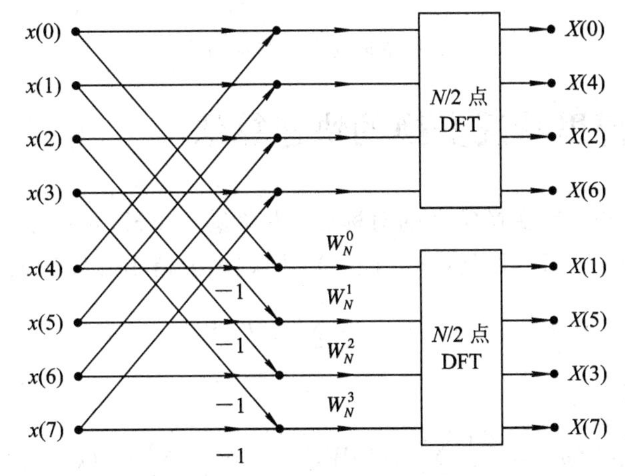

图 4－6　进行一次频率抽取计算 $N=8$ 点 DFT

这种分解一直进行下去。图 4－7 为采用蝶形运算进行两次频率抽取计算 $N=8$ 点 DFT 的信号流图。与时间抽取算法完全一致的是，当 $N=2^M$ 时这样的分解可以进行 M 次。每次分解都是把上一次分解得到的序列前后两半序列分解成两个序列，对得到的两个序列再进行蝶形运算。全部分解完成后对得到的所有 2 点序列进行 2 点 DFT 变换即可。图 4－8 为采用蝶形运算进行频率抽取完全分解后得到的 $N=8$ 点 FFT 的信号流图。对照图 4－4 和图 4－8 可以看出，频率抽取的运算量与时间抽取相同。

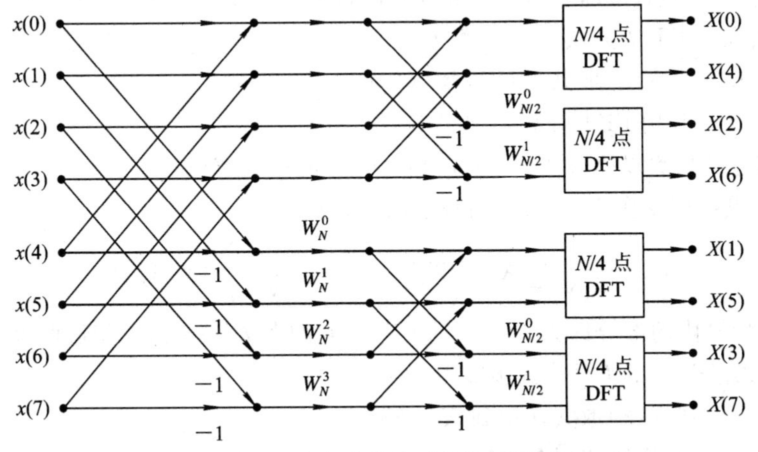

图 4－7　进行二次频率抽取后的信号流图（$N=8$）

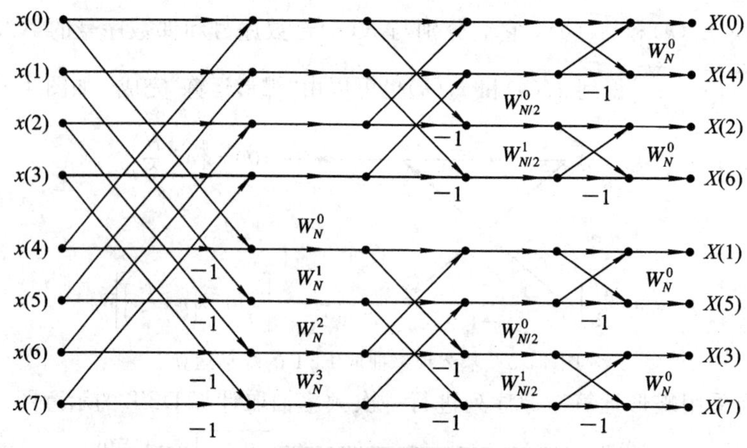

图 4-8 频率抽取完全分解得到的 8 点 FFT

4.4 离散傅里叶反变换的快速算法

利用离散傅里叶正、反变换定义的对称性，并借助于 FFT 可以很方便地实现离散傅里叶反变换的快速算法——IFFT(Inverse FFT)。回顾离散傅里叶反变换的定义式

$$x(n)=\frac{1}{N}\sum_{k=0}^{N-1}X(k)W_N^{-kn} \tag{4-33}$$

对上式两边取共轭得

$$x^*(n)=\left\{\frac{1}{N}\sum_{k=0}^{N-1}X(k)W_N^{-kn}\right\}^*=\frac{1}{N}\sum_{k=0}^{N-1}X^*(k)W_N^{kn} \tag{4-34}$$

此即

$$Nx^*(n)=\sum_{k=0}^{N-1}X^*(k)W_N^{kn} \tag{4-35}$$

比较式(4-35)和以下离散傅里叶变换式

$$X(k)=\sum_{n=0}^{N-1}x(n)W_N^{kn} \tag{4-36}$$

可以看出，式(4-35)右边即为 $X^*(k)$的 DFT(这里时域序号为 k，频域序号为 n)。这就得到了第一种实现 IFFT 的方法，其步骤为：

(1) 对输入序列 $X(k)$取共轭得到 $X^*(k)$；

(2) 对 $X^*(k)$利用 FFT 计算 N 点 DFT；

(3) 将前述结果除以 N 并取共轭即可得 $X(k)$的离散傅里叶反变换 $x(n)$。

对离散傅里叶反变换式(4-33)右边取两次共轭得

$$x(n)=\left\{\left(\frac{1}{N}\sum_{k=0}^{N-1}X(k)W_N^{-kn}\right)^*\right\}^*=\frac{1}{N}\left\{\sum_{k=0}^{N-1}X^*(k)W_N^{kn}\right\}^* \tag{4-37}$$

式中，右边大括号内的部分即为 $X^*(k)$的 DFT(这里时域序号为 k，频域序号为 n)。这就得到了第二种实现 IFFT 的方法，其步骤为：

(1) 对输入序列 $X(k)$取共轭得到 $X^*(k)$；

(2) 对 $X^*(k)$利用 FFT 计算 N 点 DFT；

(3) 将对前述结果取共轭并除以 N 即可得 $X(k)$ 的离散傅里叶反变换 $x(n)$。

另外，也可以这样理解离散傅里叶反变换式(4-33)：

$$x(n)=\frac{1}{N}\sum_{k=0}^{N-1}X(k)\ (W_N^{-k})^n \tag{4-38}$$

将式(4-38)与离散傅里叶正变换式比较可以看出，如果把离散傅里叶正变换快速算法中的旋转因子 W_N^n 变换为 W_N^{-k}，将最终的结果乘以常因子 $1/N$ 即可。这是第三种实现 IFFT 的方法。

4.5 用 FFT 计算序列的线性卷积

线性时不变系统对任意输入的响应是输入序列和系统冲激响应序列的线性卷积，如果在一定的条件下线性卷积与循环卷积结果一致，则可以借助于 FFT 完成线性卷积的计算。分析表明，只要循环卷积的点数不比有限长序列卷积结果的长度小，则循环卷积与线性卷积相等。

首先讨论两个有限长序列的线性卷积。设有限长序列 $x_1(n)$ 的长度为 M_1，$x_2(n)$ 的长度为 M_2，其线性卷积的长度为 $L=M_1+M_2-1$。这时 $x_1(n)$ 和 $x_2(n)$ 的线性卷积 $y_L(n)$ 为

$$y_L(n)=\sum_{m=0}^{n}x_1(m)x_2(n-m),\ 0\leqslant n\leqslant M_1+M_2-2 \tag{4-39}$$

回顾 $x_1(n)$ 和 $x_2(n)$ 两者 N 点循环卷积 $y_c(n)$ 的定义，有

$$y_c(n)=x_1(n)\otimes x_2(n)=\sum_{m=0}^{N-1}x_1(m)x_2(\langle n-m\rangle_N),\ 0\leqslant n\leqslant N-1 \tag{4-40}$$

式中，$N\geqslant\max(M_1, M_2)$。考虑到循环卷积结果 $y_c(n)$ 的序号取值范围为 $0\leqslant n\leqslant N-1$，可以把式(4-40)右边对 m 求和的范围分为两部分：$0\leqslant m\leqslant n$ 和 $n+1\leqslant m\leqslant N-1$。在前述两个区间内，$\langle n-m\rangle_N$ 分别对应于 $n-m$ 和 $N+n-m$，从而循环卷积可写为

$$y_c(n)=\sum_{m=0}^{n}x_1(m)x_2(n-m)+\sum_{m=n+1}^{N-1}x_1(m)x_2(N+n-m),\ 0\leqslant n\leqslant N-1 \tag{4-41}$$

比较式(4-40)和式(4-42)，要使得 $y_c(n)=y_L(n)$，必须满足以下条件

$$N\geqslant M_1+M_2-1 \tag{4-42}$$

很多时候需要计算一个有限长序列与一个无限长序列的线性卷积，或一个短的有限长序列与很长的有限长序列的线性卷积。比如，一段语音信号通过一个有限冲激响应滤波器(FIR)时，线性时不变系统的冲激响应为短的有限长序列，而语音信号是很长的序列，这时用 FFT 计算两个有限长序列的方法需要改进。

先介绍重叠相加法的原理。设有限长序列 $h(n)$ 的长度为 M，现在把无限长序列 $x(n)$ 分成长度为 N 的无缝衔接的有限长子序列 $x_m(n)$，即

$$x_m(n)=\begin{cases}x(n+mN), & 0\leqslant n\leqslant N-1\\ 0, & \text{其他}\end{cases} \tag{4-43}$$

即 $x_0(n)$ 由 $x(n)$ 在 $0\leqslant n\leqslant N-1$ 内的 N 个序列值构成；$x_1(n)$ 由 $x(n)$ 在 $N\leqslant n\leqslant 2N-1$ 内的 N 个序列值构成；$x_2(n)$ 由 $x(n)$ 在 $2N\leqslant n\leqslant 3N-1$ 内的 N 个序列值构成。注意，$x_m(n)$ 的序号范围都是 $0\leqslant n\leqslant N-1$，所以把 $x_m(n)$ 右移 mN 得到的 $x_m(n-mN)$ 与 $mN\leqslant n\leqslant (m+1)N-1$ 内的 $x(n)$ 一致，这表明 $x(n)$ 可写为

$$x(n) = \sum_{m=0}^{\infty} x_m(n - mN) \tag{4-44}$$

则 $x(n)$和 $h(n)$的线性卷积 $y(n)$为

$$y(n) = x(n) * h(n) = \sum_{m=0}^{\infty} x_m(n - mN) * h(n) = \sum_{m=0}^{\infty} [x_m(n - mN) * h(n)] \tag{4-45}$$

记子序列 $x_m(n)$与 $h(n)$的线性卷积为 $y_m(n)$，即

$$y_m(n) = h(n) * x_m(n) = \sum_{l=0}^{\infty} h(l) x_m(n - l) \tag{4-46}$$

因而有

$$x_m(n - mN) * h(n) = \sum_{l=0}^{\infty} h(l) x_m(n - mN - l) = y_m(n - mN) \tag{4-47}$$

这样式(4-45)变为

$$y(n) = \sum_{m=0}^{\infty} y_m(n - mN) \tag{4-48}$$

对任意非负整数 m，线性卷积 $y_m(n)=h(n) * x_m(n)$可以借助 FFT 完成，只要 FFT 和 IFFT 的点数 $N_0=2^l \geqslant M+N-1$ 即可，然后把 $y_m(n)$右移 mN，把得到的所有结果相叠加。由于 $y_m(n)$的长度为 $N_0=2^l \geqslant M+N-1$，因此 $y_m(n-mN)$的后 N_0-M 个序列值与 $y_{(m+1)}(n-(m+1)N)$的前 N_0-M 个序列值相重叠，相加只对这些重叠的序列值进行，这种方法称为重叠相加法。重叠相加法的原理如图 4-9 所示。

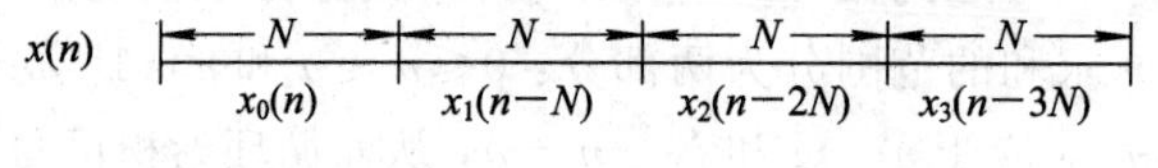

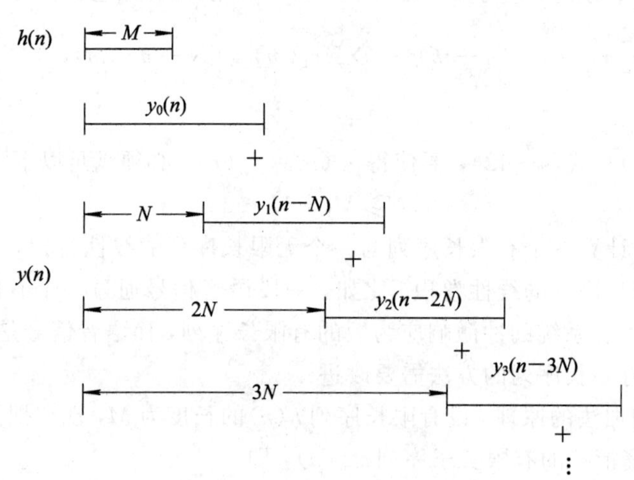

图 4-9 重叠相加法的原理

综上所述，用 FFT 实现重叠相加法的步骤如下：

(1) 选取整数 N 使得 $2^l=M+N-1$；

(2) 计算 2^l 点 FFT：$H(k)=\mathrm{DFT}[h(n)]$；

(3) 计算 2^l 点 FFT：$X_m(k)=\mathrm{DFT}[x_m(n)]$；

(4) 计算乘积：$X_m(k)H(k)$；

(5) 计算 2^l 点 IFFT：$y_m(n)=\mathrm{IDFT}[X_m(k)H(k)]$；

(6) 最终的线性卷积结果为 $y(n)=\sum_{m=0}^{\infty}y_m(n-mN)$。

下面介绍重叠保留法原理。设有限长序列 $h(n)$ 的长度为 K，把无限长序列 $x(n)$ 分成长度为 $N>K$ 的前后有 $K-1$ 个重叠点的子序列 $x_m(n)$，有

$$x_m(n)=\begin{cases}x[n+m(N+1-K)-(K-1)], & 0\leqslant n\leqslant N-1\\ 0, & \text{其他}\end{cases} \tag{4-49}$$

即

$$x_0(n)=\{\underbrace{0,\ 0,\ \cdots,\ 0}_{\text{添加}K-1\text{个零}},\ x(0),\ \cdots,\ x(N-K)\}$$

$$x_1(n)=\{\underbrace{x(N-2K+2),\ \cdots,\ x(N-K)}_{\text{和}x_0\text{后}K-1\text{个值重叠}},\ x(N-K+1),\ \cdots,\ x(2N-2K+1)\}$$

$$x_2(n)=\{\underbrace{x(2N-3K+3),\ \cdots,\ x(2N-2K+1)}_{\text{和}x_1\text{后}K-1\text{个值重叠}},\ x(2N-2K+2),\ \cdots,\ x(3N-3K+2)\}$$

$$\vdots$$

然后依次计算这些子序列 $x_m(n)$ 与 $h(n)$ 的 N 点循环卷积 $y_{cm}(n)=x_m(n)\otimes h(n)$；最后将 $y_{cm}(n)$ 前的 $K-1$ 个值舍弃，将后 $N-K+1$ 个值依次输出，即可得 $x(n)$ 与 $h(n)$ 的线性卷积。

重叠保留法的原理示意图如图 4-10 所示。

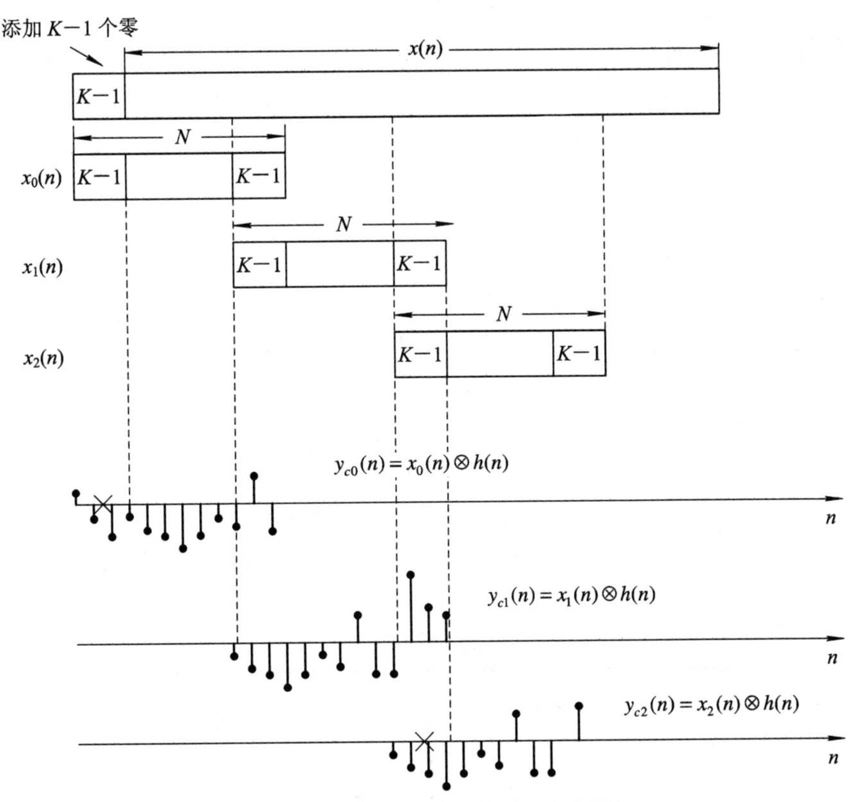

图 4-10 重叠保留法的原理示意图

重叠保留法的可行性在于式(4-50)：

$$y_c(n)=y_L(n),\ M_1+M_2-1-N\leqslant n\leqslant N-1 \tag{4-50}$$

现在 $M_1=K$、$M_2=N$，所以上式变为

$$y_c(n)=y_L(n),\ K-1\leqslant n\leqslant N-1 \tag{4-51}$$

考虑到 $x_m(n)$ 与 $h(n)$ 的 N 点循环卷积为 $y_{cm}(n)=x_m(n)\otimes h(n)$，线性卷积为 $y_{Lm}(n)=x_m(n)*h(n)$，有

$$y_{cm}(n)=y_{Lm}(n),\ K-1\leqslant n\leqslant N-1 \tag{4-52}$$

这就是说计算出的 N 点循环卷积 $y_{cm}(n)$ 与对应的线性卷积 $y_{Lm}(n)$ 在 $K-1\leqslant n\leqslant N-1$ 内相等，所以把 $y_{cm}(n)$ 序号从 0 开始到 $K-2$ 结束总共 $K-1$ 个序列值舍弃，其余序号对应的序列值依次输出的结果就是线性卷积的结果。

综上所述，用 FFT 实现重叠保留法的步骤如下：

(1) 选取整数 N 使得 $2^l=N>K$，在 $x(n)$ 的前端插入 $K-1$ 个零点后把新的序列分成长度为 N 的前后有 $K-1$ 个重叠点的子序列 $x_m(n)$；

(2) 计算 N 点 FFT：$H(k)=\text{DFT}[h(n)]$；

(3) 计算 N 点 FFT：$X_m(k)=\text{DFT}[x_m(n)]$；

(4) 计算乘积：$X_m(k)H(k)$；

(5) 计算 N 点 IFFT：$y_{cm}(n)=\text{IDFT}[X_m(k)H(k)]$；

(6) 将 $y_{cm}(n)$ 前的 $K-1$ 个值舍弃，将后 $N-K+1$ 个值依次输出，即可得 $x(n)$ 与 $h(n)$ 的线性卷积。

例 4-1 分别用重叠相加法和重叠保留法计算 $x(n)=n+2$，$0\leqslant n\leqslant 12$ 和 $h(n)=\{1, 2, 1\}$ 的线性卷积，重叠相加法时子序列的长度为 6，重叠保留法时子序列的长度为 8。

解 先采用重叠相加法，将 $x(n)$ 分成长度为 6 的子序列，即

$$x_0(n)=\{2, 3, 4, 5, 6, 7\}$$

$$x_1(n)=\{8, 9, 10, 11, 12, 13\}$$

$$x_2(n)=\{14, 0, 0, 0, 0, 0\}$$

计算这些子序列与 $h(n)$ 的 $6+3-1=8$ 点循环卷积如下：

$$y_0(n)=\{2, 3, 4, 5, 6, 7\}\otimes\{1, 2, 1\}=\{2, 7, 12, 16, 20, 24, 20, 7\}$$

$$y_1(n)=\{8, 9, 10, 11, 12, 13\}\otimes\{1, 2, 1\}=\{8, 25, 36, 40, 44, 48, 38, 13\}$$

$$y_2(n)=\{14, 0, 0, 0, 0, 0\}\otimes\{1, 2, 1\}=\{14, 28, 14\}$$

将以上结果重叠相加得

$$\begin{aligned}y(n)&=y_0(n)+y_1(n-6)+y_2(n-12)\\&=\{2, 7, 12, 16, 20, 24, 28, 32, 36, 40, 44, 48, 52, 41, 14\}\end{aligned}$$

重叠相加法的相加过程和结果如表 4-1 所示。线性卷积结果中的虚线框内是重叠相加所得。

表 4-1 重叠相加法的计算

$y_0(n)$	2 7 12 16 20 24	20 7			
$y_1(n-6)$		8 25	36 40 44 48	38 13	
$y_2(n-12)$				14 28	14
$y(n)$	2 7 12 16 20 24	28 32	36 40 44 48	52 41	14

采用重叠保留法计算。构造子序列如下：

$$x_0(n)=\{0, 0, 2, 3, 4, 5, 6, 7\}$$

$$x_1(n)=\{6, 7, 8, 9, 10, 11, 12, 13\}$$

$$x_2(n)=\{12, 13, 14, 0, 0, 0, 0, 0\}$$

计算这些子序列与 $h(n)$ 的 8 点循环卷积如下：

$$y_0(n)=\{0, 0, 2, 3, 4, 5, 6, 7\}\otimes\{1, 2, 1\}=\{20, 7, 2, 7, 12, 16, 20, 24\}$$

$$y_1(n)=\{6, 7, 8, 9, 10, 11, 12, 13\}\otimes\{1, 2, 1\}=\{44, 32, 28, 32, 36, 40, 44, 48\}$$

$$y_2(n)=\{12, 13, 14, 0, 0, 0, 0, 0\}\otimes\{1, 2, 1\}=\{12, 37, 52, 41, 14\}$$

舍弃 $y_0(n)$、$y_1(n)$ 和 $y_2(n)$ 前面 2 个值，剩余的值依次排列就构成了所求的线性卷积

$$y(n)=x(n)*h(n)=\{2, 7, 12, 16, 20, 24, 28, 32, 36, 40, 44, 48, 52, 41, 14\}$$

具体计算见表 4-2。把 $y_0(n)$、$y_1(n)$ 和 $y_2(n)$ 最前边 2 个值舍去，余下的依次输出就是线性卷积的结果。

表 4-2 重叠保留法的计算

$y_0(n)$	20 7	2 7 12 16	20 24					
$y_1(n)$			44 32	28 32 36 40	44 48			
$y_2(n)$					12 37	52	41	14
$y(n)$		2 7 12 16	20 24	28 32 36 40	44 48	52	41	14

4.6 用 MATLAB 实现快速傅里叶变换

MATLAB 提供了函数 fft 实现离散傅里叶变换的快速算法，调用格式为 X=fft(x, N)，函数 iff 实现离散傅里叶反变换的快速算法。

下面用 fft 和 iff 实现重叠保留法。先定义函数文件 overlap_save.m 如下：

```
function [y]=overlap_save(x, h, N)
%------------------------------------
%x 为无限长序列
%h 为较短的冲激脉冲响应序列
%N 分块长度，也是 FFT 的点数，一定要设置为 2 的整数次幂
%output 为线性卷积序列
%------------------------------
x_length=length(x);
K=length(h);
L=N-K+1;
H=fft(h, N);
x=[zeros(1,K-1), x,Zeros(1, N-1)];
blocks=floor((x_length+K-1)/L)+1;
y=zeros(blocks, N);
for k=1: blocks
    xk=fft(x((k-1)*L+1: (k-1)*L+N));
```

```
    y(k, :)=real(ifft(xk. * H));
end
y1=y(:,K:N)';
y2=y1(:);
output=y2';
%----------------------------------------
调用实例如下:
%----------------------------------------
x=zeros(1, 20);
for i=1:20
    x(i)=i;
end
h=[1, 2, 3];
N=8;    %N分块长度,也是循环卷积的点数,设置为2的整数次幂
[y]=overlap_save(x, h, N);
%----------------------------------------
```

图 4-11 给出了程序的运行结果。其中,图 4-11(a)为输入序列 $x(n)$,图 4-11(b)为脉冲响应序列 $h(n)$,图 4-11(c)为系统的卷积输出序列 $y(n)$。

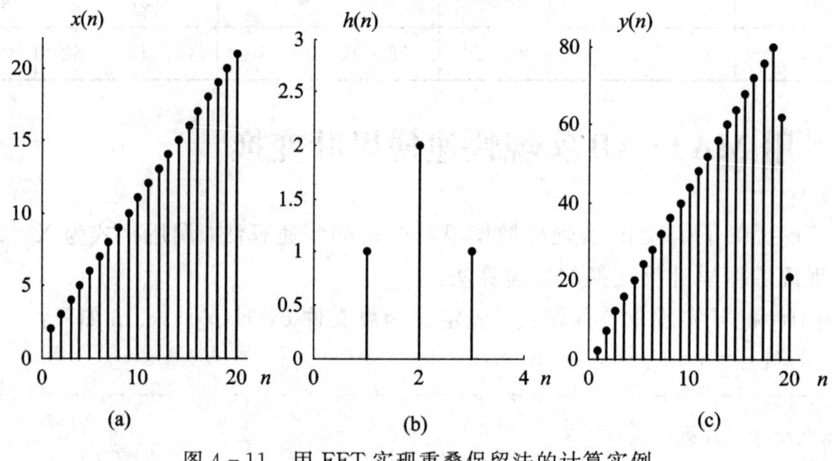

图 4-11 用 FFT 实现重叠保留法的计算实例

习 题

4-1 试推导 $n=16$ 点的基 2 时间抽取 FFT 算法和基 2 频率抽取 FFT 算法完全分解流图。

4-2 推导并绘制 16 点基 2 时间抽取 FFT 算法的蝶形运算图。

4-3 $x(n)$是一个 $2N$ 点实序列,其 $2N$ 点 DFT 为 $X(k)$。现在已知 $X(k)$,要求使用一次 IFFT 运算计算出 $x(n)$,请给出实现的步骤。

4-4 已知 $x(n)$与 $y(n)$为 N 点实序列,其 N 点 DFT 分别为 $X(k)$与 $Y(k)$,设计一种高效的算法,用一次 IFFT 完成由 $X(k)$与 $Y(k)$计算出 $x(n)$与 $y(n)$。

第三部分

数字滤波器设计

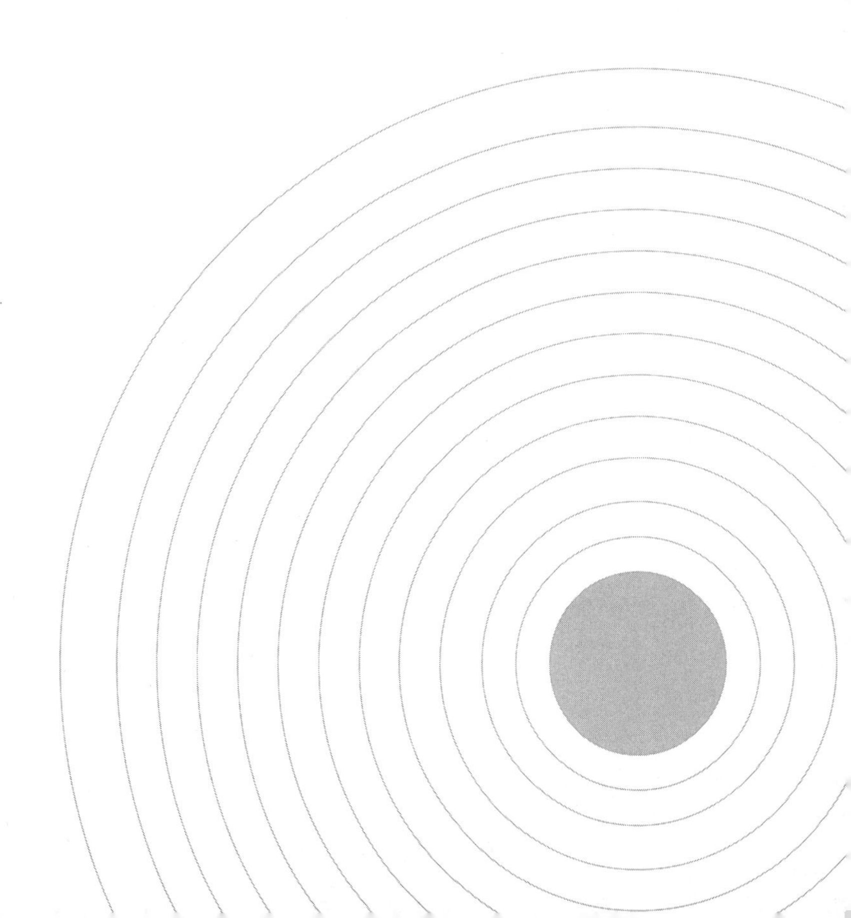

第5章

IIR 数字滤波器的设计方法

滤波是信号处理的重要方法之一，其主要思想是通过选择合适的滤波器类型及其相关参数来获得某一频带或某些频带的信号，以最大程度地抑制或消除无用信号。数字滤波器的基本设计方法及其理论是从事信号与信息处理、通信、电子测量和自动控制等领域的科技人员所必备的基础知识。

设计一个数字滤波器大致可分为三步：

(1) 按照实际需要确定滤波器的性能要求，选择滤波器类型和参数，即确定滤波器是低通、高通、带通还是带阻，通带、阻带截止频率是多少，通带的波动范围不能超过多少，阻带的衰减需要多大，等等。

(2) 用一个因果稳定的系统函数去逼近这个性能要求。此系统函数可分为两类，即 IIR 系统函数与 FIR 系统函数。

(3) 用一个有限精度的运算去实现这个系统函数。这里包括选择算法结构，如级联型、并联型、直接型、频率采样型等，还包括选择合适的字长以及有效的数字处理方法等。

本书主要考虑在给定的滤波器的性能要求的条件下去设计数字滤波器的问题。本章和第 6 章重点介绍 IIR 滤波器和 FIR 滤波器的设计方法。关于算法结构的内容将在第 7 章中介绍，而关于字长的选择等问题，读者可参考其他书籍。

5.1 数字滤波器设计的基本概念

5.1.1 滤波的概念

滤波狭义的理解就是选频，通过预先设计的系统，对某一个或几个频率范围(频带)内的电信号给予很小的衰减或不衰减，而对其他频带内的电信号则给予很大的衰减，这样的系统称为选频滤波器。图 5-1 是一个由 RC 组成的模拟滤波器。

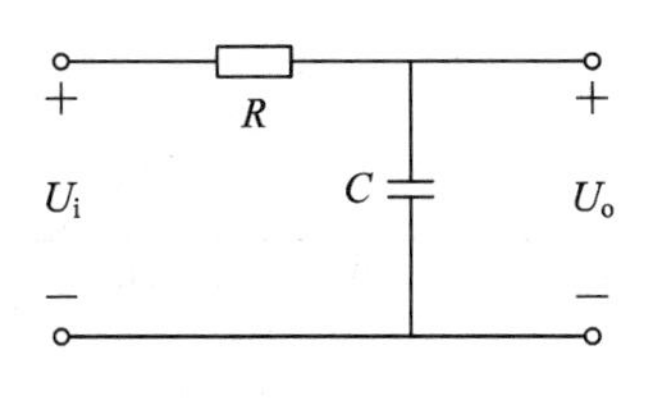

图 5-1 RC 低通滤波器

分析该电路可得电压传输函数的幅频特性为

$$A(\omega)=\frac{U_o}{U_i}=\left|\frac{\frac{1}{j\omega C}}{R+\frac{1}{j\omega C}}\right|=\left|\frac{1}{1+j\omega RC}\right|=\frac{1}{\sqrt{1+\omega^2R^2C^2}}$$

设 $U_i=\cos\omega_1 t+\cos\omega_2 t$，其中 $\omega_1=\frac{1}{10RC}$，$\omega_2=\frac{10}{RC}$，则输出电压为

$$U_o(t)=A(\omega)U_i(t)=A(\omega_1)\cos\omega_1 t+A(\omega_2)\cos\omega_2 t$$

$$\approx 0.9950\cos\omega_1 t+0.0995\cos\omega_2 t$$

可见，输出电压中的低频分量 ω_1 衰减非常小，而高频分量 ω_2 衰减较大。

再看第二个例子，信号 $s(t)=\cos(2\pi\times 10t)+0.4\cos(2\pi\times 200t)$ 由两个不同频率的信号相叠加，叠加后的时域和频域波形如图 5-2 所示。

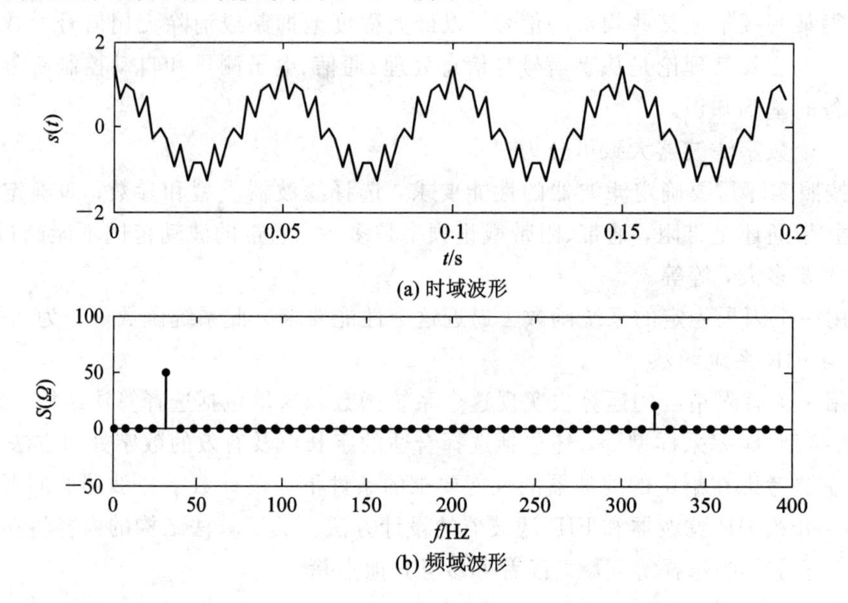

图 5-2 信号 $s(t)$的时域和频域波形

若只想保留低频分量 $\cos(2\pi\times 10t)$，则将此信号通过一个预先设计的低通滤波器（幅频特性如图 5-3 所示），即可以选出此频率成分。滤波器的输出信号如图 5-4 所示。

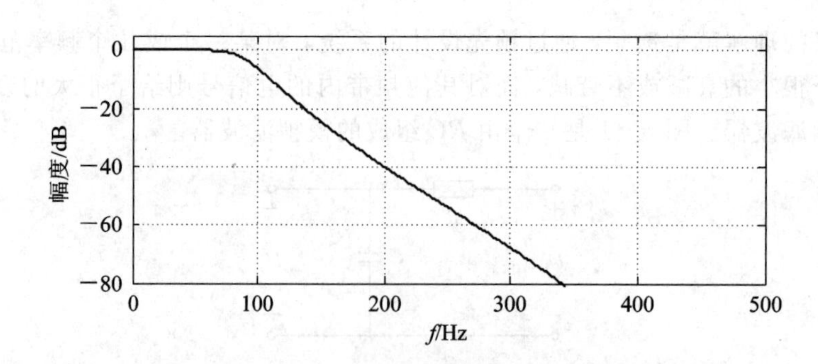

图 5-3 低通滤波器的幅频特性

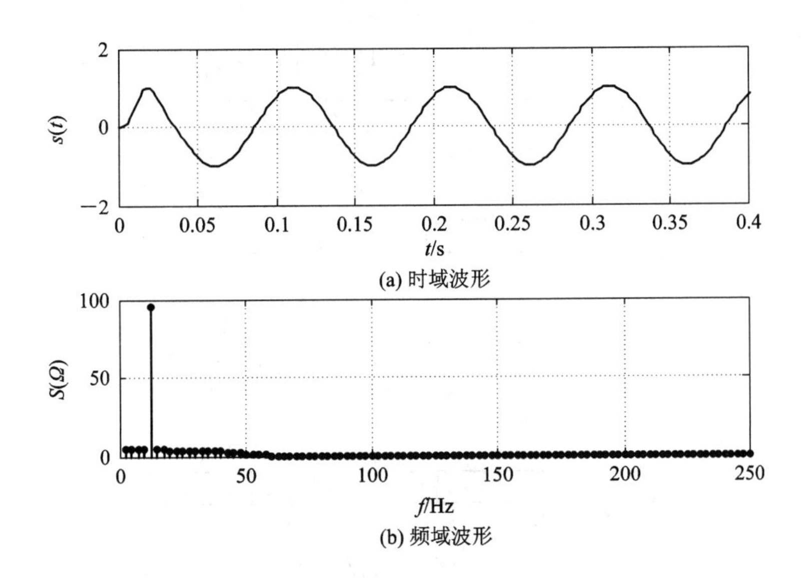

(a) 时域波形

(b) 频域波形

图 5-4 信号通过低通滤波器后的输出

以上例子也可以用以下的运算实现。

设因果稳定系统(滤波器)的单位脉冲响应为 $h(n)$，输入信号为 $x(n)$，则对 $x(n)$的滤波计算为

$$y(n) = h(n) * x(n) = \sum_{m=-\infty}^{\infty} h(m)x(n-m)$$

$y(n)$为滤波器的输出，通过上式的卷积运算可以改变输入信号所含频率成分的相对比例或滤除某些频率成分。写成频域和复频域表达式分别为

$$Y(e^{j\omega}) = H(e^{j\omega}) \cdot X(e^{j\omega})$$

$$Y(z) = H(z) \cdot X(z)$$

这里，时域、频域和 Z 域的 $h(n)$、$H(e^{j\omega})$、$H(z)$就是需要设计的数字滤波器。

5.1.2 数字滤波器的分类

数字滤波器有以下几种分类方法：

(1) 由单位脉冲响应的长度可分为两类：有限长单位脉冲响应(FIR)数字滤波器和无限长单位脉冲响应(IIR)数字滤波器。

(2) 从功能上分可分为五类：低通滤波器(LPF：Low—Pass Filter)、高通滤波器(HPF：High—Pass Filter)、带通滤波器(BPF：Band—Pass Filter)、带阻滤波器(BSF：Band—Stop Filter)和全通滤波器(APF：All—Pass Filter)，它们的理想幅频特性如图 5-5 所示。

图 5-5 中理想滤波器的时域响应是非因果的，因此是不可实现的，但理想滤波器给我们的滤波器设计指明了方向，提供了逼近的标准，从而按照某些准则、在误差容限内设计滤波器，使之尽可能逼近它。

需要特别注意的是，数字滤波器的频率响应 $H(e^{j\omega})$是以 2π 为周期的，低通滤波器的通带中心位于 2π 的整数倍处，高通滤波器的通带中心位于 π 的奇数倍处。一般在数字滤波器的主值区$[-\pi,\pi)$描述数字滤波器的频率响应特性。

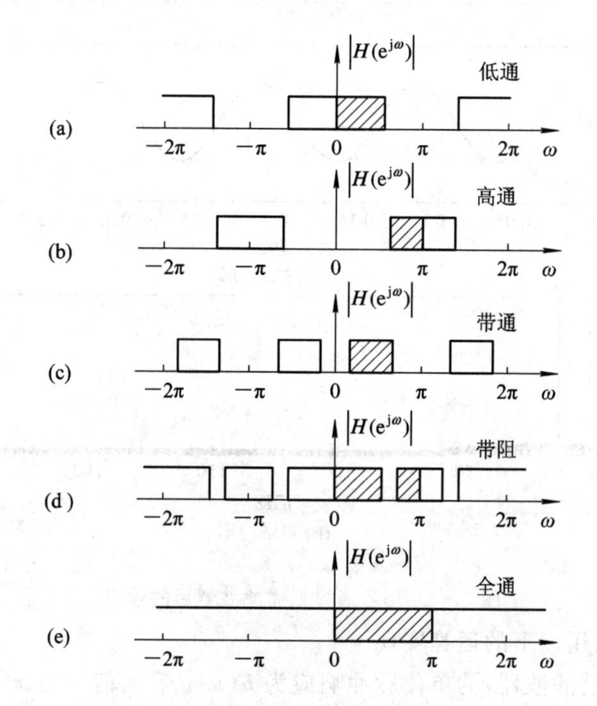

图 5-5　理想低通、高通、带通、带阻、全通滤波器的幅频特性

5.1.3　数字低通滤波器的技术指标

一个物理可实现的数字低通滤波器的归一化幅频特性可用如图 5-6 所示的曲线表示(图中仅画出了区间$[0,\pi)$内的曲线，其他部分可根据对称性和周期性获得)。与理想低通滤波器比较，物理可实现的低通滤波器其通带和阻带允许一定的误差，通带和阻带之间存在过渡带。

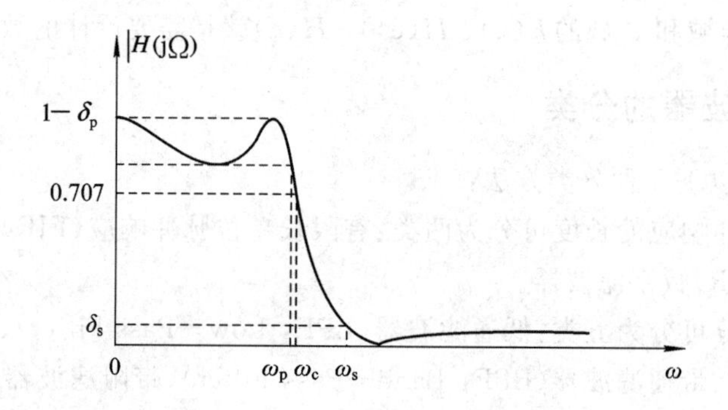

图 5-6　物理可实现数字低通滤波器幅频特性示意图

图中，ω_p 称为通带截止频率(passband cutoff frequency)，ω_s 为阻带截止频率(stopband cutoff frequency)；ω_c 为 3dB 通带截止频率，即 $|H(e^{j\omega_c})|=\frac{1}{\sqrt{2}}$。$\delta_p$ 是通带波纹峰值(peak passband ripple)，表示通带误差容限；δ_s 是阻带波纹峰值(peak stopband ripple)，表示阻带误差容限。

在数字滤波器的通带，即 $0\leqslant|\omega|\leqslant\omega_p$，要求幅频特性满足$(1-\delta_p)\leqslant|H(e^{j\omega})|\leqslant 1$；在

阻带，即 $\omega_s \leqslant |\omega| \leqslant \pi$，要求 $|H(e^{j\omega})| \leqslant \delta_s$。$\omega_p$ 到 ω_s 部分称为过渡带，过渡带上的频响一般是单调下降的。

工程上，数字滤波器的幅度响应还常以衰减(attenuation)的形式给出，衰减响应的定义为

$$\alpha(\omega) = -10\ \lg\ |H(e^{j\omega})|^2 = -20\ \lg|H(e^{j\omega})|(\mathrm{dB})$$

式中，$|H(e^{j\omega})|^2$ 称为数字滤波器的幅度平方函数。根据衰减响应的定义，图 5-6 所示的低通滤波器通带内允许的最大衰减 α_p 和阻带内允许的最小衰减 α_s 分别定义为

$$\alpha_p = -20\lg|H(e^{j\omega_p})| = -20\lg(1-\delta_p)(\mathrm{dB})$$

$$\alpha_s = -20\lg|H(e^{j\omega_s})| = -20\lg\delta_s(\mathrm{dB})$$

由此，图 5-6 所示的幅频特性曲线对应的衰减响应曲线如图 5-7 所示(图中仅画出了区间[0,π]内的曲线，其他部分由对称性和周期性可得)。

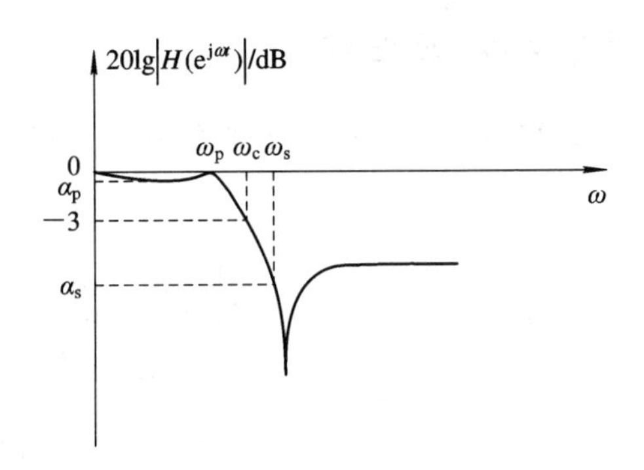

图 5-7　物理可实现的数字低通滤波器衰减响应示意图

5.1.4　IIR 滤波器的设计方法

IIR 滤波器的设计就是在给定的滤波器的技术指标下，确定滤波器系统函数 $H(z) = \dfrac{\sum_{r=0}^{M} b_r z^{-r}}{1+\sum_{k=1}^{N} a_k z^{-k}}$ 的阶数 N 和两组系数 $\{b_r\}$ 和 $\{a_k\}$。一般地，在满足技术指标的前提下，应选择阶数 N 的最小值。

IIR 滤波器的设计方法按其难易程度主要分为三种。

(1) 零、极点累试法。根据滤波器的频率特性，在 z 平面单位圆内选择不同的零、极点直到满足要求为止，该方法适用于简单的低阶 IIR 数字滤波器的设计。

(2) 利用模拟滤波器理论(模拟原型)来设计数字滤波器。这是一种最常用的方法，又称为间接法。设计步骤是，首先将数字滤波器的技术指标转换为对应的模拟低通滤波器的技术指标，然后设计满足要求的模拟低通滤波器，最后用数学映射将模拟滤波器转换为所需的数字滤波器。

(3) 采用优化算法设计数字滤波器。这种方法需要计算机软件编程来完成，难度相对较大，但设计的精确度较好。

本书主要介绍第(2)种方法，首先介绍模拟低通原型滤波器的设计方法，然后详细讨论利用脉冲响应不变法和双线性变换法将模拟原型滤波器转换为数字的方法。

5.2 模拟低通原型滤波器设计方法

常用的IIR滤波器设计方法是以模拟滤波器为原型，采用适当的转换方法将 s 平面的模拟低通滤波器的传输函数 $H(s)$ 转换为 z 平面的传输函数 $H(z)$，以实现不同要求的数字滤波器。采用这种设计方法的主要原因是：模拟滤波器的设计技术已非常成熟，设计中可选择典型的模拟滤波器，如巴特沃斯(Butterworth)滤波器、切比雪夫(Chebyshev)滤波器、椭圆(Ellipse)滤波器等作为原型滤波器；可以得到 $H(s)$ 解析解，并有大量的成型图和表格可以利用；此外，许多应用场合需要模拟滤波器进行数字模拟。

本节首先介绍模拟滤波器的技术指标，然后介绍巴特沃斯滤波器的设计方法，关于其他滤波器只通过介绍MATLAB设计函数来说明。

5.2.1 模拟低通滤波器的技术指标

物理可实现模拟低通滤波器的归一化幅频特性曲线和衰减响应曲线如图5-8所示。

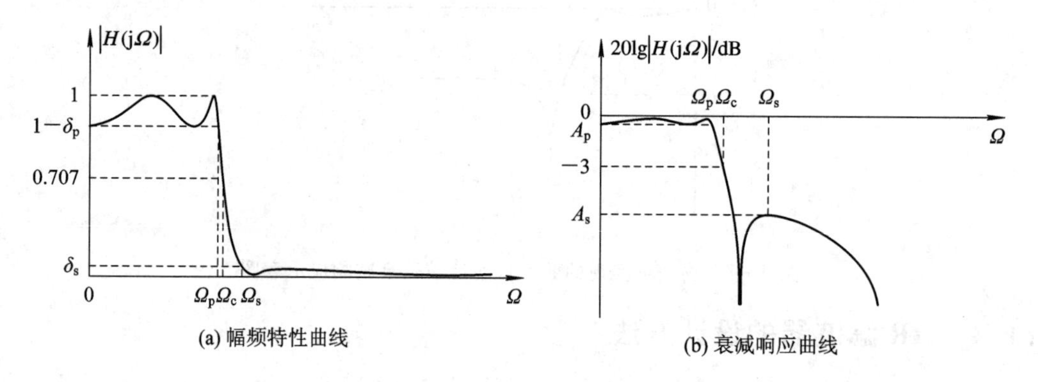

图5-8 物理可实现模拟低通滤波器

图5-8中，Ω_p、Ω_c、Ω_s 分别为通带截止频率、3dB通带截止频率和阻带截止频率；δ_p 是通带波纹峰值，表示通带误差容限；δ_s 是阻带波纹峰值，表示阻带误差容限。图5-8(b)的衰减响应定义为

$$A(\Omega)=-10\ \lg\left|H(\mathrm{j}\Omega)\right|^2=-20\ \lg\left|H(\mathrm{j}\Omega)\right|(\mathrm{dB}) \tag{5-1}$$

式中，$\left|H(\mathrm{j}\Omega)\right|^2$ 称为模拟滤波器的幅度平方函数。图5-8所示的低通滤波器通带内允许的最大衰减 A_p 和阻带内允许的最小衰减 A_s 分别定义为

$$A_p=-20\ \lg\left|H(\mathrm{j}\Omega_p)\right|=-20\ \lg(1-\delta_p)(\mathrm{dB}) \tag{5-2}$$

$$A_s=-20\ \lg\left|H(\mathrm{j}\Omega_s)\right|=-20\ \lg\delta_s(\mathrm{dB}) \tag{5-3}$$

显然当模拟滤波器的技术指标确定后，需要用这些指标设计一个因果稳定的系统，其系统函数为 $H(s)$，对应的频率函数 $H(\mathrm{j}\Omega)=H(s)\big|_{s=\mathrm{j}\Omega}$，在 Ω_p 和 Ω_s 处应该满足式(5-2)和式(5-3)。那么如何由幅度频率响应求系统函数呢？这里需要用幅度平方函数来过渡。

因此，根据幅度平方函数 $\left|H(\mathrm{j}\Omega)\right|^2$ 确定系统函数 $H(s)$ 的方法如下：

(1) 由幅度平方函数 $\left|H(\mathrm{j}\Omega)\right|^2$ 得对称的 s 平面函数 $W(s)$，即

$$\left|H(\mathrm{j}\Omega)\right|^2{}_{\mathrm{j}\Omega=s}=W(s)=H(s)\cdot H(-s)\big|_{s=\mathrm{j}\Omega}$$

(2) 对 $W(s)$进行因式分解，求出零、极点，$W(s)=G\dfrac{\prod\limits_{i=1}^{M}(s-s_i)}{\prod\limits_{j=1}^{N}(s-s_j)}$。

(3) 为了保证系统稳定，选用位于 s 左半平面的极点构成 $H(s)$；假设 $H(s)$为最小相位系统，选用左半平面的零点；将位于 s 右半平面的极点和零点构成 $H(-s)$。

(4) 对比 $H(s)$与 $H(\mathrm{j}\Omega)$，确定增益常数 G。

例 5-1 已知幅度平方函数 $|H(\mathrm{j}\Omega)|^2=6\cdot\dfrac{49+\Omega^2}{(25+\Omega^2)(36+\Omega^2)}$，求系统函数 $H(s)$。

解 将 $\mathrm{j}\Omega=s$ 代入幅度平方函数，得

$$H(s)H(-s)=|H(\mathrm{j}\Omega)|^2_{\mathrm{j}\Omega=s}=6\cdot\frac{49+\Omega^2}{(25+\Omega^2)(36+\Omega^2)}\bigg|_{\mathrm{j}\Omega=s}=6\cdot\frac{49-s^2}{(25-s^2)(36-s^2)}$$

求上式的零、极点。

零点：$s_{零1}=7$，$s_{零2}=-7$；极点：$s_{极1}=5$，$s_{极2}=-5$，$s_{极3}=6$，$s_{极4}=-6$。

选取 $s_{零2}=-7$，$s_{极2}=-5$，$s_{极4}=-6$ 并设增益为 G 构成稳定的最小相位系统 $H(s)$，即

$$H(s)=G\frac{s+7}{(s+5)(s+6)}$$

由 $|H(s)|^2_{s=0}=|H(\mathrm{j}\Omega)|^2_{\Omega=0}$，得 $G=6$，最后 $H(s)=6\cdot\dfrac{s+7}{(s+5)(s+6)}$。

5.2.2 巴特沃斯模拟低通滤波器的设计

巴特沃斯模拟低通滤波器的幅度平方函数定义为

$$|H(\mathrm{j}\Omega)|^2=\frac{1}{1+(\Omega/\Omega_c)^{2N}} \tag{5-4}$$

式中，N 为滤波器阶数，Ω_c 为滤波器的 3dB 通带截止频率，单位为 rad/s。故有

$$A(\Omega_c)=-10\lg|H(\mathrm{j}\Omega_c)|^2=3(\mathrm{dB})$$

当 $\Omega_c=1$ 时，巴特沃斯模拟低通滤波器称为归一化巴特沃斯模拟低通滤波器。图 5-9 画出了 $N=2,4,8$ 时，巴特沃斯模拟低通滤波器的幅频特性曲线。

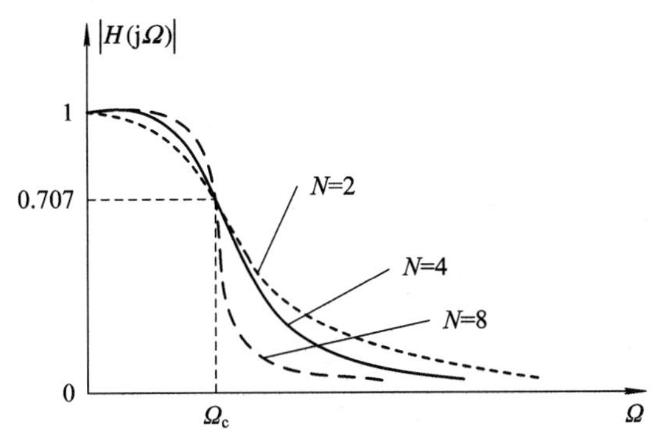

图 5-9 巴特沃斯模拟低通滤波器的幅频特性曲线

由图 5－9 可见，巴特沃斯模拟低通滤波器的幅频特性曲线单调下降，下降速度与阶数 N 有关，N 取较大值，曲线下降速度快，且通带阻带平坦，过渡带窄，在 $\Omega=0$ 处具有最大平坦性。

巴特沃斯模拟低通滤波器的设计就是根据给定的技术指标，确定式(5－4)中的阶数 N 和 3dB 通带截止频率 Ω_c，从而得到待设计滤波器的幅度平方函数 $|H(j\Omega)|^2$，再由 $|H(j\Omega)|^2$ 确定系统函数 $H(s)$。

若已知待设计滤波器的通带截止频率 Ω_p(rad/s)，通带最大衰减 A_p(dB)，阻带截止频率 Ω_s(rad/s)，通带最大衰减 A_s(dB)，由式(5－1)可得

$$|H(j\Omega)|^2=10^{-0.1A(\Omega)}$$

将式(5－4)代入，并考虑各技术指标，得

$$|H(j\Omega_p)|^2=\frac{1}{1+\left(\frac{\Omega_p}{\Omega_c}\right)^{2N}}=10^{-0.1A_p} \tag{5-5}$$

$$|H(j\Omega_s)|^2=\frac{1}{1+\left(\frac{\Omega_s}{\Omega_c}\right)^{2N}}=10^{-0.1A_s} \tag{5-6}$$

由式(5－5)和式(5－6)解出

$$N=\frac{\lg\left(\frac{10^{A_s/10}-1}{10^{A_p/10}-1}\right)}{2\lg\frac{\Omega_s}{\Omega_p}} \tag{5-7}$$

N 取大于等于式(5－7)的整数，再由式(5－5)或式(5－6)确定 Ω_c。值得注意的是，由式(5－5)确定的 $\Omega_c=\Omega_p\ (10^{0.1A_p}-1)^{-\frac{1}{2N}}$ 所设计的滤波器，通带指标正好满足，阻带指标可能存在裕量；由式(5－6)确定的 $\Omega_c=\Omega_s\ (10^{0.1A_s}-1)^{-\frac{1}{2N}}$ 所设计的滤波器，阻带指标正好满足，通带指标可能存在裕量。具体设计时可以根据自己的需要选择，一般地，取

$$\Omega_p\ (10^{0.1A_p}-1)^{-\frac{1}{2N}}\leqslant\Omega_c\leqslant\Omega_s\ (10^{0.1A_s}-1)^{-\frac{1}{2N}} \tag{5-8}$$

当 N 和 Ω_c 确定后，代入式(5－4)即可确定幅度平方函数 $|H(j\Omega)|^2$。

在幅度平方函数中，以 s 替换 $j\Omega$，得

$$H(s)H(-s)=|H(j\Omega)|^2{}_{j\Omega=s}=\frac{1}{1+\left(\frac{s}{j\Omega_c}\right)^{2N}} \tag{5-9}$$

求式(5－9)的极点，有

$$\left(\frac{s}{j\Omega_c}\right)^{2N}=-1=e^{j\pi(2k+1)}\quad k=0,1,2,\cdots,2N-1$$

$$s_k=j\Omega_c e^{j\pi\frac{(2k+1)}{2N}}=\Omega_c e^{j\pi\left(\frac{1}{2}+\frac{(2k+1)}{2N}\right)}\quad k=0,1,2,\cdots,2N-1 \tag{5-10}$$

式(5－9)有 $2N$ 个极点，均匀分布在以 Ω_c 为半径的圆上，间隔为 $\frac{\pi}{N}$。为形成稳定的系统，应选取 s 平面左半平面的 N 个极点构成系统函数，即

$$H(s)=\frac{G}{\prod_{k=0}^{N-1}(s-s_k)}$$

式中，G 为增益，按照 $|H(s)|^2{}_{s=0}=|H(\mathrm{j}\Omega)|^2{}_{\Omega=0}$ 可以得到 $G=\prod_{k=0}^{N-1}(-s_k)=\Omega_c^N$，所以

$$H(s)=\frac{\Omega_c^N}{\prod_{k=0}^{N-1}(s-s_k)} \tag{5-11}$$

如 $N=3$ 时，计算出的 6 个极点如下：

$$s_0=\Omega_c e^{\mathrm{j}\pi\left(\frac{1}{2}+\frac{0+1}{6}\right)}=\Omega_c e^{\mathrm{j}\frac{2}{3}\pi},\ s_1=\Omega_c e^{\mathrm{j}\pi}=-\Omega_c,\ s_2=\Omega_c e^{-\mathrm{j}\frac{2}{3}\pi},$$

$$s_3=\Omega_c e^{-\mathrm{j}\frac{1}{3}\pi},\ s_4=\Omega_c,\ s_5=\Omega_c e^{\mathrm{j}\frac{1}{3}\pi}$$

极点分布图如图 5 - 10 所示。

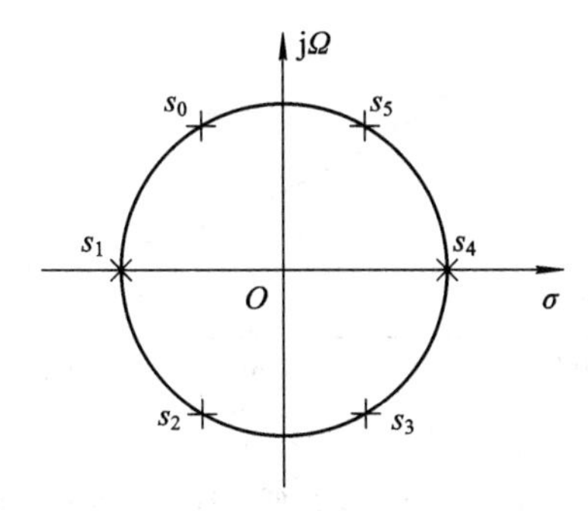

图 5 - 10 三阶巴特沃斯滤波器的极点分布图

系统函数为

$$H(s)=\frac{\Omega_c^3}{(s-s_0)(s-s_1)(s-s_2)}=\frac{\Omega_c^3}{(s-\Omega_c e^{\mathrm{j}\frac{2}{3}\pi})(s+\Omega_c)(s-\Omega_c e^{-\mathrm{j}\frac{2}{3}\pi})}$$

综上所述，巴特沃斯模拟低通滤波器的设计步骤为：

(1) 用给定的技术指标 Ω_p(rad/s)、A_p(dB)、Ω_s(rad/s)和 A_s(dB)，由式(5 - 7)确定阶数 N；

(2) 根据式(5 - 8)确定 3 dB 通带截止频率 Ω_c；

(3) 根据式(5 - 10)计算 S 左半平面的 N 个极点；

(4) 根据式(5 - 11)确定巴特沃斯模拟低通滤波器的系统函数 $H(s)$。

例 5 - 2 设计一个巴特沃斯模拟低通滤波器，技术指标如下：$\Omega_p=2\pi\times100$ rad/s，$A_p\leqslant2$ dB，$\Omega_s=2\pi\times300$ rad/s，$A_s\geqslant30$ dB。

解 根据式(5 - 7)得

$$N=\frac{\lg\left(\frac{10^{A_s/10}-1}{10^{A_p/10}-1}\right)}{2\lg\Omega_s/\Omega_p}=3.387$$

取 $N=4$，按阻带指标计算 3dB 带宽，有

$$\Omega_c=\Omega_s\,(10^{0.1A_s}-1)^{-\frac{1}{2N}}=2\pi\times126.58=253.16(\mathrm{rad/s})$$

根据式(5 - 10)计算 s 左半平面的 4 个极点分别为：

$$s_0=\Omega_c e^{\mathrm{j}\pi\left(\frac{1}{2}+\frac{0+1}{8}\right)}=\Omega_c e^{\mathrm{j}\frac{5}{8}\pi},\ s_1=\Omega_c e^{\mathrm{j}\frac{7}{8}\pi},\ s_2=\Omega_c e^{-\mathrm{j}\frac{7}{8}\pi},\ s_3=\Omega_c e^{-\mathrm{j}\frac{5}{8}\pi}$$

根据式(5 - 11)式确定滤波器的系统函数 $H(s)$ 为

$$H(s)=\frac{\Omega_c^4}{\prod\limits_{k=0}^{4-1}(s-s_k)}=\frac{\Omega_c^4}{(s-\Omega_c e^{j\frac{5}{8}\pi})(s-\Omega_c e^{j\frac{7}{8}\pi})(s-\Omega_c e^{-j\frac{7}{8}\pi})(s-\Omega_c e^{-j\frac{5}{8}\pi})}$$

$$=\frac{\Omega_c{}^4}{\left(s^2-2s\,\Omega_c\cos\frac{5}{8}\pi+\Omega_c^2\right)\left(s^2-2s\,\Omega_c\cos\frac{7}{8}\pi+\Omega_c^2\right)}$$

图 5-11 画出了所设计的滤波器的衰减曲线，从曲线可以看到阻带指标刚好满足，通带有裕量。

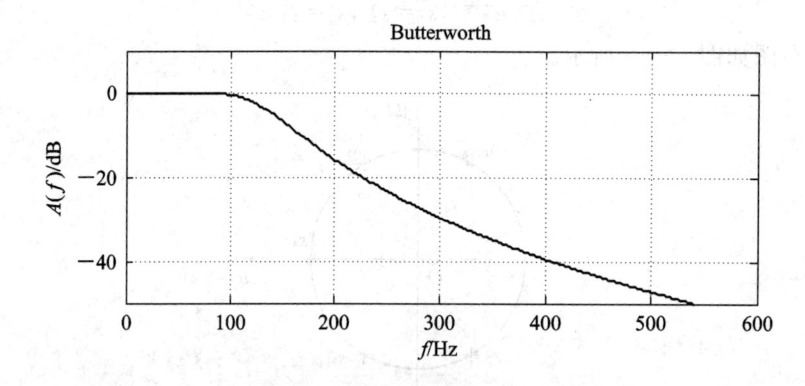

图 5-11　4 阶巴特沃斯模拟低通滤波器的衰减响应曲线

实际应用中，通常采用查表法，其设计步骤包括以下几个方面：

(1) 将频率归一化。由于不同滤波器的通带截止频率不同，为了简化设计，通常需要归一化处理，所谓的归一化，就是设定某一频率为参考频率，其他频率与其相比得到归一化值，这里以 3dB 通带截止频率 Ω_c 作为参考频率。

(2) 根据给定的性能指标确定 N。

(3) 查表(表 5-1)得到 $H(p)$的分母多项式。

(4) 把 $p=\frac{s}{\Omega_c}$代入 $H(p)$中，得到对应于真实频率的系统函数 $H(s)$，即

$$H(s)=H(p)\big|_{p=\frac{s}{\Omega_c}} \tag{5-12}$$

表 5-1　归一化巴特沃斯模拟低通滤波器参数

阶数 N \ 极点位置	$p_{0,N-2}$	$p_{1,N-2}$	$p_{2,N-3}$	$p_{3,N-4}$	p_4
1	−1.0000				
2	−0.7071±j0.7071				
3	−0.5000±j0.8660	−1.0000			
4	−0.3827±j0.9239	−0.9239±j0.3827			
5	−0.3090±j0.9511	−0.8090±j0.5878	−1.0000		
6	−0.2588±j0.9659	−0.7071±j0.7071	−0.9659±j0.2588		
7	−0.2225±j0.9749	−0.6235±j0.7818	−0.9010±j0.4339	−1.0000	
8	−0.1951±j0.9808	−0.5556±j0.8315	−0.8315±j0.5556	−0.9808±j0.1951	
9	−0.1736±j0.9848	−0.5000±j0.8660	−0.7660±j0.6428	−0.9397±j0.3420	−1.0000

续表

分母多项式 / 阶数 N	$B(p)=b_0+b_1p+\ldots+b_{N-2}p^{N-2}+b_{N-1}p^{N-1}+p^N$								
	b_0	b_1	b_2	b_3	b_4	b_5	b_6	b_7	b_8
1	1.0000								
2	1.0000	1.4142							
3	1.0000	2.0000	2.0000						
4	1.0000	2.6131	3.4142	2.6131					
5	1.0000	3.2361	5.2361	5.2361	3.2361				
6	1.0000	3.8637	7.4641	9.1416	7.4641	3.8637			
7	1.0000	4.4940	10.0978	14.5918	14.5918	10.0978	4.4940		
8	1.0000	5.1258	13.1371	21.8462	25.6884	21.8462	13.1371	5.1258	
9	1.0000	5.7588	16.5817	31.1634	41.9864	41.9864	31.1634	16.5817	5.7588

分母因子 / 阶数 N	$B(p)=B_1(p)B_2(p)B_3(p)\cdots$
1	$p+1$
2	$p^2+1.4142p+1$
3	$(p+1)(p^2+1.4142p+1)$
4	$(p^2+0.7654p+1)(p^2+1.8478p+1)$
5	$(p^2+0.6180p+1)(p^2+1.6180p+1)(p+1)$
6	$(p^2+0.5176p+1)(p^2+1.4142p+1)(p^2+1.9319p+1)$
7	$(p^2+0.4450p+1)(p^2+1.2470p+1)(p^2+1.8019p+1)(p+1)$
8	$(p^2+0.3902p+1)(p^2+1.1111p+1)(p^2+1.6629p+1)(p^2+1.9616p+1)$
9	$(p^2+0.3473p+1)(p^2+p+1)(p^2+1.5321p+1)(p^2+1.8974p+1)(p+1)$

例 5-3 技术指标同例 5-2，先设计归一化巴特沃斯模拟低通滤波器 $H(p)$，再用式(5-12)求系统函数 $H(s)$。

解 在例 5-2 中，已经求出 $N=4$，查表 5-1 得到位于 s 左半平面的 4 个归一化极点 $(p_k=\frac{s_k}{\Omega_c})$，即

$$p_{0,3}=-0.3827\pm j0.9239, p_{1,2}=-0.9239\pm j0.3827$$

去归一化后可以得到极点 $s_k, k=0,1,2,3$，从而得到例 5-2 中的第一个系统函数表达式。

还可以直接由表 5-1 查得归一化系统函数表达式，即

$$H(p)=\frac{1}{1+2.6131p+3.4142p^2+2.6131p^3+p^4}$$

或

$$H(p)=\frac{1}{(p^2+0.7654p+1)(p^2+1.8478p+1)}$$

然后去归一化，可得系统函数 $H(s)$ 的表达式为

$$H(s)=H(p)\big|_{p=\frac{s}{\Omega_c}}=\frac{1}{\left(\left(\frac{s}{\Omega_c}\right)^2+0.7654\left(\frac{s}{\Omega_c}\right)+1\right)\left(\left(\frac{s}{\Omega_c}\right)^2+0.7654\left(\frac{s}{\Omega_c}\right)+1\right)}$$

$$=\frac{\Omega_c^4}{(s^2+0.7654\Omega_c s+\Omega_c^2)(s^2+0.7654\Omega_c s+\Omega_c^2)}$$

这个结果就是例 5 - 2 中系统函数的第二个表达式。

在得到了模拟滤波器系统函数 $H(s)$ 后，按照一定的转换关系将 $H(s)$ 转换成为数字滤波器的系统函数 $H(z)$，即就是将 s 平面的 $H(s)$ 转换成为 z 平面的 $H(z)$。为了保证转换后的 $H(z)$ 稳定且满足技术指标，这种转换关系应该满足两个原则：

(1) 因果稳定的模拟滤波器转换成数字滤波器仍是因果稳定的。转换关系应该是将 s 左半平面的 $H(s)$ 的极点，转换成为 z 平面的单位圆内的 $H(z)$ 的极点。

(2) 数字滤波器的频率响应应该模仿模拟滤波器的频率响应。转换关系应该是将 s 平面虚轴映射为 z 平面的单位圆，相应的频率之间成线性关系。

5.3 冲激响应不变法设计 IIR 滤波器

冲激响应不变法也称脉冲响应不变法，又称标准 Z 变换法。它的理论基础是使数字滤波器的单位脉冲响应 $h(n)$ 等于模拟滤波器冲激响应 $h(t)$ 的等间隔采样值，即

$$h(n)=h(t)\big|_{t=nT} \tag{5-13}$$

式中，T 为采样间隔，这样可以保证数字系统与变换前的模拟系统的时域函数在采样点上相等。若已知模拟系统的系统函数为 $H(s)$，对 $H(s)$ 进行 Laplace(拉普拉斯)逆变换得到 $h(t)$，再对 $h(t)$ 等间隔采样得到 $h(n)$，最后计算 $h(n)$ 的 Z 变换得到 $H(z)$，这样就实现了模拟系统 $H(s)$ 到数字系统 $H(z)$ 的转换。

5.3.1 冲激响应不变法的映射关系

假设某模拟滤波器的系统函数 $H(s)$ 只有单阶极点且分母多项式的阶次高于分母多项式的阶次，将 $H(s)$ 用部分分式表示为

$$H(s)=\sum_{i=1}^{M}\frac{A_i}{s-s_i} \tag{5-14}$$

对式(5 - 14)进行拉普拉斯逆变换可以得到该系统的冲激响应 $h(t)$ 为

$$h(t)=\sum_{i=1}^{M}A_i e^{s_i t}u(t) \tag{5-15}$$

对 $h(t)$ 进行等间隔采样得到数字滤波器的单位脉冲响应为

$$h(n)=h(t)\big|_{t=nT}=\sum_{i=1}^{M}A_i e^{s_i nT}u(nT) \tag{5-16}$$

对 $h(n)$ 进行 Z 变换得

$$H(z) = ZT[h(n)] = \sum_{i=1}^{M} \frac{A_i}{1 - e^{s_i T} z^{-1}} \tag{5-17}$$

比较式(5-15)和式(5-17)可以看到，模拟滤波器的极点 s_i 被映射为数字滤波器的极点 $e^{s_i T}$。因此，模拟滤波器极点与数字滤波器极点的映射关系为

$$z = e^{sT} \tag{5-18}$$

将 s 平面的复变量 $s=\sigma+j\Omega$，Z 平面的复变量 $z=re^{j\omega}$ 代入式(5-18)，有

$$z = re^{j\omega} = e^{(\sigma+j\Omega)T} = e^{\sigma T} e^{j\Omega T}$$

所以

$$\left.\begin{aligned} r &= e^{\sigma T} \\ \omega &= \Omega T \end{aligned}\right\} \tag{5-19}$$

由式(5-19)的第一式可见

$$r = e^{\sigma T} \begin{cases} <1, & \sigma<0 \\ =1, & \sigma=0 \\ >1, & \sigma>0 \end{cases}$$

上式表明，s 平面的左半平面($\sigma<0$)映射到 Z 平面的单位圆内($r<1$)，s 平面的虚轴($\sigma=0$)映射到 z 平面的单位圆周上($r=1$)。这样模拟滤波器位于 s 左半平面的极点将被映射到 z 平面的单位圆内部。因此，脉冲响应不变法可以将因果稳定的模拟滤波器转换成一个因果稳定的数字滤波器。

由式(5-19)的第二式可见，数字域频率 ω 与模拟域频率 Ω 呈线性关系，但是，$e^{j\omega}=e^{j\Omega T}$ 是周期的，即

$$e^{j\omega} = e^{j\Omega T} = e^{j(\Omega+\frac{2\pi}{T}M)T}\text{，}M \text{ 为任意整数}$$

因此，数字域频率 ω 与模拟域频率 Ω 虽然呈线性关系，但不是一一对应的，模拟频率 Ω 变化 $\frac{2\pi}{T}$ 的整数倍时，映射值 ω 不变，映射关系如图5-12所示。

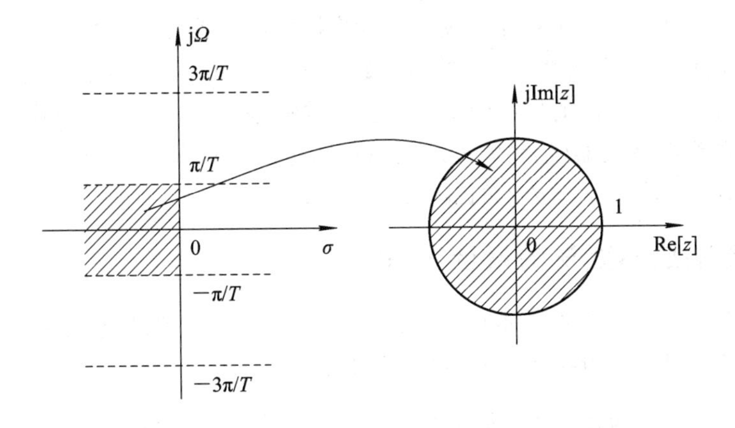

图5-12 脉冲响应不变法 s 平面到 z 平面的映射关系

5.3.2 原型模拟滤波器与数字滤波器的频响关系

根据时域采样理论，由脉冲响应不变法获得的数字滤波器的频率函数 $H(e^{j\omega}) = H(z)\big|_{z=e^{j\omega}}$ 与模拟滤波器的频率函数 $H(j\Omega) = H(s)\big|_{s=j\Omega}$ 应满足下列关系

$$H(e^{j\omega}) = \frac{1}{T}\sum_{k=-\infty}^{\infty} H\left[j\left(\Omega + \frac{2\pi}{T}k\right)\right] \tag{5-20}$$

因此，如果模拟滤波器 $H(j\Omega)$不是带限，或者带宽超过$\frac{\pi}{T}$（T 是采样间隔），则用脉冲响应不变法获得的数字滤波器将存在频域混叠，造成高频端（频率接近 π）滤波器性能变坏，数字滤波器的频率特性偏离模拟滤波器的频率特性。频域混叠现象如图 5－13 所示。

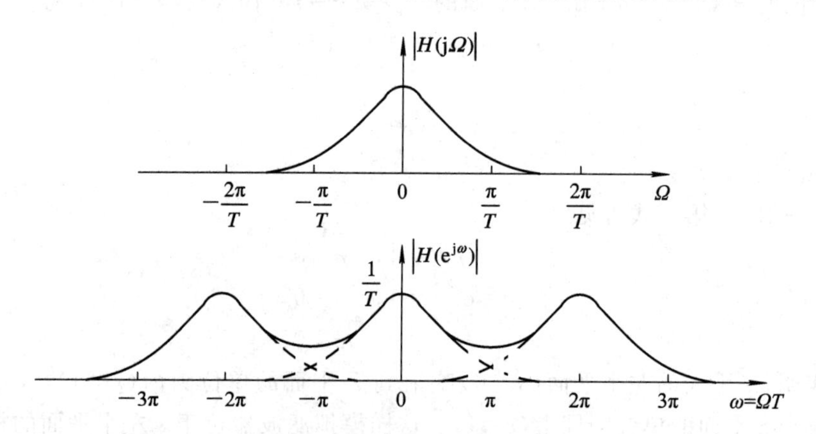

图 5－13　脉冲响应不变法频域混叠示意图

如果模拟滤波器 $H(s)$的频率响应是带限的，即

$$H(j\Omega)=0, \quad |\Omega|>\frac{\pi}{T} \tag{5-21}$$

则由式(5－20)，用脉冲响应不变法转换的数字滤波器 $H(z)$的频率响应为

$$H(e^{j\omega})=\frac{1}{T}H(j\Omega), \quad |\omega|<\pi \tag{5-22}$$

显然，此时数字滤波器的频响可跟踪模拟滤波器的频响，幅度相差$\frac{1}{T}$。

通过以上分析可知，利用脉冲响应不变法将模拟滤波器转换为数字滤波器时，数字域频率 ω 与模拟域频率 Ω 呈线性关系，即 $\omega=\Omega T$，这是脉冲响应不变法的优点，但同时带来的缺点也是明显的，即频谱的周期延拓效应会导致混叠失真，因此脉冲响应不变法只适合用来设计限带的数字滤波器（信号的最高频率不超过折叠频率），如低通或带通滤波器，并且高频的衰减越大越好，这样产生的混叠效应会越小。

5.3.3　冲激响应不变法的设计方法

对于给定数字低通滤波器技术指标（通带截止频率为 ω_p，通带衰减为 A_p，阻带截止频率为 ω_s，阻带衰减为 A_s）的数字滤波器的设计过程如下：

(1) 将数字滤波器的技术指标转换为模拟指标。利用 $\omega=\Omega T$，得到 $\Omega_p=\frac{\omega_p}{T}$和 $\Omega_s=\frac{\omega_s}{T}$，衰减指标不变。

(2) 设计通带截止频率为 Ω_p，通带衰减为 A_p，阻带截止频率为 Ω_s，阻带衰减为 A_s 的模拟滤波器 $H(s)$。这里模拟滤波器可以选择用 Butterwoth 型、Chebyshev Ⅰ型、Chebyshev Ⅱ型或椭圆型等模拟原型滤波器来实现。

(3) 利用部分分式展开，把 $H(s)$ 展开成如下形式

$$H(s)=\sum_{i=1}^{M}\frac{A_i}{s-s_i}$$

(4) 把模拟极点 $\{s_i\}$ 转换成数字极点 $\{z_i=e^{s_iT}\}$ 得到数字滤波器的传输函数 $H(z)$ 为

$$H(z)=\sum_{i=1}^{M}\frac{A_i}{1-e^{s_iT}z^{-1}}\tag{5-23}$$

由式(5-22)可知，当采样间隔较小时，$H(e^{j\omega})$ 的幅度会很大，为避免这一现象，常将 $H(s)$ 乘以 T，再转换为数字滤波器 $H(z)$，这样式(5-23)就变为

$$H(z)=T\sum_{i=1}^{M}\frac{A_i}{1-e^{s_iT}z^{-1}}\tag{5-24}$$

例5-4 利用脉冲响应不变法和巴特沃斯型模拟滤波器设计一个满足下列指标的数字滤波器。设采样间隔 $T=0.1$ s，通带截止频率为 $\omega_p=0.2\pi$ rad，通带衰减为 $A_p\leqslant 2$ dB，阻带截止频率为 $\omega_s=0.6\pi$ rad，阻带衰减为 $A_s\geqslant 15$ dB。

解 (1) 确定模拟滤波器的设计指标如下：

通带截止频率为 $\Omega_p=2\pi$ rad/s，通带衰减为 $A_p\leqslant 2$ dB，阻带截止频率为 $\Omega_s=6\pi$ rad/s，阻带衰减为 $A_s\geqslant 15$ dB。

(2) 设计满足上述指标的巴特沃斯模拟滤波器。

由 $N=\dfrac{\lg\left(\dfrac{10^{A_s/10}-1}{10^{A_p/10}-1}\right)}{2\lg\Omega_s/\Omega_p}$ 和 $\Omega_c=\Omega_s(10^{0.1A_s}-1)^{-\frac{1}{2N}}$ 计算巴特沃斯模拟滤波器的阶数和3 dB带宽为

$$N=\frac{\lg\left(\dfrac{10^{A_s/10}-1}{10^{A_p/10}-1}\right)}{2\lg\Omega_s/\Omega_p}=1.8014，取 N=2$$

$$\Omega_c=\Omega_s(10^{0.1A_s}-1)^{-\frac{1}{2N}}=8.0129$$

由 $N=2$，查表5-1得归一化系统函数 $H(p)$ 为

$$H(p)=\frac{1}{p^2+\sqrt{2}p+1}=\frac{1}{(p-p_1)(p-p_2)}=\frac{1}{p_1-p_2}\left[\frac{1}{(p-p_1)}-\frac{1}{(p-p_2)}\right]$$

其中，$p_{1,2}=\dfrac{\sqrt{2}}{2}(-1\pm j)$，去归一化 $H(s)=H(p)\big|_{p=\frac{s}{\Omega_c}}$，得到巴特沃斯模拟滤波器的系统函数 $H(s)$ 为

$$H(s)=\frac{1}{p_1-p_2}\left[\frac{\Omega_c}{(s-\Omega_c p_1)}-\frac{\Omega_c}{(s-\Omega_c p_2)}\right]$$

(3) 用脉冲响应不变法将 $H(s)$ 转换为数字滤波器 $H(z)$。

由式(5-13)得到

$$H(z)=\frac{T}{p_1-p_2}\left[\frac{\Omega_c}{(1-e^{\Omega_c p_1 T}z^{-1})}-\frac{\Omega_c}{(1-e^{\Omega_c p_2 T}z^{-1})}\right]$$

将 $p_{1,2}=\dfrac{\sqrt{2}}{2}(-1\pm j)$ 和 $\Omega_c=8.0129$ 代入上式并整理，得

$$H(z)=\frac{0.3457z^{-1}}{1-0.9577z^{-1}+0.3221z^{-2}}$$

所设计的模拟滤波器和数字滤波器的幅频特性如图 5-14 所示。

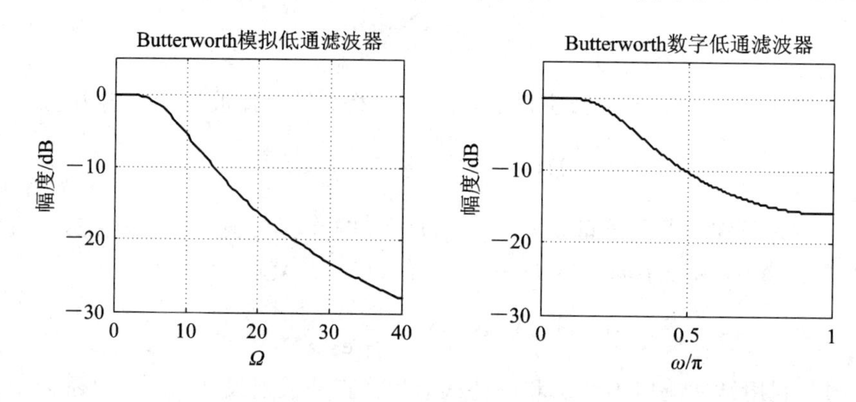

图 5-14 用脉冲响应不变法设计的滤波器的衰减响应

设计的数字滤波器的通带最大衰减和阻带最小衰减分别为 $A_p=1.10$ dB 和 $A_s=12.36$ dB，显然数字滤波器的阻带指标没有满足，其原因就是脉冲响应不变法存在频域混叠现象，而巴特沃斯模拟低通滤波器不是带限的，所以，阻带(高频端)性能不好。另外，从阶数的计算公式 $N=\dfrac{\lg\left(\dfrac{10^{A_s/10}-1}{10^{A_p/10}-1}\right)}{2\lg\Omega_s/\Omega_p}$ 可以看到，本例题中采样间隔 T 的大小对阶数 N 没有影响，从而对 3 dB 带宽也没有影响，当然对滤波器的性能也就没有影响。若想改善频域混叠现象，只有增大阻带衰减。

由图 5-14 可以看到，模拟滤波器和数字滤波器的频率特性非常一致，这是因为脉冲响应不变法的数字域频率与模拟域频率呈线性关系，这是脉冲响应法的优点。

5.4 双线性变换法设计 IIR 滤波器

脉冲响应不变法中，若采用的模拟原型滤波器不是带限的，则采用该方法将这些原型滤波器转换成数字滤波器时都存在频域混叠现象，使得数字滤波器的频响偏离模拟滤波器的频率响应。双线性变换法的基本思想是先将整个模拟频率轴压缩到 $\pm\dfrac{\pi}{T}$ 之间，再用 $z=e^{sT}$ 转换到 z 平面，因此双线性变换法在将模拟滤波器转换为数字滤波器时不存在频域混叠。

5.4.1 双线性变换法的映射关系

双线性变换法将模拟滤波器 $H(s)$ 转换为数字滤波器 $H(z)$ 的步骤是：先将非带限的模拟滤波器 $H(s)$ 通过非线性变换映射为带限的 $H(s')$，再通过脉冲响应不变法将 $H(s')$ 变换为 $H(z)$。在频域，先将取值范围为 $(-\infty,\infty)$ 的模拟频率 Ω 映射为在 $\left[-\dfrac{\pi}{T},\dfrac{\pi}{T}\right]$ 范围取值的 Ω'，再由 $\omega=\Omega'T$ 建立模拟频率与数字域频率的关系。

将 Ω 非线性压缩为 Ω' 的函数为

$$\Omega'=\frac{2}{T}\arctan\left(\frac{T}{2}\Omega\right) \tag{5-25}$$

将式(5－25)代入 $\omega=\Omega' T$，可以得到数字域频率 ω 与模拟频率 Ω 的关系，即

$$\omega=2\arctan\left(\frac{T}{2}\Omega\right) \tag{5－26}$$

或者

$$\Omega=\frac{2}{T}\tan\left(\frac{\omega}{2}\right) \tag{5－27}$$

ω 与 Ω 的关系曲线如图 5－15 所示。当 Ω 很小时，$\arctan\left(\frac{T}{2}\Omega\right)\approx\frac{T}{2}\Omega$，$\omega\approx\Omega T$，即频率较低时，数字频率与模拟频率接近线性关系；随着 Ω 的增加，线性关系消失，当 $\Omega\to\infty$ 时数字频率 ω 接近 π。正是这种非线性，使数字频率 ω 与模拟频率 Ω 一一对应，消除了频域混叠。

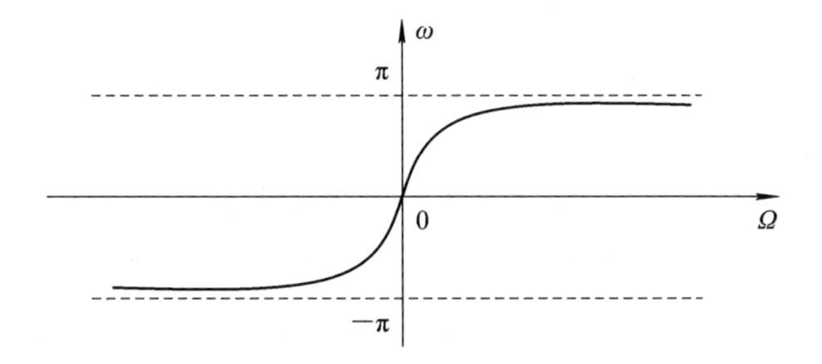

图 5－15　数字域频率 ω 与模拟频率 Ω 的关系曲线

根据式(5－27)可以建立 s 平面到 z 平面的映射关系。将式(5－27)改写为

$$\mathrm{j}\Omega=\mathrm{j}\,\frac{2}{T}\tan\left(\frac{\omega}{2}\right)=\mathrm{j}\,\frac{2}{T}\frac{\sin\left(\frac{\omega}{2}\right)}{\cos\left(\frac{\omega}{2}\right)}=\frac{2}{T}\frac{\mathrm{e}^{\mathrm{j}\frac{\omega}{2}}-\mathrm{e}^{-\mathrm{j}\frac{\omega}{2}}}{\mathrm{e}^{\mathrm{j}\frac{\omega}{2}}+\mathrm{e}^{-\mathrm{j}\frac{\omega}{2}}}=\frac{2}{T}\frac{1-\mathrm{e}^{-\mathrm{j}\omega}}{1+\mathrm{e}^{-\mathrm{j}\omega}}$$

令 $s=\mathrm{j}\Omega, z=\mathrm{e}^{\mathrm{j}\omega}$，代入上式，可得 s 平面到 z 平面的映射关系为

$$s=\frac{2}{T}\frac{1-z^{-1}}{1+z^{-1}} \tag{5－28}$$

或

$$z=\frac{\frac{2}{T}+s}{\frac{2}{T}-s} \tag{5－29}$$

式(5－28)和式(5－29)称为双线性变换。$s\to s'\to z$ 平面的映射关系如图 5－16 所示。

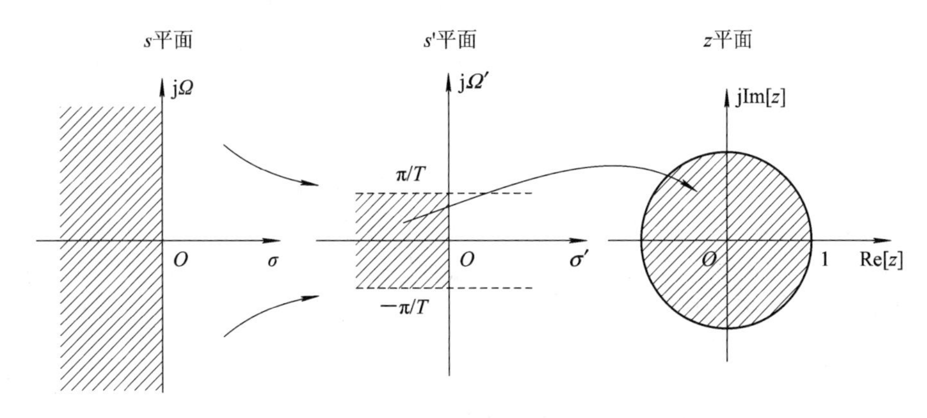

图 5－16　双线性变换 s 平面到 z 平面的映射关系示意图

将 $s=\sigma+\mathrm{j}\Omega$，$z=r\mathrm{e}^{\mathrm{j}\omega}$ 代入式(5－29)，可得

$$r=\sqrt{\frac{\left(\frac{2}{T}+\sigma\right)^2+\Omega^2}{\left(\frac{2}{T}-\sigma\right)^2+\Omega^2}} \tag{5-30}$$

由式(5－30)可以看出 $\sigma=0$，$r=1$ 时，s 平面的虚轴映射为 z 平面的单位圆周；$\sigma<0$，$r<1$ 时，s 平面的左半平面映射到 z 平面的单位圆内。因此，一个因果稳定的模拟系统经双线性变换后是一个因果稳定的数字系统。

5.4.2 频率的预畸变校正

数字频率 ω 与模拟频率 Ω 一一对应，消除了频域混叠，但数字频率 ω 与模拟频率 Ω 之间的非线性关系，使转换后的数字滤波器不能完全模仿模拟滤波器的频率响应，且在分段边界点产生畸变，这是双线性变换法的缺点。

图 5－17 画出了一个模拟滤波器和经双线性变换法变换后的数字滤波器的幅频响应。图中模拟滤波器的边界频率 Ω_{p} 和 Ω_{s} 经频率变换式(5－26)变换后的数字系统边界频率分别为 $\omega_{\mathrm{p}}=2\arctan\left(\frac{T}{2}\Omega_{\mathrm{p}}\right)$，$\omega_{\mathrm{s}}=2\arctan\left(\frac{T}{2}\Omega_{\mathrm{s}}\right)$，而不是要求的 $\omega_{\mathrm{p}}=T\Omega_{\mathrm{p}}$ 和 $\omega_{\mathrm{s}}=T\Omega_{\mathrm{s}}$，所以，在将数字滤波器的边界频率转换为模拟滤波器的边界频率以便设计模拟滤波器时，要用式(5－27)计算 Ω_{p} 和 Ω_{s}，这个过程称为预畸变校正。

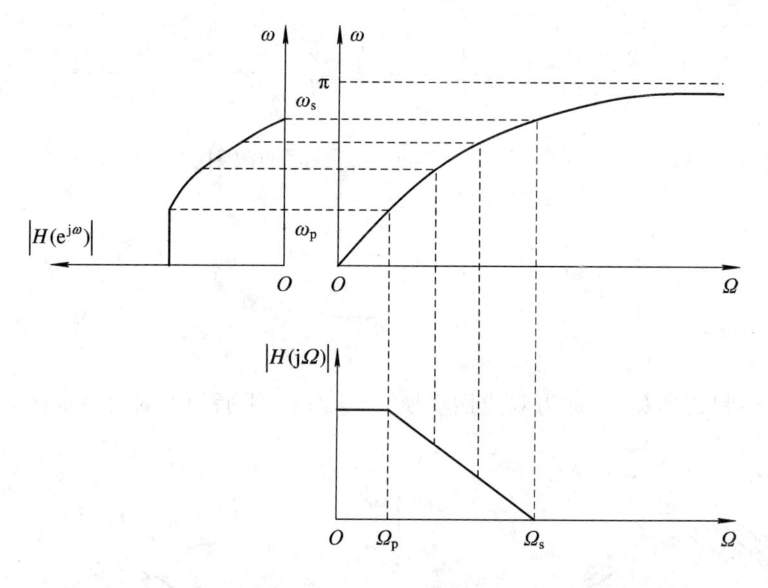

图 5－17　双线性变换的频率非线性对数字滤波器幅频响应的影响

另外，从图 5－17 中可以看出，由于双线性变换法的频率映射关系是非线性的，必然造成幅频响应的非线性，所以双线性变换法只适合设计幅频响应为分段常数的滤波器，不适合设计幅频响应为非常数的系统。

5.4.3 双线性变换法的设计方法

利用双线性变换法设计通带截止频率为 ω_{p}，通带衰减为 A_{p}，阻带截止频率为 ω_{s}，阻带

衰减为 A_s 的数字滤波器的步骤如下：

(1) 将数字滤波器的技术指标转换为模拟指标。

利用 $\Omega=\frac{2}{T}\tan\left(\frac{\omega}{2}\right)$进行频率的预畸变校正，得到 $\Omega_p=\frac{2}{T}\tan\left(\frac{\omega_p}{2}\right)$和 $\Omega_s=\frac{2}{T}\tan\left(\frac{\omega_s}{2}\right)$，衰减指标不变。

(2)设计通带截止频率为 Ω_p，通带衰减为 A_p，阻带截止频率为 Ω_s，阻带衰减为 A_s 的模拟滤波器 $H(s)$。

根据实际需要选择用巴特沃斯型、Chebyshev Ⅰ型、Chebyshev Ⅱ型或椭圆型等模拟原型滤波器来实现。

(3)用双线性法将 $H(s)$转换为数字滤波器 $H(z)$。

$$H(z)=H(s)\Big|_{s=\frac{2}{T}\frac{1-z^{-1}}{1+z^{-1}}} \tag{5-31}$$

例 5-5 利用双线性变换法和巴特沃斯型模拟滤波器设计一个满足下列指标的数字滤波器。设采样间隔 $T=0.1\mathrm{s}$，通带截止频率为 $\omega_p=0.2\pi$ rad，通带衰减为 $\alpha_p\leqslant 2$ dB，阻带截止频率为 $\omega_s=0.6\pi$ rad，阻带衰减为 $\alpha_s\geqslant 15$ dB。

解 首先，将数字滤波器的边界频率转换为模拟滤波器的边界频率：

$$\Omega_p=\frac{2}{T}\tan\left(\frac{\omega_p}{2}\right)=6.4984\ \text{rad/s},\ \Omega_s=\frac{2}{T}\tan\left(\frac{\omega_s}{2}\right)=27.5276\ \text{rad/s}$$

模拟滤波器的通带衰减为 $A_p=\alpha_p\leqslant 2$ dB，阻带衰减为 $A_s=\alpha_s\geqslant 15$ dB。

其次，设计通带截止频率为 $\Omega_p=6.4984$ rad/s，通带衰减为 $A_p\leqslant 2$ dB，阻带截止频率为$\Omega_s=27.5276$ rad/s，阻带衰减为 $A_s\geqslant 15$ dB 的模拟滤波器 $H(s)$。

由 $N=\frac{\lg\left(\frac{10^{A_s/10}-1}{10^{A_p/10}-1}\right)}{2\lg\Omega_s/\Omega_p}$ 和 $\Omega_c=\Omega_s\ (10^{0.1A_s}-1)^{-\frac{1}{2N}}$ 计算巴特沃斯模拟滤波器的阶数和3 dB带宽为

$$N=\frac{\lg\left(\frac{10^{A_s/10}-1}{10^{A_p/10}-1}\right)}{2\lg\Omega_s/\Omega_p}=1.3709，取\ N=2$$

$$\Omega_c=\Omega_s\ (10^{0.1A_s}-1)^{-\frac{1}{2N}}=11.7019\ \text{rad/s}$$

由 $N=2$，查表 5-1 得归一化系统函数 $H(p)$为

$$H(p)=\frac{1}{p^2+\sqrt{2}p+1}$$

去归一化得到所需模拟系统的系统函数 $H(s)$为

$$H(s)=H(p)\Big|_{p=\frac{s}{\Omega_c}}=\frac{1}{\left(\frac{s}{\Omega_c}\right)^2+\sqrt{2}\frac{s}{\Omega_c}+1}=\frac{\Omega_c^2}{s^2+\sqrt{2}\Omega_c s+\Omega_c^2}=\frac{136.94}{s^2+16.55s+136.94}$$

最后，用双线性法将 $H(s)$转换为数字滤波器 $H(z)$，有

$$H(z)=H(s)\Big|_{s=\frac{2}{T}\frac{1-z^{-1}}{1+z^{-1}}}=\frac{136.94}{\left(\frac{2}{T}\frac{1-z^{-1}}{1+z^{-1}}\right)^2+16.55\frac{2}{T}\left(\frac{1-z^{-1}}{1+z^{-1}}\right)+136.94}=\frac{0.16+0.32z^{-1}+0.16z^{-2}}{1-0.61z^{-1}+0.24z^{-2}}$$

所设计的模拟滤波器和数字滤波器的幅频特性如图 5-18 所示。

由图 5-18 可见，双线性变换法将模拟滤波器转换为数字滤波器时不存在频域混叠现

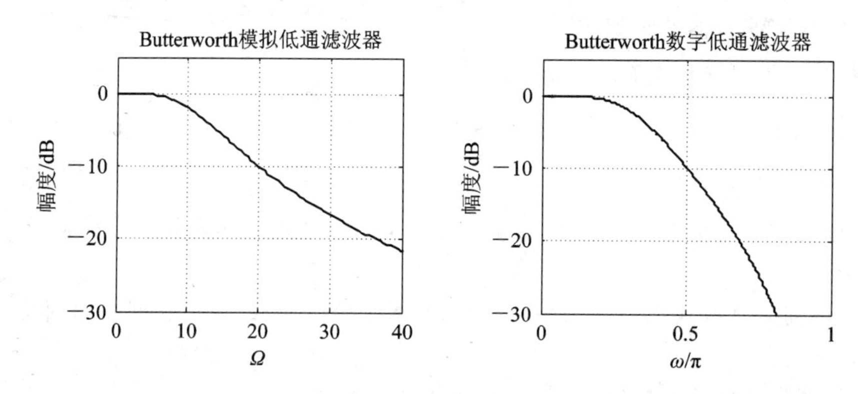

图 5－18　用双线性变换法设计的滤波器的衰减响应

象，边界频率亦满足设计要求，但数字滤波器的频响曲线与模拟滤波器的频响曲线不完全相同。这就是由于频率映射关系的非线性造成的频率响应失真，或者说是由于 Ω 与 ω 的非线性关系导致 $z=re^{j\omega}$ 中的相位特性的失真。双线性变换方法是以相频特性的失真换取幅频特性不产生混叠失真，这是双线性变换法的缺点。

采样间隔 T 是由模拟系统到数字系统的一个非常重要的物理量。图 5－19 画出了例题 5－5 中将采样间隔由 $T=0.1$ s 改变为 $T=0.05$ s 所设计的滤波器。比较图 5－18 和图 5－19可以发现，采样间隔变小，改变的仅仅是模拟滤波器的带宽，即将数字边界频率转换为模拟滤波器的边界频率时，采样间隔影响了模拟系统的边界频率。但是，在例题 5－4 中，曾提到了采样间隔不影响设计结果，这是因为在设计滤波器时，如果给定的是数字滤波器的边界频率，则采样间隔可以任选，不会影响设计结果。

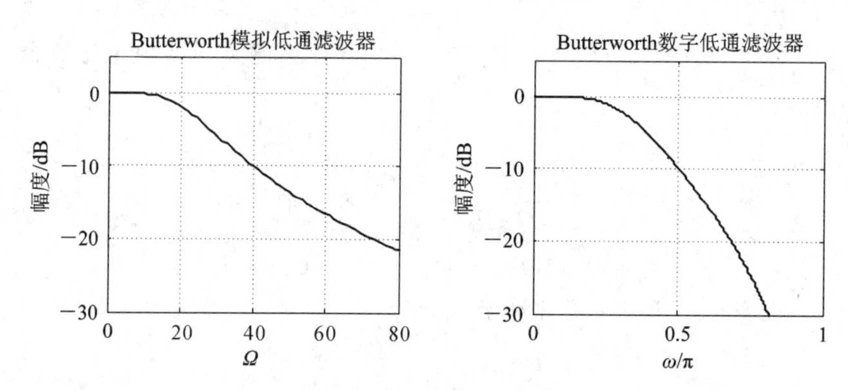

图 5－19　例题 5－5 中改变采样间隔所设计的另一系统

如果给定的是模拟滤波器的技术指标，则采样间隔 T 一般应满足

$$T\geqslant\frac{\pi}{\Omega_s} \tag{5-32}$$

式中，Ω_s 为阻带截止频率。同时，用双线性变换法将给定的模拟滤波器转换为数字滤波器时，边界频率应作如下变换：将模拟滤波器的边界频率 Ω_p、Ω_s 代入 $\omega=T\Omega$ 中求得数字滤波器的边界频率 ω_p、ω_s，再用 $\Omega=\frac{2}{T}\tan\left(\frac{\omega}{2}\right)$求得新的边界频率 Ω_{pnew}，Ω_{snew}，然后用 Ω_{pnew}，Ω_{snew} 作为模拟滤波器的频率指标设计模拟滤波器 $H(s)$，而不是直接用给定的 Ω_p、Ω_s 进行设计（这就是前文提到的频率的预畸变校正），最后用双线性变换法实现模拟到数字的转换。

5.5 用 MATLAB 设计 IIR 滤波器

5.5.1 巴特沃斯模拟低通滤波器的 MATLAB 设计方法

MATLAB 信号处理工具箱提供了常用的设计滤波器的函数，调用这些函数可以很方便地设计各类滤波器。

设计巴特沃斯模拟低通滤波器的函数主要有四个。

(1)**[N, wc]= buttord(wp, ws, Rp, As,′s′)**。

该函数用于计算巴特沃斯模拟低通滤波器的阶数 N 和 3 dB 截止频率 Ω_c。wp 和 ws 分别是通带截止角频率 Ω_p 和阻带截止角频率 Ω_s，单位是弧度/秒(rad/s)；Rp、As 分别为通带允许最大衰减 A_p 和阻带允许最小衰减 A_s，单位为分贝(dB)；′s′选项表示设计的是模拟滤波器。

(2) **[B, A]=butter(N, wc, ′s′)**。

该函数用于计算阶数为 N、3 dB 截止频率为 wc 的巴特沃斯模拟低通滤波器的系统函数的分子分母系数，即

$$H(s)=\frac{B(s)}{A(s)}=\frac{B(1)s^N+B(2)s^{N-1}+\cdots+B(N)s+B(N+1)}{A(1)s^N+A(2)s^{N-1}+\cdots+A(N)s+A(N+1)} \tag{5-33}$$

(3) **[Z, P, G]=buttap(N)**。

该函数用于计算归一化巴特沃斯模拟低通滤波器($\Omega_c=1$)系统函数的零、极点和增益，即

$$H(p)=G\frac{(p-Z(1))(p-Z(2))\cdots(p-Z(N))}{(p-P(1))(p-P(2))\cdots(p-P(N))} \tag{5-34}$$

(4)**[B, A]=zp2tf(Z, P, G)**。

该函数于计算零、极点和增益分别为 Z、P 和 G 的归一化巴特沃斯模拟低通滤波器的系统函数的分子分母系数(将级联结构转换为直接结构)。

5.5.2 其他类型低通滤波器的 MATLAB 设计方法*

巴特沃斯模拟滤波器的幅频响应，无论是在通带还是在阻带都随频率单调变化，因而设计出的滤波器在通带或阻带存在裕量；若能将逼近精度均匀地分布在通带或阻带，或同时均匀地分布在通带和阻带，就可以降低滤波器的阶数，从而简化系统。这种精度均匀分布的滤波器可以采用具有等波纹特性的逼近函数来实现，比如 Chebychev 滤波器、椭圆滤波器。

Chebyshev Ⅰ型模拟低通滤波器的幅频响应在通带是等波纹的，在阻带单调下降；Chebyshev Ⅱ型模拟低通滤波器的幅频响应在通带单调下降，在阻带是等波纹的；椭圆模拟低通滤波器在通带和阻带都是等波纹的，因而要实现相同技术指标的模拟滤波器，椭圆滤波器所需的阶数通常最低。下面先简单介绍这三类滤波器的技术参数，然后介绍用 MATLAB函数设计滤波器。

1. Chebyshev Ⅰ型模拟低通滤波器

Chebyshev Ⅰ型模拟低通滤波器的幅度平方函数为

$$|H(\mathrm{j}\Omega)|^2=\frac{1}{1+\varepsilon^2 C_N^2\left(\dfrac{\Omega}{\Omega_\mathrm{p}}\right)}$$

式中，N 是滤波器的阶数；ε 表示通带内幅度波动的程度，ε 愈大，波动幅度愈大，与通带衰减 A_p 的关系为 $\varepsilon=\sqrt{10^{0.1A_\mathrm{p}}-1}$；$\Omega_\mathrm{p}$ 是通带截止频率；$C_N(x)$为 N 阶 Chebyshev 多项式。Chebyshev Ⅰ型模拟低通滤波器的幅频特性曲线如图 5－20 所示。

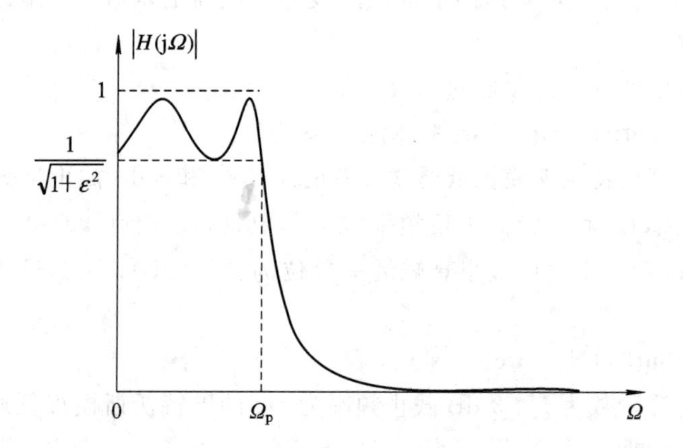

图5－20　Chebyshev Ⅰ型模拟低通滤波器的幅频特性曲线

2. Chebyshev Ⅱ型模拟低通滤波器

Chebyshev Ⅱ型模拟低通滤波器的幅度平方函数为

$$|H(\mathrm{j}\Omega)|^2=\frac{\varepsilon^2 C_N^2\left(\dfrac{\Omega_s}{\Omega}\right)}{1+\varepsilon^2 C_N^2\left(\dfrac{\Omega_s}{\Omega}\right)}$$

式中，N 是滤波器的阶数；ε 表示阻带内幅度波动的程度，ε 愈大，波动幅度愈大，与阻带衰减 A_s 的关系为 $\varepsilon=\dfrac{1}{\sqrt{10^{0.1A_\mathrm{s}}-1}}$；$\Omega_\mathrm{s}$ 是阻带截止频率；$C_N(x)$为 N 阶 Chebyshev 多项式。Chebyshev Ⅱ型模拟低通滤波器的幅频特性曲线如图 5－21 所示。

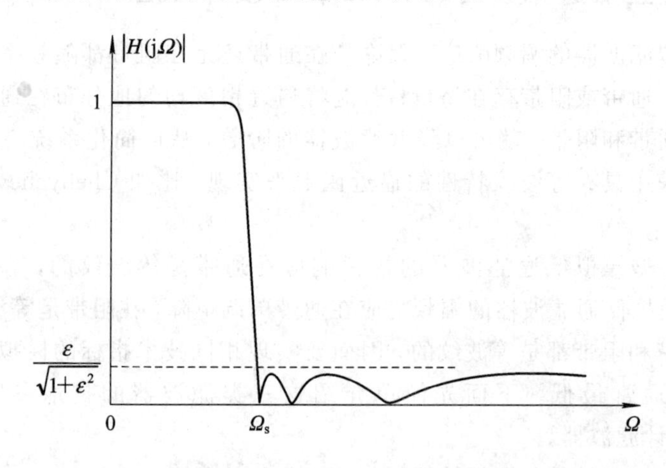

图 5－21　Chebyshev II 型模拟低通滤波器的幅频特性曲线

3. 椭圆(Elliptic)型模拟低通滤波器(又称 Cauer 型滤波器)

椭圆型模拟低通滤波器的幅度平方函数为

$$|H(\mathrm{j}\Omega)|^2=\frac{1}{1+\varepsilon^2R_N^2\left(\frac{\Omega}{\Omega_p}\right)}$$

式中，N 是滤波器的阶数；ε 表示通带、阻带内幅度波动的程度，与通带衰减 A_p 的关系为$\varepsilon=\sqrt{10^{0.1A_p}-1}$；$\Omega_p$ 是通带截止频率；$R_N(x)$为 N 阶 Jacobi 椭圆函数，其中含有正的常数 k 和 k_1，$k=\frac{\Omega_p}{\Omega_s}$，$k_1=\frac{\varepsilon}{\sqrt{10^{0.1A_s}-1}}$，$A_s$ 是阻带衰减。椭圆型模拟低通滤波器的幅频特性曲线如图 5-22 所示。

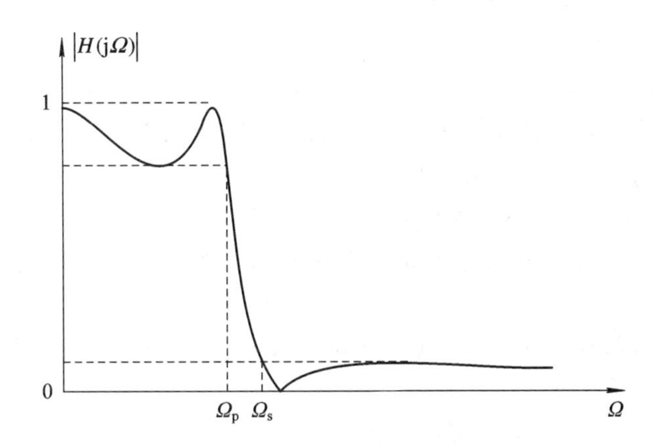

图 5-22 椭圆型模拟低通滤波器的幅频特性曲线

MATLAB 信号处理工具箱提供的有关设计 Chebyshev 滤波器和椭圆型滤波器的函数如下。

1. Chebyshev I 型

(1) [Z, P, G]= cheb1ap(N, Rp)。

该函数用于计算归一化(以通带截止频率 Ω_p 归一化，即 $\Omega_p=1$)系统函数的零、极点和增益，N 为滤波器阶数，Rp 为通带允许的最大衰减，以分贝为单位。

(2) [N, wpo]= cheb1ord(wp, ws, Rp, As, 's')。

该函数用于计算 Chebyshev I 型模拟低通滤波器的阶数 N 和通带截止频率 wpo。wp 和 ws 分别是通带截止角频率 Ω_p 和阻带截止角频率 Ω_s，单位是弧度/秒(rad/s)；Rp、As 分别为通带允许最大衰减 A_p 和阻带允许最小衰减 A_s，单位为分贝(dB)；'s'选项表示设计的是模拟滤波器。

(3) [B, A]= cheby1(N, Rp, wpo, 's')。

该函数用于计算阶数为 N、通带截止频率为 wpo 的 Chebyshev I 型模拟低通滤波器的系统函数的分子分母系数。

2. Chebyshev Ⅱ 型

(1) [Z, P, G]= cheb2ap(N, As)。

该函数用于计算归一化(以通带截止频率 Ω_s 归一化，即 $\Omega_s=1$)系统函数的零、极点和增益，N 为滤波器阶数，As 为阻带允许的最小衰减，以分贝为单位。

(2) [N, wso]= cheb2ord(wp, ws, Rp, As,'s')。

该函数用于计算 Chebyshev Ⅱ型模拟低通滤波器的阶数 N 和阻带截止频率 wso。wp、ws、Rp、As 意思同上。's'选项表示设计的是模拟滤波器。

(3) [B, A]= cheby2(N, As, wso, 's')

该函数用于计算阶数为 N、阻带截止频率为 wso 的 Chebyshev Ⅱ型模拟低通滤波器的系统函数的分子分母系数。

3. 椭圆型

(1) [Z, P, G]= ellipap(N, Rp, As)。

该函数用于计算归一化(以通带截止频率 Ω_p 归一化，即 $\Omega_p=1$)系统函数的零、极点和增益，N 为滤波器阶数，Rp 和 As 分别为通带允许的最大衰减和阻带允许的最小衰减，以分贝为单位。

(2) [N, wpo]= ellipord(wp, ws, Rp, As,'s')。

该函数用于计算椭圆型模拟低通滤波器的阶数 N 和通带截止频率 wpo。wp、ws、Rp、As 意思同上。's'选项表示设计的是模拟滤波器。

(3) [B, A]= ellip(N, Rp, wpo, 's')。

该函数用于计算阶数为 N、通带截止频率为 wpo 的椭圆形模拟低通滤波器的系统函数的分子分母系数。

例 5-6 用巴特沃斯、ChebyshevI 型、ChebyshevII 型和椭圆型模拟滤波器分别设计满足下列技术指标的低通滤波器。

通带截止频率 $f_p=5$ kHz，通带最大衰减 $A_p=2$ dB，

阻带截止频率 $f_s=12$ kHz，阻带最小衰减 $A_s=40$ dB。

解 设计 Butterworth 滤波器的命令如下：

```
[N, wc]=buttord(wp, ws, Rp, As,'s')
        %计算 Butterworth 模拟低通滤波器的阶数 N 和 3 dB 截止频率
[B, A]=butter(N, wc,'s')
        %计算 Butterworth 模拟低通滤波器系统函数分子分母多项式系数
```

运行结果：

```
N=6  wc =  34997
B=0 0           0           0           0           0           1.8373e+027
A=1 1.3522e+005 9.142e+009  3.9185e+014 1.1197e+019 2.0284e+023 1.8373e+027
```

设计 Chebyshev Ⅰ型滤波器的命令如下：

```
[N, wpo]=cheb1ord(wp, ws, Rp, As,'s');
        %计算 ChebyshevⅠ型模拟低通滤波器的阶数和通带边界频率
[B, A]=cheby1(N, Rp, wpo,'s');
        %计算 ChebyshevⅠ型模拟低通滤波器系统函数的分子分母系数
```

运行结果：

```
N=4 wpo=31416
B=0 0       0           0           1.5921e+017
A=1 22501   1.2401e+009 1.6024e+013 2.0043e+017
```

设计 Chebyshev Ⅱ型滤波器的命令如下：

```
[N, wso]=cheb2ord(wp, ws, Rp, As,'s');
```

```
        %计算 Chebyshev Ⅱ型模拟低通滤波器的阶数和通带边界频率
[B, A]=cheby2(N, Rp, wso,'s');
        %计算 Chebyshev Ⅱ型模拟低通滤波器系统函数的分子分母系数
```

运行结果：N=4 wso=67073

```
B=0.79433   -2.0844e-011   2.8588e+010   -0.42561   1.2861e+020
A=1          1.3374e+005   3.1651e+010   8.876e+014  1.2861e+020
```

设计 Elliptic 型滤波器的命令如下：

```
[N, wpo]=ellipord(wp, ws, Rp, As, 's');
        %计算椭圆低通模拟滤波器的阶数和通带边界频率
[B, A]=ellip(N, Rp, As, wpo, 's');
        %计算椭圆低通模拟滤波器系统函数的分子分母系数
```

运行结果：

```
N=3 wpo=31416
B=0   1898   -4.9223e-009   1.1094e+013
A=1   22944  1.0239e+009    1.1094e+013
```

根据B和A的数据可以写出系统函数的表达式，例如所设计的满足技术指标的椭圆滤波器的系统函数为

$$H(s)=\frac{1.898\times10^{3}s^{2}-4.9223\times10^{-9}s+1.1094\times10^{13}}{s^{3}+2.2944\times104s^{2}+1.0239\times10^{9}s+1.1094\times10^{13}}$$

四类滤波器的幅频特性曲线和衰减响应如图5-23和图5-24所示。

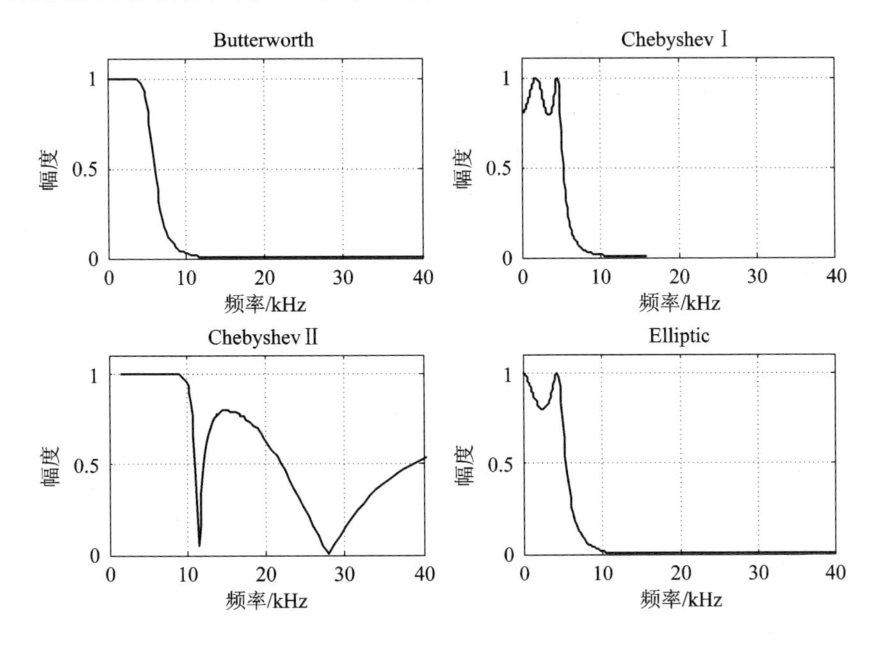

图5-23 四类滤波器的幅频特性曲线

为了更好地比较巴特沃斯、Chebyshev Ⅰ型、Chebyshev Ⅱ型和椭圆型模拟滤波器，图5-25画了相同阶数($N=5$)，相同通带、阻带衰减($A_p=2$dB，$A_s=40$ dB)的巴特沃斯、Chebyshev Ⅰ型、Chebyshev Ⅱ型和椭圆型模拟滤波器的衰减曲线。图中的归一化角频率是指：巴特沃斯滤波器对3 dB截止频率Ω_c归一化，Chebyshev Ⅰ型和椭圆型模拟滤波器对通带截止频率Ω_p归一化，Chebyshev Ⅱ型对阻带截止频率Ω_s归一化。由图可见，在阶数、

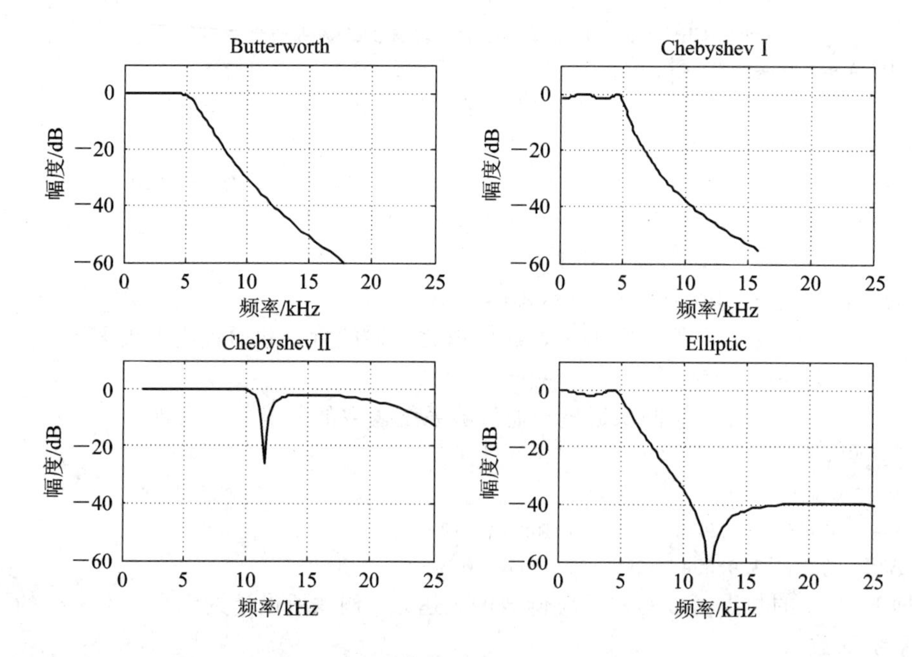

图 5-24 四类滤波器的衰减响应曲线

通带阻带衰减相同的情况下，巴特沃斯模拟滤波器的过渡带最宽，椭圆型过渡带最窄，Chebyshev 型的过渡带宽介于两者之间。(注意：Chebyshev Ⅰ型滤波器设计时只需要通带指标，不能兼顾阻带指标，Chebyshev Ⅱ型刚好相反。)

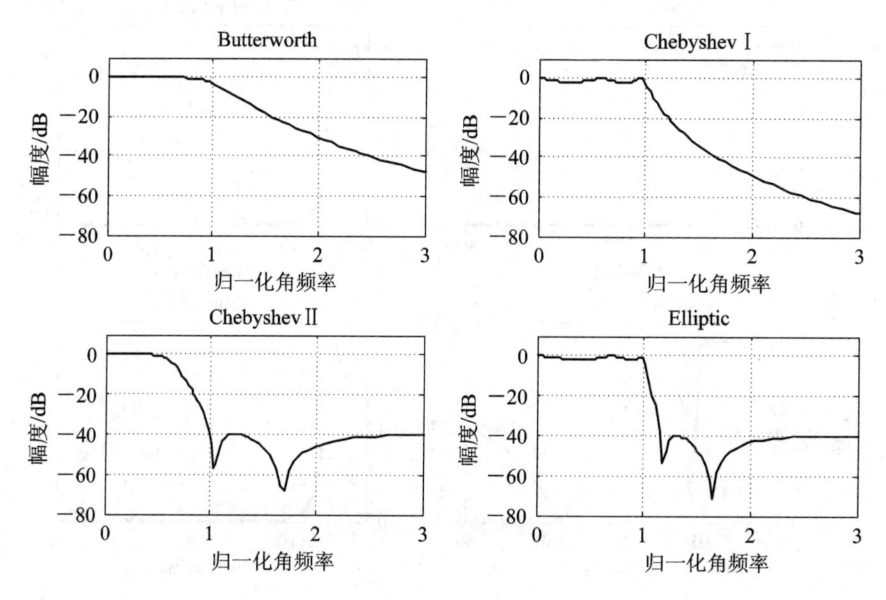

图 5-25 四类模拟低通滤波器比较

5.5.3 高通、带通和带阻滤波器的设计*

1. 巴特沃斯型

[N, wc]=buttord(wp, ws, Rp, As,'s')

%计算 Butterworth 模拟滤波器的阶数 N 和 3 dB 截止频率

```
[B, A]=butter(N, wc, 'ftype','s')
        %计算 Butterworth 模拟滤波器系统函数的分子分母多项式系数
```

选项'ftype'：

(1) ftype=higt，且 wp>ws，设计模拟高通滤波器；

(2) ftype 缺省，且 wp、ws 为二元向量，分别表示下、上通带截止频率和下、上阻带截止频率，设计模拟带通滤波器；

(3) ftype=stop，且 wp、ws 为二元向量，分别表示下、上通带截止频率和下、上阻带截止频率，设计模拟带阻滤波器。

2. Chebyshev Ⅰ型

```
[N, wpo]=cheb1ord(wp, ws, Rp, As,'s');
        %计算 ChebyshevⅠ型模拟滤波器的阶数和通带边界频率
[B, A]=cheby1(N, Rp, wpo,'ftype', 's');
        %计算 ChebyshevⅠ型模拟滤波器系统函数的分子分母系数
```

选项'ftype'含义与 Butterworth 型的相同。

3. Chebyshev Ⅱ型

```
[N, wpo]=cheb2ord(wp, ws, Rp, As,'s');
        %计算 ChebyshevⅡ型模拟滤波器的阶数和通带边界频率
[B, A]=cheby2(N, Rp, wpo, 'ftype', 's');
        %计算 ChebyshevⅡ型模拟滤波器系统函数的分子分母系数
```

选项'ftype'的含义与 Butterworth 型的相同。

4. 椭圆型

```
[N, wpo]=ellipord(wp, ws, Rp, As, 's');
        %计算椭圆模拟滤波器的阶数和通带边界频率
[B, A]=ellip(N, Rp, As, wpo, 'ftype','s');
        %计算椭圆模拟滤波器系统函数的分子分母系数
```

选项'ftype'的含义与 Butterworth 型的相同。

5.5.4 脉冲响应不变法的 MATLAB 实现

MATLAB 提供的 impinvar 函数可以实现利用脉冲响应不变法将模拟滤波器转换为数字滤波器，调用格式为

```
[b,a]=impinvar(B,A,fs)
```

其中，B 和 A 分别为模拟滤波器系统函数 $H(s)$ 的分子分母系数；fs 为采样频率；b 和 a 分别为数字滤波器系统函数 $H(z)$ 的分子分母系数。

例 5-4 中，由归一化系统函数 $H(p)=\dfrac{1}{p^2+\sqrt{2}p+1}$ 和 3 dB 带宽 $\Omega_c=8.0129$ 得到模拟滤波器系统函数为 $H(s)=H(p)\big|_{p=\frac{s}{\Omega_c}}=\dfrac{64.21}{s^2+11.33s+64.21}$，在 MATLAB 中输入如下命令：

```
B=64.21;A=[1,11.33,64.21];fs=10;
```

```
[b,a]=impinvar(B,A,fs)
```

运行结果为

```
b=0   0.3452
a=1.0000   -0.9576   0.3221
```

即可写出数字系统的系统函数为

$$H(z)=\frac{0.3452z^{-1}}{1-0.9576z^{-1}+0.3221z^{-2}}$$

5.5.5 双线性变换法的 MATLAB 实现

MATLAB 提供的 bilinear 函数可以实现利用双线性变换法将模拟滤波器转换为数字滤波器，调用格式为

```
[b,a]=bilinear(B,A,fs)
```

其中，B 和 A 分别为模拟滤波器系统函数 $H(s)$的分子分母系数；fs 为采样频率；b 和 a 分别为数字滤波器系统函数 $H(z)$的分子分母系数。

例 5-5 中，模拟滤波器系统函数为 $H(s)=\frac{136.94}{s^2+16.55s+136.94}$，在 MATLAB 中输入如下命令：

```
B=136.94;A=[1,16.55,136.94];fs=10;
[b,a]=bilinear(B,A,fs)
```

运行结果为

```
b=0.1578     0.3156     0.1578
a=1.0000     -0.6062    0.2373
```

由此写出数字滤波器的系统函数 $H(z)$为

$$H(z)=\frac{0.1578+0.3156z^{-1}+0.1578z^{-2}}{1-0.6062z^{-1}+0.2373z^{-2}}$$

5.5.6 直接用 MATLAB 命令设计数字滤波器

MATLAB 提供一组命令可以直接将设计好的模拟滤波器转换为数字滤波器，转换方法默认为双线性变换法，命令如下。

1. Butterworth 型

```
[N,wc]=buttord(wp, ws, Rp, As)
        %计算 Butterworth 滤波器的阶数 N 和 3 dB 截止频率
[B, A]=butter(N, wc,'ftype')
        %计算 Butterworth 数字滤波器系统函数的分子分母多项式系数
```

选项'ftype'：

(1) ftype 缺省，且 wp<ws，设计数字低通滤波器；

(2) ftype=high，且 wp>ws，设计数字高通滤波器；

(3) ftype 缺省，且 wp、ws 为二元向量，分别表示下、上通带截止频率和下、上阻带截止频率，设计数字带通滤波器；

(4) ftype=stop，且 wp、ws 为二元向量，分别表示下、上通带截止频率和下、上阻带截止频率，设计数字带阻滤波器。

2. Chebyshev Ⅰ型

```
[N, wpo]=cheb1ord(wp, ws, Rp, As);
        %计算 Chebyshev Ⅰ型滤波器的阶数和通带边界频率
[B, A]=cheby1(N, Rp, wpo,'ftype');
        %计算 Chebyshev Ⅰ型数字滤波器系统函数的分子分母系数
```

选项'ftype'与 Butterworth 型的相同。

3. Chebyshev Ⅱ型

```
[N, wpo]=cheb2ord(wp, ws, Rp, As);
        %计算 Chebyshev Ⅱ型滤波器的阶数和通带边界频率
[B, A]=cheby2(N, Rp, wpo, 'ftype');
        %计算 Chebyshev Ⅱ型数字滤波器系统函数的分子分母系数
```

选项'ftype'的含义与 Butterworth 型的相同。

4. 椭圆型

```
[N, wpo]=ellipord(wp, ws, Rp, As);
        %计算椭圆滤波器的阶数和通带边界频率
[B, A]=ellip(N, Rp, As, wpo, 'ftype');
        %计算椭圆数字滤波器系统函数的分子分母系数
```

选项'ftype'的含义与 Butterworth 型的相同。

习题

5-1 设计一个5阶巴特沃斯模拟低通滤波器，通带截止频率 $\Omega_c=5$ rad/s。

5-2 设计一个满足下列技术指标的巴特沃斯模拟低通滤波器。

$$\Omega_p=2\ \text{rad/s},\ \Omega_S=4\ \text{rad/s},\ A_p\leqslant 1\ \text{dB},\ A_s\geqslant 10\ \text{dB}$$

5-3 利用 MATLAB 编写程序，设计满足下列技术指标的巴特沃斯低通滤波器。

通带截止频率 $f_p=4$ kHz，通带最大衰减 $A_p=1$ dB，

阻带截止频率 $f_s=12$ kHz，阻带最小衰减 $A_s=50$ dB。

5-4 利用 MATLAB 编写程序，设计满足下列技术指标的椭圆高通滤波器。

通带截止频率 $f_p=20$ kHz，通带最大衰减 $A_p=1$ dB，

阻带截止频率 $f_s=15$ kHz，阻带最小衰减 $A_s=50$ dB。

5-5 利用 MATLAB 编写程序，设计满足下列技术指标的椭圆带通滤波器。

下通带截止频率 $f_p=6$ kHz，上通带截止频率 $f_p=14$ kHz，通带最大衰减 $A_p=1$ dB，下阻带截止频率 $f_s=3$ kHz，上阻带截止频率 $f_p=17$ kHz，阻带最小衰减 $A_s=50$ dB。

5-6 为了获取数字音乐信号，用 48 kHz 对模拟信号进行抽样。为了减少频谱混叠，在抽样前用模拟抗混叠滤波器进行滤波。滤波器的技术指标为

$$f_p=19\ \text{kHz},\ f_s=24\ \text{kHz},\ \delta_p=0.05,\ \delta_s=10^{-3}$$

由于音乐信号的能量是随频率的增加而衰减的，所以要求抗混叠滤波器在通带的幅度

响应是单调下降的。判断可用哪些类型滤波器实现，用 MATLAB 编程，求出滤波器的阶数并绘制幅频特性曲线。

5-7 已知一个 IIR 数字滤波器的系统函数为 $H(z)=\dfrac{1}{1+0.5z^{-1}}$，判断滤波器的选频特性(高通、低通、带通或带阻)。

5-8 已知一个 IIR 数字滤波器的系统函数为 $H(z)=\dfrac{1}{1-0.8z_1^{-1}}$，判断滤波器的选频特性；若令系统函数中的 $z^{-1}=-\dfrac{z_1^{-1}-0.7}{1-0.7z_1^{-1}}$，即经过数字频带转换，得到得另一系统 $H_1(z_1)$，判断滤波器 $H_1(z_1)$的选频特性。

5-9 利用冲激响应不变法，将下列模拟滤波器转换为数字滤波器，设 $T=1\text{s}$。

(1) $H(s)=\dfrac{s+3}{s^2+3s+2}$；

(2) $H(s)=\dfrac{-2}{s+1+\text{j}\sqrt{2}}+\dfrac{3}{s+1-\text{j}\sqrt{2}}$。

5-10 利用双线性法将下列模拟滤波器转换为数字滤波器，设 $T=2$ s。

(1) $H(s)=\dfrac{s+1}{s^2+s+5}$；

(2) $H(s)=\dfrac{1}{s^2+3}$。

5-11 若 $g_a(t)$是模拟系统 $H_a(s)$的阶跃响应，即 $g_a(t)=T_a[u(t)]$；$g(n)$是数字系统 $H(z)$的阶跃响应，即 $g(n)=T[u(n)]$，$T_a[\cdot]$、$T[\cdot]$分别表示模拟系统和数字系统。若已知 $g(t)$和 $H_a(s)$，令 $g(n)=g_a(nT)$(T 为采样间隔)，这样得到离散系统 $H(z)$的方法称为阶跃响应不变法。试确定 $H(z)$与 $H_a(s)$的关系。

5-12 题 5-12 图为一待设计数字滤波器的幅频特性。欲采用先设计一个模拟滤波器，然后用冲激响应不变法或双线性变换法将模拟滤波器转换为数字滤波器的方法实现。

(1) 写出 $|H(e^{j\omega})|$的表达式；

(2) 若用冲激响应不变法，确定模拟滤波器的边界频率，写出 $|H_a(j\Omega)|$的表达式，并画出图形；

(3) 若用双线性变换法，确定模拟滤波器的边界频率，写出 $|H_a(j\Omega)|$的表达式，并画出图形。

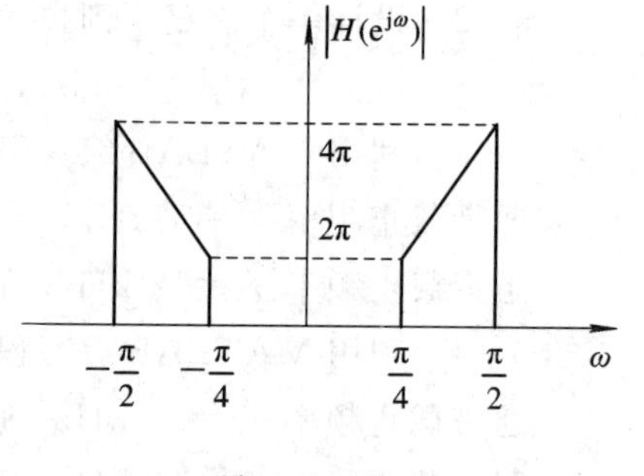

题 5-12 图

5-13 利用 MATLAB 命令，采用合适的方法将 5-3 题所设计的模拟滤波器转换为数字滤波器。

5-14 利用 MATLAB 命令，采用合适的方法将 5-4 题所设计的模拟滤波器转换为数字滤波器。

5-15 利用 MATLAB 命令，采用合适的方法将 5-5 题所设计的模拟滤波器转换为数字滤波器。

5－16 题 5－16 图是由 RC 组成的简单模拟滤波器，写出其系统函数 $H_a(s)$，求其 3 dB带宽；选用合适的方法及适当的采样间隔将此模拟滤波器转换为数字滤波器 $H(z)$，求数字滤波器的3 dB带宽。

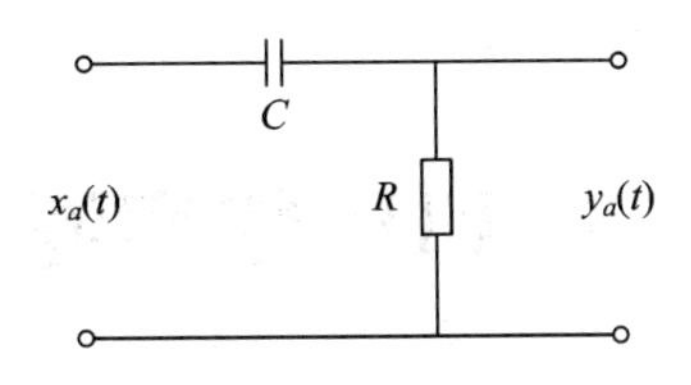

题 5－16 图

5－17 在实际中，可以通过题 5－17 图所示的系统来实现一个模拟滤波器 $H(s)$。假设要实现的模拟低通滤波器的技术指标为 $f_p=20$ kHz，$f_s=30$ kHz，$A_p\leqslant 1$ dB，$A_s\geqslant 40$ dB。

（1）如果系统的采样频率 $f_{sam}=100$ kHz，试确定图中数字系统 $H(z)$的设计指标；

（2）利用 MATLAB 编程，设计(1)中的数字滤波器，要求用双线性变换法，以巴特沃斯模拟低通滤波器为原型。

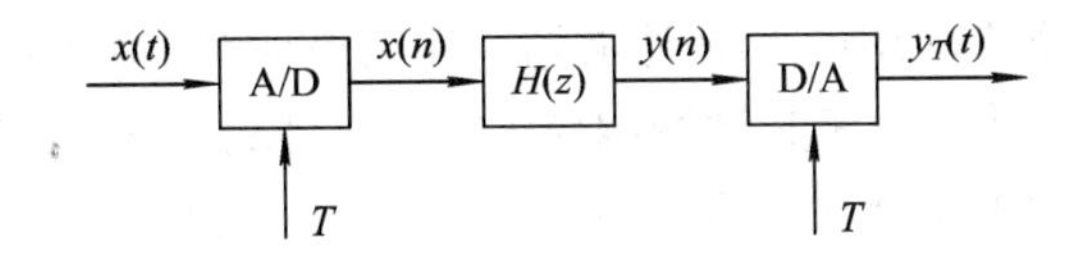

题 5－17 图

5－18 采用双线性变换法设计一个二阶巴特沃斯数字低通滤波器，要求采用预畸变措施修正频率的非线性失真。已知系统的抽样频率为 $f_{sam}=1000$ Hz，滤波器的 3 dB 通带截止 $f_c=400$ Hz，求：

（1）数字低通滤波器的通带截止频率 ω_p；

（2）设计出满足要求的数字滤波器的系统函数（大于 1 的数近似成整数）；

（3）写出相应的差分方程。

5－19 用 MATLAB 编程，用椭圆型滤波器作原型设计满足下列技术指标的数字滤波器，写出滤波器的系统函数，并绘出幅频特性曲线。

（1）$\omega_p=0.2\pi$，$\omega_s=0.3\pi$，$\alpha_p\leqslant 1$ dB，$\alpha_s\geqslant 50$ dB；

（2）$\omega_p=0.3\pi$，$\omega_s=0.2\pi$，$\alpha_p\leqslant 1$ dB，$\alpha_s\geqslant 50$ dB；

（3）$\omega_{p1}=0.3\pi$，$\omega_{p2}=0.4\pi$，$\omega_{s1}=0.1\pi$，$\omega_{s2}=0.6\pi$，$\alpha_p\leqslant 1$ dB，$\alpha_s\geqslant 50$ dB；

（4）$\omega_{p1}=0.1\pi$，$\omega_{p2}=0.6\pi$，$\omega_{s1}=0.3\pi$，$\omega_{s2}=0.4\pi$，$\alpha_p\leqslant 1$ dB，$\alpha_s\geqslant 50$ dB；

第6章

FIR数字滤波器的设计方法

IIR滤波器的设计方法是利用模拟滤波器成熟的理论进行设计，先设计模拟滤波器，然后通过数学映射转换为数字滤波器，可以用较低的阶数获得较好的幅度特性；但由于IIR滤波器是递归结构，在实现时可能会因为有限字长效应造成系统不稳定，此外，IIR滤波器的相位特性是非线性的，而在数据通信、图像处理、语音信号处理等领域，通常要求系统具有线性相位，因此需要进行相位补偿，这样将使整个系统复杂化，成本提高，但却难以达到严格的线性相位。本章将介绍的FIR滤波器，其在保证系统幅度特性的同时，很容易实现严格的线性相位特性，并且由于其脉冲响应$h(n)$为有限长，所以具有永远稳定的特性。

FIR数字滤波器的单位脉冲响应$h(n)$只在n的有限范围取非零值，$N-1$阶FIR滤波器的差分方程和系统函数分别为

$$y(n)=\sum_{j=0}^{N-1}b_j x(n-j) \tag{6-1}$$

$$H(z)=\sum_{n=0}^{N-1}h(n)z^{-n} \tag{6-2}$$

$H(z)$是z^{-1}的$N-1$阶多项式，在z平面上有$N-1$个零点，它的$N-1$个极点位于z平面的原点$z=0$处，因此FIR滤波器稳定；任何非因果的FIR系统经一定的延时，都可以成为因果系统。另外，只要将单位脉冲响应$h(n)$设计成具有某种对称性，则$H(e^{j\omega})=H(z)\big|_{z=e^{j\omega}}$的相位特性就具有线性特性，这一点是FIR滤波器最重要的特性。

FIR滤波器与IIR滤波器的设计方法完全不同，FIR数字滤波器的设计任务是选择具有对称性的有限长序列$h(n)$，比较式(6-1)和式(6-2)可以看出，$h(n)$就是滤波器的系数b_j，换句话说就是确定式(6-1)中的系数序列，力求用最少的系数使其频率函数$H(e^{j\omega})=\sum_{n=0}^{N-1}h(n)e^{-j\omega n}$的幅度特性满足设计要求。

6.1 线性相位FIR数字滤波器的条件和特点

设FIR滤波器的单位脉冲响应$h(n)$的长度为N，系统的频率函数可以表示为

$$H(e^{j\omega})=\sum_{n=0}^{N-1}h(n)e^{-j\omega n}=\left|H(e^{j\omega})\right|e^{j\varphi(\omega)} \tag{6-3}$$

或

$$H(e^{j\omega})=H_g(\omega)e^{j\theta(\omega)} \tag{6-4}$$

式(6－3)中的$|H(e^{j\omega})|$和$\varphi(\omega)$称为幅频特性和相频特性；式(6－4)中的$H_g(\omega)$和$\theta(\omega)$分别称为幅度特性和相位特性。这里$H_g(\omega)$不同于$|H(e^{j\omega})|$，$H_g(\omega)$为ω的实函数，可能取负值，而$|H(e^{j\omega})|$总是正值。另外，幅度特性$H_g(\omega)$与幅频特性$|H(e^{j\omega})|$不完全相同，在一些频段两者相同，而在另一些频段两者有180°的相差；$|H(e^{j\omega})|$以2π为周期，$H_g(\omega)$的周期可能是π、2π、4π。

这里所讨论的线性相位特性就是指相位特性$\theta(\omega)$满足

$$\theta(\omega)=-\tau\omega \tag{6-5}$$

或

$$\theta(\omega)=\theta_0-\tau\omega \tag{6-6}$$

式中，τ为常数，θ_0为初始相位。

严格说式(6－6)并不具有线性特性，但与式(6－5)一样，满足

$$-\frac{\mathrm{d}\theta(\omega)}{\omega}=\tau \tag{6-7}$$

即系统的群延迟是一个与频率ω无关的常数，所以称式(6－6)表示的相位为广义线性相位。

6.1.1 FIR 数字滤波器的线性相位条件

如果$N-1$阶 FIR 滤波器的单位脉冲响应$h(n)$为实序列，则其频率函数中的相位特性$\theta(\omega)$满足式(6－5)或式(6－6)的充要条件为

$$h(n)=\pm h(N-1-n) \tag{6-8}$$

式(6－8)中，若取“＋”号，$h(n)$关于$\frac{N-1}{2}$偶对称，相位特性$\theta(\omega)$满足

$$\theta(\omega)=-\tau\omega,\ \tau=\frac{N-1}{2} \tag{6-9}$$

称$H(e^{j\omega})$为第一类线性相位 FIR 滤波器。

式(6－8)中，若取“－”号，$h(n)$关于$\frac{N-1}{2}$奇对称，相位特性$\theta(\omega)$满足

$$\theta(\omega)=\theta_0-\tau\omega,\ \tau=\frac{N-1}{2} \tag{6-10}$$

称$H(e^{j\omega})$为第二类线性相位 FIR 滤波器。

考虑$h(n)$的长度N可以取奇数和偶数两种情况，线性相位 FIR 滤波器的单位脉冲响应$h(n)$有四种类型，如图 6－1 所示。

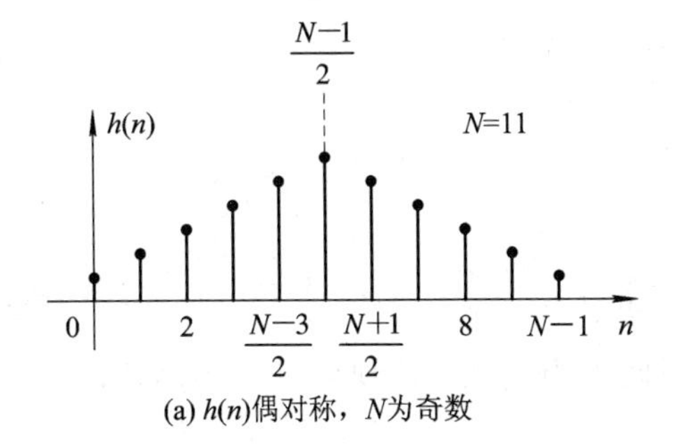

(a) $h(n)$偶对称，N为奇数

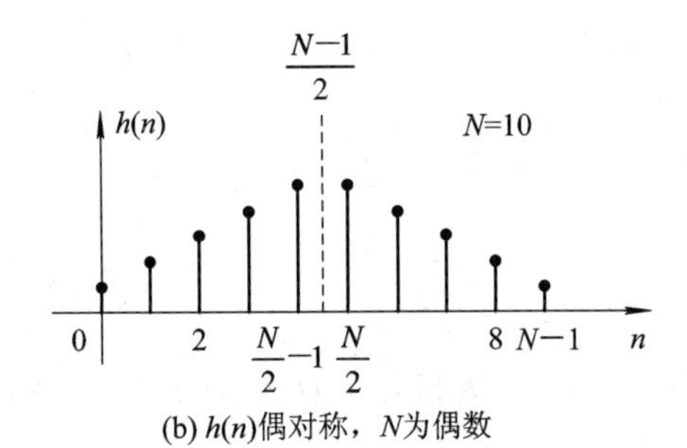

(b) $h(n)$偶对称，N为偶数

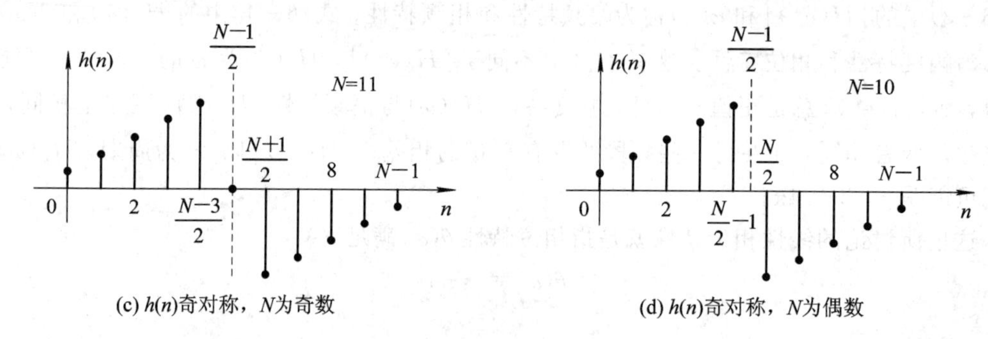

图 6-1 线性相位 FIR 滤波器的四种类型

需要特别注意，当 $h(n)$ 奇对称且 N 为奇数时，$h\left(\dfrac{N-1}{2}\right)=0$。

6.1.2 线性相位 FIR 数字滤波器的幅度特性

根据 $h(n)$ 的对称性和 N 的奇偶不同，线性相位 FIR 滤波器分为四类，这四类滤波器具有不同的幅度特性。

1. Ⅰ型线性相位 FIR 滤波器($h(n)=h(N-1-n)$ 偶对称，N 为奇数)

Ⅰ型线性相位 FIR 滤波器的系统函数为

$$H(z)=\sum_{n=0}^{N-1}h(n)z^{-n}=\sum_{n=0}^{\frac{N-1}{2}-1}h(n)z^{-n}+h\left(\frac{N-1}{2}\right)z^{-\left(\frac{N-1}{2}\right)}+\sum_{n=\frac{N-1}{2}+1}^{N-1}h(n)z^{-n} \tag{6-11}$$

式(6-11)第三项中，先令 $n=N-1-m$，再令 $m=n$ 并整理得

$$\sum_{n=\frac{N-1}{2}+1}^{N-1}h(n)z^{-n}\xlongequal{\text{令 } n=N-1-m}\sum_{m=\frac{N-1}{2}-1}^{0}h(N-1-m)z^{-(N-1-m)}$$

$$\xlongequal{\text{令 } m=n}\sum_{n=0}^{\frac{N-1}{2}-1}h(N-1-n)z^{-(N-1-n)}$$

将上式代回式(6-11)，并与第一项合并，考虑 $h(n)=h(N-1-n)$，得

$$\begin{aligned}H(z)&=\sum_{n=0}^{\frac{N-1}{2}-1}h(n)\left[z^{-n}+z^{-(N-1-n)}\right]+h\left(\frac{N-1}{2}\right)z^{-\left(\frac{N-1}{2}\right)}\\&=\sum_{n=0}^{\frac{N-1}{2}-1}h(n)\left[z^{\frac{N-1}{2}-n}+z^{-\left(\frac{N-1}{2}-n\right)}\right]z^{-\left(\frac{N-1}{2}\right)}+h\left(\frac{N-1}{2}\right)z^{-\left(\frac{N-1}{2}\right)}\end{aligned}$$

利用 $H(e^{j\omega})=H(z)\big|_{z=e^{j\omega}}$，可得系统的频率函数为

$$\begin{aligned}H(e^{j\omega})&=\sum_{n=0}^{\frac{N-1}{2}-1}h(n)\left[e^{j\omega\left(\frac{N-1}{2}-n\right)}+e^{-j\omega\left(\frac{N-1}{2}-n\right)}\right]e^{-j\omega\left(\frac{N-1}{2}\right)}+h\left(\frac{N-1}{2}\right)e^{-j\omega\left(\frac{N-1}{2}\right)}\\&=\left\{\sum_{n=0}^{\frac{N-1}{2}-1}\left[2h(n)\cos\omega\left(\frac{N-1}{2}-n\right)\right]+h\left(\frac{N-1}{2}\right)\right\}e^{-j\omega\left(\frac{N-1}{2}\right)}\end{aligned} \tag{6-12}$$

式(6-12)中，大括号内只要 $h(n)$ 为实序列，则此项为实数，该项就是频率函数的幅度特性，即

$$H_g(\omega) = \sum_{n=0}^{\frac{N-1}{2}-1}\left[2h(n)\cos\omega\left(\frac{N-1}{2}-n\right)\right]+h\left(\frac{N-1}{2}\right) \tag{6-13}$$

因而系统的相位特性为 $\theta(\omega)=-\dfrac{N-1}{2}\omega$，与式(6-9)完全相同。

因为 N 为奇数，$\dfrac{N-1}{2}-n$ 为整数，根据余弦函数的对称性，Ⅰ型FIR滤波器的幅度特性关于 $\omega=0(2\pi)$ 和 $\omega=\pi$ 偶对称，并且 $H_g(0)$、$H_g(\pi)$、$H_g(2\pi)$ 都不为零，如图6-2(a)所示(系统的单位脉冲响应见图6-1(a))。因此，合理选择 $h(n)$ 的取值，具有偶对称、长度为奇数的实序列 $h(n)$ 可以设计为低通、高通、带通和带阻滤波器。

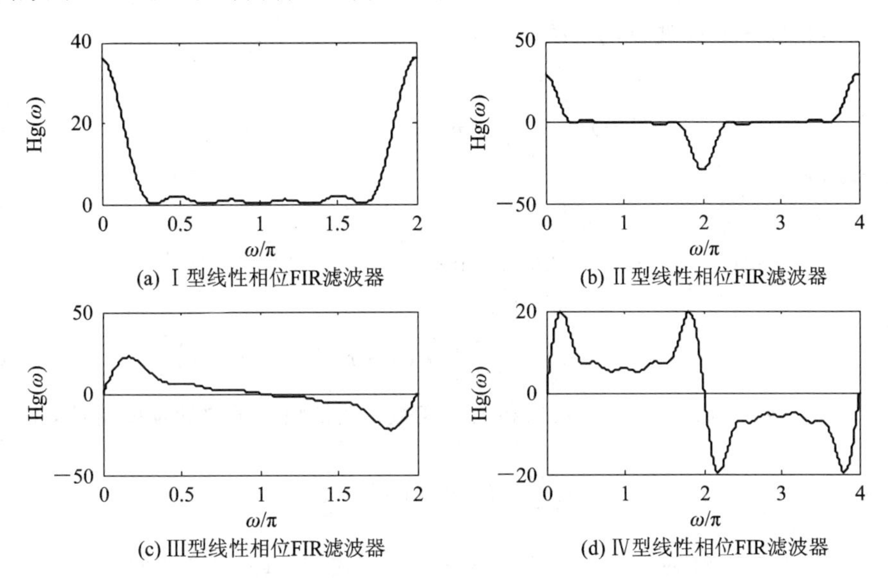

图6-2 四类线性相位FIR滤波器的幅度特性

2. Ⅱ型线性相位FIR滤波器($h(n)=h(N-1-n)$偶对称，N 为偶数)

Ⅱ型线性相位FIR滤波器的系统函数为

$$H(z) = \sum_{n=0}^{N-1}h(n)z^{-n} = \sum_{n=0}^{\frac{N}{2}-1}h(n)z^{-n} + \sum_{n=\frac{N}{2}}^{N-1}h(n)z^{-n} \tag{6-14}$$

与Ⅰ型FIR滤波器的推导相似，可以得到

$$H(e^{j\omega}) = \left\{\sum_{n=0}^{\frac{N}{2}-1}\left[2h(n)\cos\omega\left(\frac{N-1}{2}-n\right)\right]\right\}e^{-j\omega\left(\frac{N-1}{2}\right)} \tag{6-15}$$

由式(6-15)可知，滤波器的相位特性 $\theta(\omega)=-\dfrac{N-1}{2}\omega$，幅度特性为

$$H_g(\omega) = \sum_{n=0}^{\frac{N}{2}-1}\left[2h(n)\cos\omega\left(\frac{N-1}{2}-n\right)\right] \tag{6-16}$$

因为 N 为偶数，故有

$$\frac{N-1}{2}-n=\frac{N}{2}-n-0.5$$

$$\cos\omega\left(\frac{N}{2}-n-0.5\right)\bigg|_{\omega=0,\ \pm4\pi,\ \cdots}=1$$

$$\cos\omega\left(\frac{N}{2}-n-0.5\right)\bigg|_{\omega=\pm\pi,\ \pm3\pi,\ \cdots}=\cos\left[\pi\left(\frac{N}{2}-n\right)-0.5\pi\right]=-\sin\left[\pi\left(\frac{N}{2}-n\right)\right]=0$$

$$\cos\omega\left(\frac{N}{2}-n-0.5\right)\bigg|_{\omega=\pm2\pi,\ \pm6\pi,\ \cdots}=\cos(-\pi)=-1$$

因此，Ⅱ型 FIR 滤波器的幅度特性以 4π 为周期，关于 $\omega=0$、2π 偶对称，关于 $\omega=\pi$ 奇对称，即 $H_g(\pi)=0$，如图 6-2(b)所示(系统的单位脉冲响应见图 6-1(b))。因此，合理选择 $h(n)$ 的取值，具有偶对称、长度为偶数的实序列 $h(n)$ 可以设计为低通和带通滤波器，不可以用于高通和带阻滤波器的设计。

3. Ⅲ型线性相位 FIR 滤波器($h(n)=-h(N-1-n)$ 奇对称，N 为奇数)

Ⅲ型线性相位 FIR 滤波器的系统函数为(注意：$h\left(\frac{N-1}{2}\right)=0$)

$$H(z)=\sum_{n=0}^{\frac{N-1}{2}-1}h(n)\left[z^{-n}-z^{-(N-1-n)}\right] \tag{6-17}$$

频率函数为

$$\begin{aligned}H(e^{j\omega})&=-\sum_{n=0}^{\frac{N-1}{2}-1}\left[2jh(n)\sin\omega\left(\frac{N-1}{2}-n\right)\right]e^{-j\omega\left(\frac{N-1}{2}\right)}\\&=e^{-j\frac{\pi}{2}-j\omega\left(\frac{N-1}{2}\right)}\sum_{n=0}^{\frac{N-1}{2}-1}\left[2h(n)\sin\omega\left(\frac{N-1}{2}-n\right)\right]\end{aligned} \tag{6-18}$$

式(6-18)中，只要 $h(n)$ 为实数，则求和项为实数，就是频率函数的幅度特性，即

$$H_g(\omega)=\sum_{n=0}^{\frac{N-1}{2}-1}\left[2h(n)\sin\omega\left(\frac{N-1}{2}-n\right)\right] \tag{6-19}$$

因而系统的相位特性为 $\theta(\omega)=-\frac{\pi}{2}-\frac{N-1}{2}\omega$，与式(6-10)完全相同。

因为 N 为奇数，$\frac{N-1}{2}-n$ 为整数，根据正弦函数的对称性，Ⅲ型 FIR 滤波器的幅度特性关于 $\omega=0(2\pi)$ 和 $\omega=\pi$ 奇对称，且 $H_g(0)=H_g(\pi)=H_g(2\pi)=0$，如图 6-2(c)所示(系统的单位脉冲响应见图 6-1(c))。因此，具有奇对称、长度为奇数的实序列 $h(n)$ 只可以设计为带通滤波器。

4. Ⅳ型线性相位 FIR 滤波器($h(n)=-h(N-1-n)$ 奇对称，N 为偶数)

Ⅳ型线性相位 FIR 滤波器的系统函数为

$$H(z)=\sum_{n=0}^{N-1}h(n)z^{-n}=\sum_{n=0}^{\frac{N}{2}-1}h(n)z^{-n}+\sum_{n=\frac{N}{2}}^{N-1}h(n)z^{-n} \tag{6-20}$$

频率函数为

$$\begin{aligned}H(e^{j\omega})&=-\left\{\sum_{n=0}^{\frac{N}{2}-1}\left[2jh(n)\sin\omega\left(\frac{N-1}{2}-n\right)\right]\right\}e^{-j\omega\left(\frac{N-1}{2}\right)}\\&=e^{-j\frac{\pi}{2}-j\omega\left(\frac{N-1}{2}\right)}\sum_{n=0}^{\frac{N}{2}-1}\left[2h(n)\sin\omega\left(\frac{N-1}{2}-n\right)\right]\end{aligned} \tag{6-21}$$

由式(6-21)可知，相位特性 $\theta(\omega)=-\frac{\pi}{2}-\frac{N-1}{2}\omega$，幅度特性为

$$H_g(\omega)=\sum_{n=0}^{\frac{N}{2}-1}\left[2h(n)\sin\omega\left(\frac{N-1}{2}-n\right)\right] \tag{6-22}$$

因为 N 为偶数，所以有

$$\frac{N-1}{2}-n=\frac{N}{2}-n-0.5$$

$$\sin\omega\left(\frac{N}{2}-n-0.5\right)\bigg|_{\omega=0,\ \pm4\pi,\ \cdots}=0$$

$$\sin\omega\left(\frac{N}{2}-n-0.5\right)\bigg|_{\omega=\pm\pi,\ \pm3\pi,\ \cdots}=\sin\left[\pi\left(\frac{N}{2}-n\right)-0.5\pi\right]=\cos\left[\pi\left(\frac{N}{2}-n\right)\right]$$

$$\sin\omega\left(\frac{N}{2}-n-0.5\right)\bigg|_{\omega=\pm2\pi,\ \pm6\pi,\ \cdots}=0$$

因此，Ⅳ型FIR滤波器的幅度特性以 4π 为周期，关于 $\omega=0$、2π 奇对称，即 $H_g(0)=H_g(2\pi)=0$，关于 $\omega=\pi$ 偶对称，如图6-2(d)所示(系统的单位脉冲响应见图6-1(d))。因此，合理选择 $h(n)$ 的取值，具有奇对称、长度为偶数的实序列 $h(n)$ 可以设计为高通和带通滤波器，不可以用于低通和带阻滤波器的设计。

由以上分析可以知道，线性相位FIR滤波器的幅度特性 $H_g(\omega)$ 与 $h(n)$ 的对称性及长度密切相关。在进行滤波器的设计时，根据要求，首先确定 $h(n)$ 的对称形式和 $h(n)$ 长度的奇偶性，否则可能无法设计出所需的滤波器。比如要设计高通滤波器，只能选Ⅰ型和Ⅳ型，设计低通滤波器则只能选Ⅰ型和Ⅱ型。表6-1列出了四种类型的线性相位FIR滤波器的特性。注意：表6-1中的Ⅱ型和Ⅳ型FIR滤波器的幅度特性只画了半个周期，Ⅱ型滤波器的幅度特性关于 2π 偶对称，Ⅳ型滤波器的幅度特性关于 2π 奇对称。

表6-1　线性相位FIR滤波器幅度特性与相位特性一览表

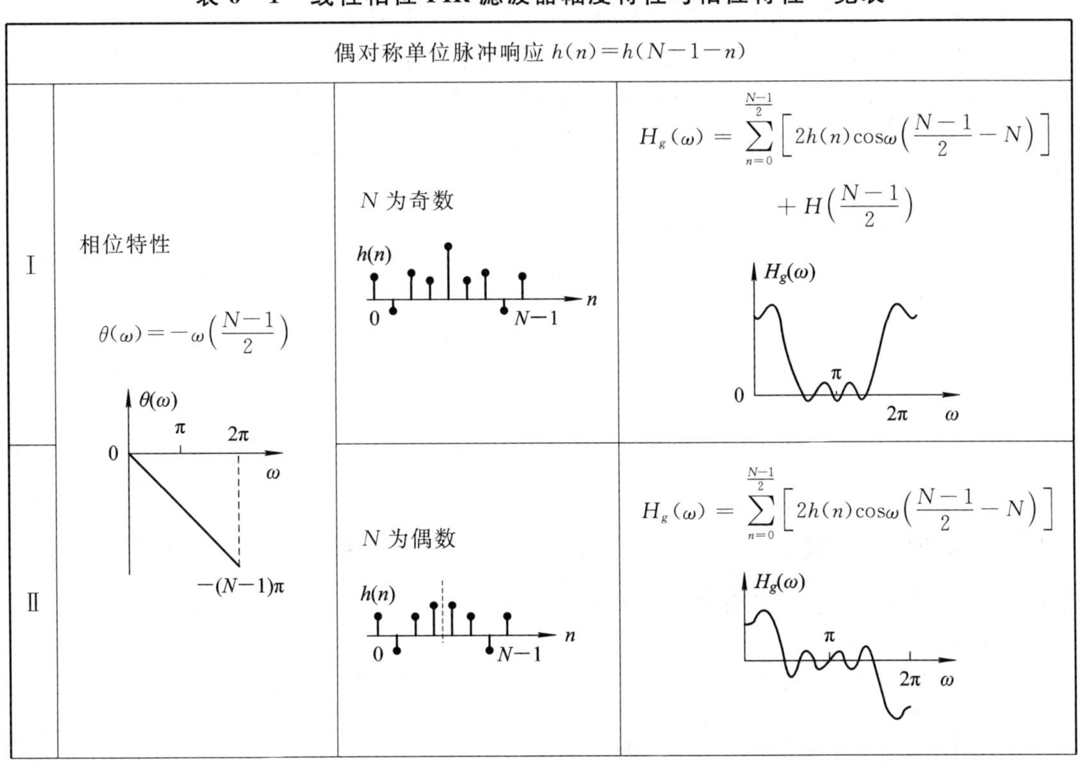

偶对称单位脉冲响应 $h(n)=h(N-1-n)$			
Ⅰ	相位特性 $\theta(\omega)=-\omega\left(\frac{N-1}{2}\right)$	N 为奇数	$H_g(\omega)=\sum_{n=0}^{\frac{N-1}{2}}\left[2h(n)\cos\omega\left(\frac{N-1}{2}-N\right)\right]+H\left(\frac{N-1}{2}\right)$
Ⅱ		N 为偶数	$H_g(\omega)=\sum_{n=0}^{\frac{N-1}{2}}\left[2h(n)\cos\omega\left(\frac{N-1}{2}-N\right)\right]$

续表

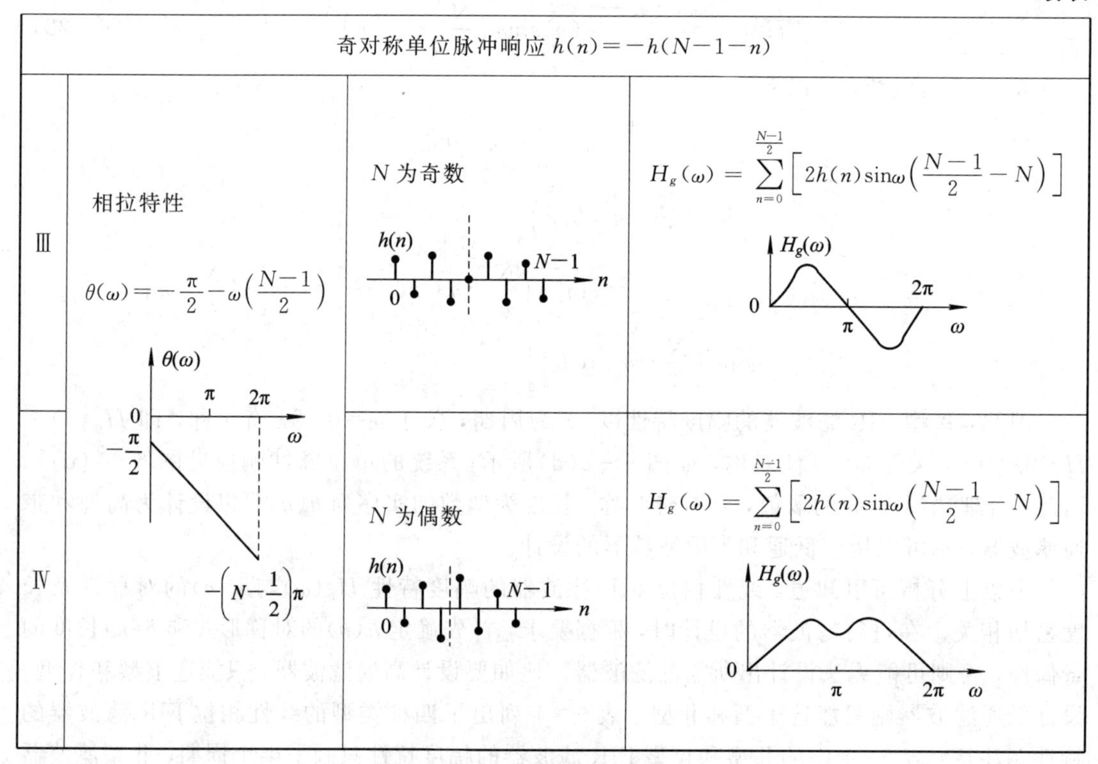

奇对称单位脉冲响应 $h(n)=-h(N-1-n)$			
Ⅲ	相拉特性 $\theta(\omega)=-\frac{\pi}{2}-\omega\left(\frac{N-1}{2}\right)$	N 为奇数	$H_g(\omega)=\sum_{n=0}^{\frac{N-1}{2}}\left[2h(n)\sin\omega\left(\frac{N-1}{2}-N\right)\right]$
Ⅳ		N 为偶数	$H_g(\omega)=\sum_{n=0}^{\frac{N-1}{2}}\left[2h(n)\sin\omega\left(\frac{N-1}{2}-N\right)\right]$

6.1.3 线性相位 FIR 数字滤波器的零点分布

系统的极点和零点决定了滤波器的滤波特性。由于 FIR 滤波器的极点都位于 $z=0$ 处，因而不影响滤波器的滤波特性；因此 $N-1$ 阶 FIR 滤波器在 z 平面上的 $N-1$ 个零点，就决定了 FIR 滤波器的滤波特性。由于线性相位 FIR 滤波器的单位脉冲响应具有对称性，所以其零点分布呈现一定的规律，研究零点的分布规律，有助于了解线性相位 FIR 滤波器的特性。

线性相位 FIR 滤波器的单位脉冲响应满足

$$h(n)=\pm h(N-1-n)$$

其系统函数为

$$H(z)=\sum_{n=0}^{N-1}h(n)z^{-n}=\pm\sum_{n=0}^{N-1}h(N-1-n)z^{-n}$$

上式中，令 $m=N-1-n$，得

$$H(z)=\pm\sum_{m=N-1}^{0}h(m)z^{-(N-1-m)}=z^{-(N-1)}\sum_{m=0}^{N-1}h(m)\,(z^{-1})^{-m}=z^{-(N-1)}H(z^{-1})\qquad(6-23)$$

式(6-23)表明，多项式 $H(z)$ 和多项式 $H(z^{-1})$ 有相同的非零根，即若 $z=z_1\neq0$ 是 $H(z)$ 的零点，则 $z=\frac{1}{z_1}$ 也是 $H(z)$ 的零点。又因为 $h(n)$ 是实序列，$H(z)$ 的零点必定共轭成对，因此，z_1^* 和 $\frac{1}{z_1^*}$ 也是 $H(z)$ 的零点。图 6-3 标出了位于不同位置的零点的对称情况。

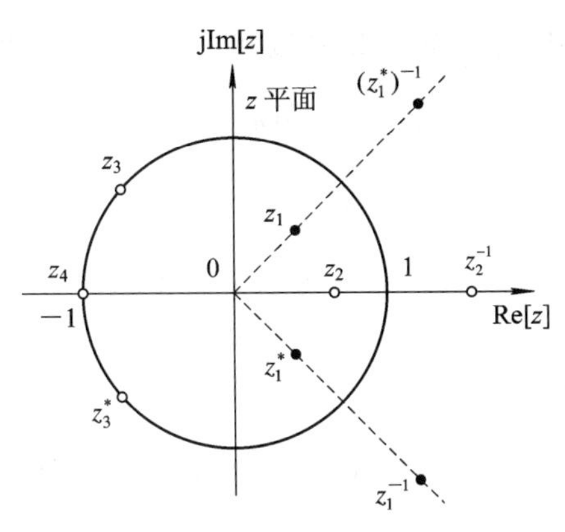

图 6-3 线性相位 FIR 滤波器的零点分布

6.2 窗函数法设计线性相位 FIR 数字滤波器

6.2.1 矩形窗函数法设计线性相位 FIR 滤波器

线性相位 FIR 滤波器的设计根本是根据设计要求选择具有对称性的单位脉冲响应 $h(n)$。窗函数法是在时域逼近理想滤波器的单位脉冲响应 $h_d(n)$。理想滤波器的幅度特性是分段不连续的，因而其单位脉冲响应 $h_d(n)$必定无限长，因此需要用窗函数将无限长的 $h_d(n)$截断为有限长的 $h(n)$，从而用物理可实现的 $H(e^{j\omega})=\sum_{n=0}^{N-1}h(n)e^{-j\omega n}$ 逼近理想滤波器 $H_d(e^{j\omega})$。在窗函数法中，通过采用不同时宽、不同特性的窗函数从 $h_d(n)$中选取有限个样值构成 $h(n)$，因此窗函数的特性决定了滤波器的技术性能。常用的窗函数有矩形窗、汉宁(Hanning)窗、哈明(Hamming)窗、布莱克曼(Blackman)窗、凯泽(Kaiser)窗等。

1. 设计思路

矩形窗函数的时域表达式为

$$w_R(n)=\begin{cases}1, & 0\leqslant n\leqslant N-1\\ 0, & \text{其他}\end{cases} \tag{6-24}$$

设希望逼近的理想滤波器的频率响应为

$$H_d(e^{j\omega})=\begin{cases}e^{-j\omega\alpha}, & |\omega|\leqslant\omega_c\\ 0, & \omega_c<\omega\leqslant\pi\end{cases} \tag{6-25}$$

式中，α 为常数，该理想滤波器为具有线性相位的低通滤波器，幅频特性和相频特性如图6-4所示。

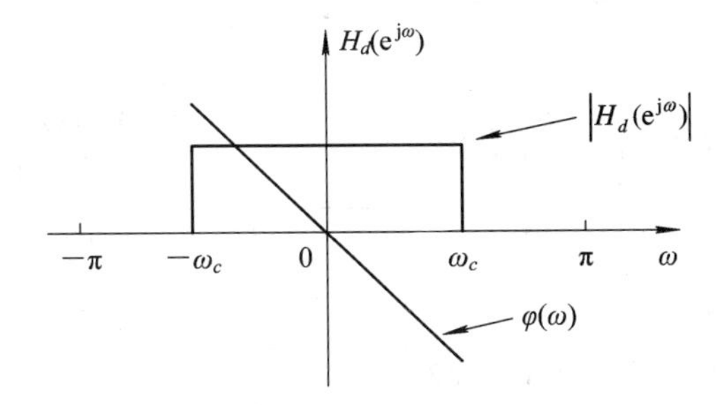

图 6-4 理想低通滤波器的频率特性

由序列傅里叶逆变换(IDTFT)可以得到该理想滤波器的单位脉冲响应为

$$
\begin{aligned}
h_d(n) &= \frac{1}{2\pi}\int_{-\pi}^{\pi} H_d(\mathrm{e}^{\mathrm{j}\omega})\mathrm{e}^{\mathrm{j}\omega n}\,\mathrm{d}\omega \\
&= \frac{1}{2\pi}\int_{-\omega_c}^{\omega_c} \mathrm{e}^{-\mathrm{j}\alpha\omega}\mathrm{e}^{\mathrm{j}\omega n}\,\mathrm{d}\omega = \frac{\sin[\omega_c(n-\alpha)]}{\pi(n-\alpha)},\ -\infty < n < \infty
\end{aligned}
\tag{6-26}
$$

矩形窗函数法就是用式(6-24)所示的矩形窗与式(6-26)相乘，从而截取有限长的单位脉冲响应 $h(n)$，即

$$
h(n) = w_R(n)h_d(n) \tag{6-27}
$$

考虑到函数$\frac{\sin[\omega_c(n-\alpha)]}{\pi(n-\alpha)}$的特性，为了保证有限长 $h(n)$的对称性，矩形窗的长度必须满足

$$
N = 2\alpha + 1 \tag{6-28}
$$

截断过程如图 6-5 所示。

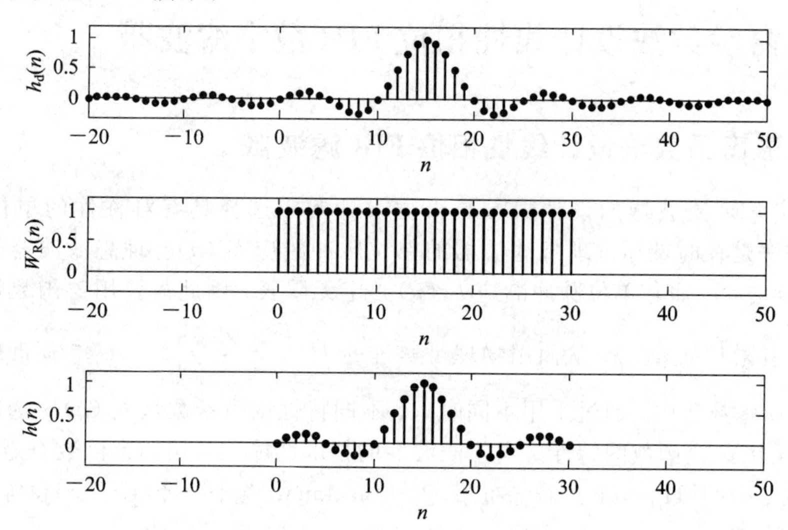

图 6-5 矩形窗函数法设计低通滤波器的时域波形($\alpha=15$，$\omega_c=0.2\pi$)

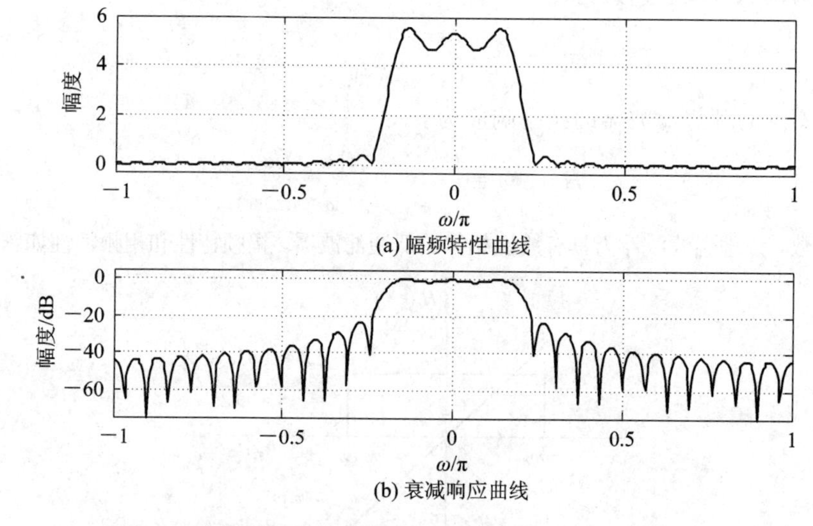

图 6-6 实际低通滤波器的幅频特性曲线($N=31$，$\omega_c=0.2\pi$)

实际设计的滤波器的频率函数为

$$H(e^{j\omega}) = \sum_{n=0}^{N-1} h(n)e^{-j\omega n} = \sum_{n=0}^{N-1} \frac{\sin[\omega_c(n-\alpha)]}{\pi(n-\alpha)} e^{-j\omega n} \qquad (6-29)$$

式中，$N=2\alpha+1$。实际低通滤波器的幅频特性曲线如图 6-6 所示。

例 6-1 设计一个长度为 N 的线性相位 FIR 带通滤波器，要求幅频响应逼近理想带通。设理想带通滤波器的幅度特性为

$$H_{dg}(\omega)=\begin{cases}1, & \omega_{c1}\leqslant|\omega|\leqslant\omega_{c2}\\ 0, & 0\leqslant|\omega|<\omega_{c1}, \ \omega_{c2}<|\omega|\leqslant\pi\end{cases}$$

解 设滤波器的相位特性满足

$$\theta(\omega)=-\frac{N-1}{2}\omega$$

由序列傅里叶逆变换(IDTFT)可以得到理想带通滤波器的单位脉冲响应为

$$\begin{aligned}h_d(n) &= \frac{1}{2\pi}\int_{-\pi}^{\pi} H_{dg}(\omega)e^{j\theta(\omega)}e^{j\omega n}\,d\omega\\ &= \frac{1}{2\pi}\int_{-\omega_{c2}}^{-\omega_{c1}} e^{-j\frac{N-1}{2}\omega}e^{j\omega n}\,d\omega + \frac{1}{2\pi}\int_{\omega_{c1}}^{\omega_{c2}} e^{-j\frac{N-1}{2}\omega}e^{j\omega n}\,d\omega\\ &= \frac{\sin\left[\omega_{c2}\left(n-\frac{N-1}{2}\right)\right]}{\pi\left(n-\frac{N-1}{2}\right)} - \frac{\sin\left[\omega_{c1}\left(n-\frac{N-1}{2}\right)\right]}{\pi\left(n-\frac{N-1}{2}\right)} \quad -\infty<n<\infty \qquad (6-30)\end{aligned}$$

为保证系统的因果性且具有对称性，选择长度为 N 的矩形窗 $w_R(n)$ 将 $h_d(n)$ 截断，即

$$h(n)=h_d(n)w_R(n) \quad 0\leqslant n\leqslant N-1$$

由前面的分析我们知道，N 取奇数或偶数都可以实现题目要求，则对应的频率函数为

$$H(e^{j\omega}) = \sum_{n=0}^{N-1} h(n)e^{-j\omega n}$$

图 6-7 画出了 $\omega_{c1}=0.3\pi$、$\omega_{c2}=0.5\pi$，N 分别取 51 和 60 时的单位脉冲响应和幅频特性。

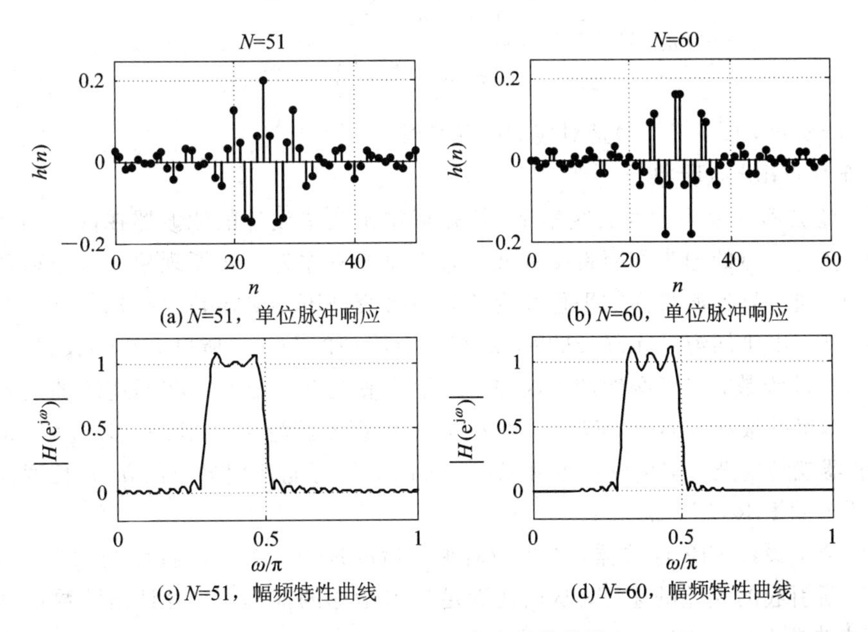

图 6-7 例 6-1 实际设计滤波器的 $h(n)$ 和幅频特性曲线($\omega_{c1}=0.3\pi$，$\omega_{c2}=0.5\pi$)

我们知道，带通滤波器中当 $\omega_{c1}=0$ 时，就是低通滤波器，将 $\omega_{c1}=0$ 代入式(6-30)并截断，可以得到低通滤波器的单位脉冲响应，即

$$h(n)=\frac{\sin\left[\omega_{c2}\left(n-\frac{N-1}{2}\right)\right]}{\pi\left(n-\frac{N-1}{2}\right)} \qquad 0\leqslant n\leqslant N-1 \tag{6-31}$$

如图 6-8(a)所示，图 6-8(c)是对应的幅频特性。

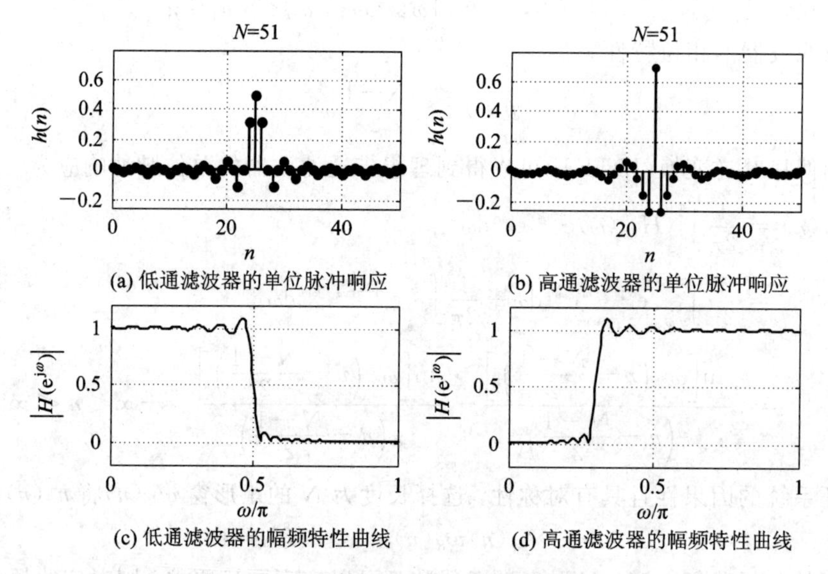

(a) 低通滤波器的单位脉冲响应 (b) 高通滤波器的单位脉冲响应

(c) 低通滤波器的幅频特性曲线 (d) 高通滤波器的幅频特性曲线

图 6-8 低通滤波器和高通滤波器

带通滤波器中当 $\omega_{c2}=\pi$ 时，就是高通滤波器，将 $\omega_{c2}=\pi$ 代入式(6-30)并截断，可以得到高通滤波器的单位脉冲响应(N 只能取奇数)，即

$$h(n)=\delta\left(n-\frac{N-1}{2}\right)-\frac{\sin\left[\omega_{c1}\left(n-\frac{N-1}{2}\right)\right]}{\pi\left(n-\frac{N-1}{2}\right)} \qquad 0\leqslant n\leqslant N-1 \tag{6-32}$$

如图 6-8(b)所示，图 6-8(d)是对应的幅频特性。

2. 吉布斯(Gibbs)现象

与理想滤波器的幅频特性曲线相比，用矩形窗函数法设计的滤波器在截止频率处出现了过渡带，在滤波器的通带和阻带呈现波动，这种现象称为吉布斯现象。吉布斯现象直接影响滤波的性能，导致通带内的平稳性变差和阻带衰减不能满足技术指标。出现这种现象的原因很简单，由于加窗后无限长的 $h_d(n)$ 变为有限长的 $h(n)$，所以 $H(e^{j\omega})$ 仅仅是 $H_d(e^{j\omega})$ 的有限项傅里叶级数，二者必然产生误差，误差的最大点一定发生在不连续的边界频率点上。显然，傅里叶级数项越多，$H(e^{j\omega})$ 和 $H_d(e^{j\omega})$ 的误差就越小，如图 6-9 所示，但是长度越长，滤波器就越复杂，实现成本也就越大，所以应尽可能地用最小的 $h(n)$ 长度设计满足技术指标要求的 FIR 滤波器。

用窗函数法设计 FIR 滤波器，首先应对加窗后的理想滤波器的特性变化进行分析，找出减少由截断引起的误差的途径，从而在满足技术指标的前提下，设计出阶数最低的线性相位 FIR 滤波器。

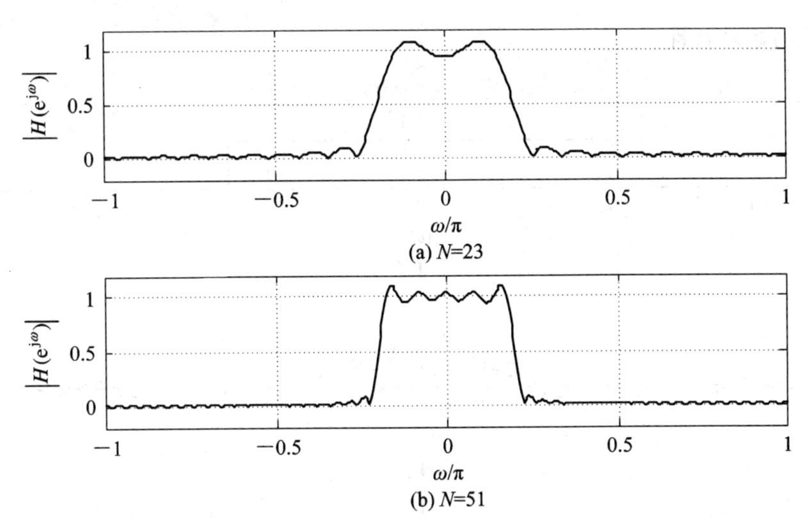

图6-9 截取不同长度的$h(n)$逼近理想低通

以矩形窗函数为例，加窗后滤波器频率特性分析如下：

由于$h(n)=h_d(n)w_R(n)$，矩形窗函数的时域表达式为

$$w_R(n)=\begin{cases}1, & 0\leqslant n\leqslant N-1\\ 0, & 其他\end{cases}$$

若用$H_d(e^{j\omega})$、$H(e^{j\omega})$和$W_R(e^{j\omega})$分别表示$h_d(n)$、$h(n)$和$w_R(n)$的序列傅里叶变换(DTFT)，则

$$H(e^{j\omega})=\frac{1}{2\pi}H_d(e^{j\omega})*W_R(e^{j\omega})=\frac{1}{2\pi}\int_{-\pi}^{\pi}H_d(e^{j\theta})W_R(e^{j(\omega-\theta)})d\theta \tag{6-33}$$

$$W_R(e^{j\omega})=\sum_{n=0}^{N-1}w_R(n)e^{-j\omega n}=\sum_{n=0}^{N-1}e^{-j\omega n}=e^{-j\frac{N-1}{2}\omega}\frac{\sin(\omega N/2)}{\sin(\omega/2)}=W_R(\omega)e^{-j\frac{N-1}{2}\omega} \tag{6-34}$$

式中，

$$W_R(\omega)=\frac{\sin(\omega N/2)}{\sin(\omega/2)} \tag{6-35}$$

$W_R(\omega)$称为矩形窗的幅度函数。若用$H_d(\omega)$表示理想低通滤波器的幅度函数，则

$$H_d(e^{j\omega})=H_d(\omega)e^{-j\alpha\omega} \tag{6-36}$$

且

$$H_d(\omega)=\begin{cases}1, & |\omega|\leqslant\omega_c\\ 0, & \omega_c<|\omega|\leqslant\pi\end{cases}\quad \alpha=\frac{N-1}{2}$$

将式(6-34)、式(6-35)代入式(6-33)，得

$$\begin{aligned}H(e^{j\omega})&=\frac{1}{2\pi}\int_{-\pi}^{\pi}H_d(\theta)e^{-j\alpha\theta}W_R(\omega-\theta)e^{-j(\omega-\theta)\frac{N-1}{2}}d\omega\\&=e^{-j\alpha\omega}\frac{1}{2\pi}\int_{-\pi}^{\pi}H_d(\theta)W_R(\omega-\theta)d\theta=H(\omega)e^{-j\alpha\omega}\end{aligned}$$

则

$$H(\omega)=\frac{1}{2\pi}\int_{-\pi}^{\pi}H_d(\theta)W_R(\omega-\theta)d\theta=\frac{1}{2\pi}H_d(\omega)*W_R(\omega) \tag{6-37}$$

从式(6-37)可以看出，截取后的滤波器幅度特性是理想滤波器幅度特性和矩形窗幅度特性的卷积。图6-10给出了卷积过程(注意：$W_R(\omega)$是偶函数，即$W_R(\omega)=W_R(-\omega)$)。图6-10(f)画出了式(6-37)的积分结果，也就是加窗后滤波器的幅度特性曲线，图中虚线

为理想低通的幅度特性。

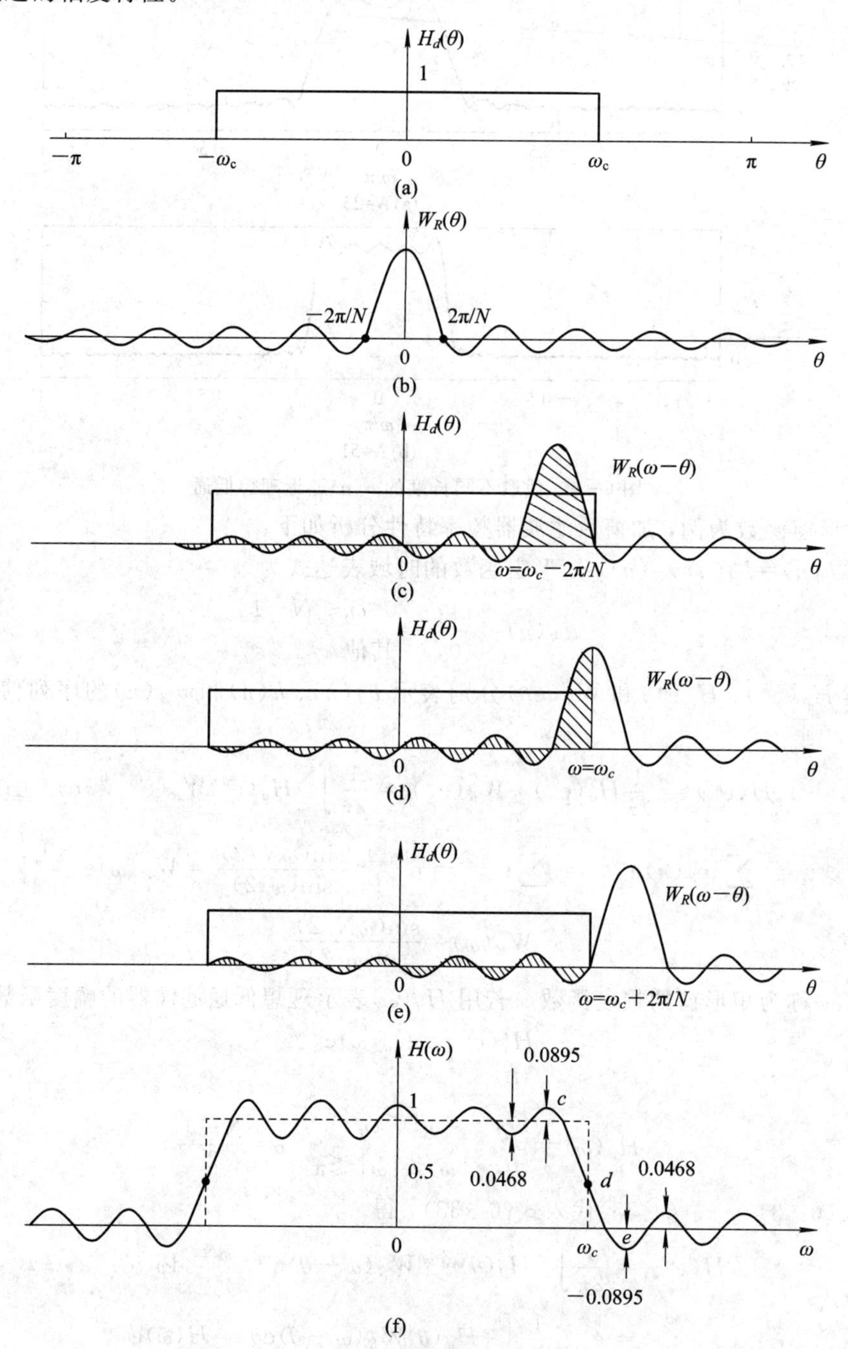

图 6-10　矩形窗对理想低通幅度特性的影响

当 $\omega=0$ 时，$H(0)$ 等于图 6-10(a)与(b)两个波形的乘积积分，即对 $W_R(\theta)=\dfrac{\sin(\theta N/2)}{\sin(\theta/2)}$ 在 $\pm\omega_c$ 之间积分。

当 $\omega=\omega_c-2\pi/N$ 时，如图 6-10(c)所示，$W_R(\omega-\theta)$ 的主瓣完全在 $\pm\omega_c$ 区间内，而且最大的一个负峰已移出 ω_c 区间外，所以积分值 $H(\omega)$ 取得最大峰值，如图 6-10(f)中的 c 点。

当 $\omega=\omega_c$ 时，如图 6-10(d)所示，当 $\omega>\omega_c>2\pi/N$ 时，近似为 $W_R(\theta)$一半波形的积分，积分结果就是图 6-10(f)中的 d 点。

当 $\omega=\omega_c+2\pi/N$ 时，如图 6-10(e)所示，$W_R(\theta)$的主瓣完全移出 ω_c 之外，而且最大的一个负峰还完全留在 ω_c 区间内，所以 $H(\omega)$在该点形成最大负峰，如图 6-10(f)中的 e 点。

由图可见，$H(\omega)$的最大正峰与最大负峰之间的频率间隔为 $4\pi/N$。

通过对理想滤波器 $h_d(n)$加矩形窗处理后，频率特性从 $H_d(\omega)$变化为 $H(\omega)$，具体表现在以下两点：

(1) 在理想特性的不连续点 $\omega=\pm\omega_c$ 附近形成过渡带，过渡带的宽度近似等于 $W_R(\omega)$的主瓣宽度 $4\pi/N$。

从矩形窗对理想滤波器的影响可以看出，如果增大窗的长度 N，可以减小窗的主瓣宽度 $4\pi/N$，从而减小 $H(\omega)$过渡带的宽度。

(2) 通带内产生了波动，最大峰值出现在 $\omega=\omega_c-2\pi/N$ 处，阻带内产生了余振，最大负峰出现在 $\omega=\omega_c+2\pi/N$ 处。通带与阻带中波动的情况与窗函数的幅度特性有关：N 越大，$W_R(\omega)$的波动越快，通带、阻带内的波动也就越快；而 $H(\omega)$波动的大小取决于矩形窗的幅度特性 $W_R(\omega)$的旁瓣大小，主要影响是其第一旁瓣。

矩形窗函数的第一旁瓣发生在 $\omega=3\pi/N$ 处，由式(6-35)得

$$|W_R(\omega)|\big|_{\omega=\frac{3\pi}{2}}=\frac{\sin(3\pi N/2)}{\sin(3\pi/2N)}\approx\frac{2N}{3\pi}$$

$$|W_R(\omega)|\big|_{\omega=0}=N$$

旁瓣与主瓣幅度相比，有

$$20\ \lg\left(\frac{W_R(3\pi/2)}{W_R(0)}\right)=20\ \log\left(\frac{1}{N}\cdot\frac{2N}{3\pi}\right)=-13.5\ \text{dB}$$

也就是说，随着 N 的增加，矩形窗幅度特性 $W_R(\omega)$的主、旁瓣将同步增加，并且旁瓣只比主瓣低 13.5dB，而当 N 增加时，波动加快，但第一旁瓣的相对幅度并不减小，如图 6-11 所示。

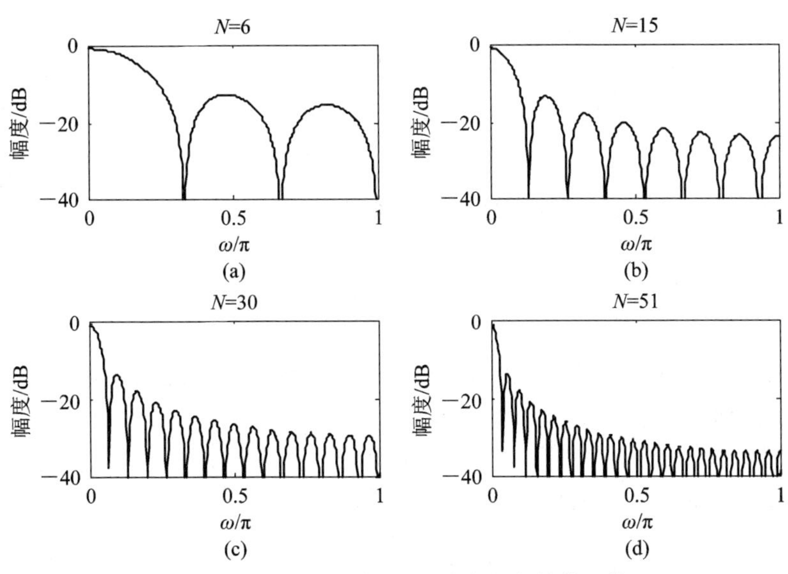

图 6-11 长度不同的矩形窗的幅频特性比较

由以上分析可得，N 的增加并不能减小 $H(\omega)$ 的波动情况。因此，要减小通带和阻带的波动，增加 N 是无法实现的，只有改变窗函数的形状，使其幅度函数具有较低的旁瓣幅度，从而减小旁瓣对通带和阻带的影响，并加大阻带衰减。但旁瓣幅度的减小一定会使主瓣宽度增加，故而将会增加过渡带宽度，所以当 N 一定时，减小波动和减小过渡带是一对矛盾，因此必须根据实际要求，选择合适的窗函数以满足波动要求，然后选择 N 满足过渡带指标。

6.2.2 常用窗函数及性能分析

常用的窗函数除矩形外，还有汉宁窗、哈明窗、布莱克曼窗、凯泽窗等。这些窗函数都是偶对称的，正确选择窗函数的长度，可以保证加窗后得到的单位脉冲响应 $h(n)$ 的对称性与理想滤波器的 $h_d(n)$ 一致。

FIR 滤波器的技术指标如图 6-12 所示，图中 δ_p 和 δ_s 分别称为通带波纹和阻带波纹，ω_p 和 ω_s 分别称为通带截止频率和阻带截止频率。

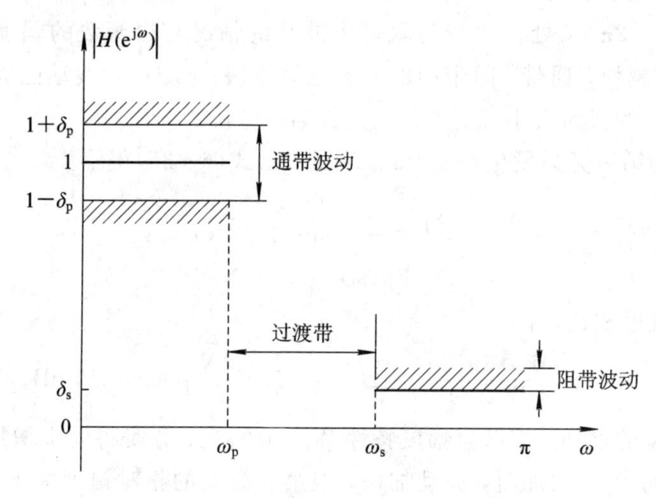

图 6-12 FIR 滤波器的技术指标

定义

$$\alpha_p = -20\ \lg \frac{1-\delta_p}{1+\delta_p}\ (\mathrm{dB}) \tag{6-38}$$

$$\alpha_s = -20\ \lg \frac{\delta_s}{1+\delta_p}\ (\mathrm{dB}) \tag{6-39}$$

式中，α_p、α_s 分别为通带允许的最大衰减和阻带允许的最小衰减。

定义

$$B = \omega_s - \omega_p \tag{6-40}$$

为过渡带宽。

本节讨论窗函数的性能就是分别讨论用不同的窗函数截断理想低通 $h_d(n)$ 得到的实际滤波器的技术指标。

1. 矩形窗

矩形窗的时域和频域表达式分别为

$$w_R(n) = \begin{cases} 1, & 0 \leqslant n \leqslant N-1 \\ 0, & 其他 \end{cases} \tag{6-41}$$

$$W_R(\mathrm{e}^{\mathrm{j}\omega})=\mathrm{e}^{-\mathrm{j}\frac{N-1}{2}\omega}\frac{\sin(\omega N/2)}{\sin(\omega/2)} \tag{6-42}$$

矩形窗就是前面讲过的矩形信号 $R_N(n)$，其频域信号的第一零点位于 $2\pi/N$ 处，在$[-\pi, \pi)$有 $N-1$ 个峰值。$N=31$ 时的时域波形和幅频特性曲线如图 6-13 所示，频域波形的主瓣宽度为 $4\pi/N$，第一旁瓣位于 $3\pi/N$ 处，幅度比主瓣低 13 dB。

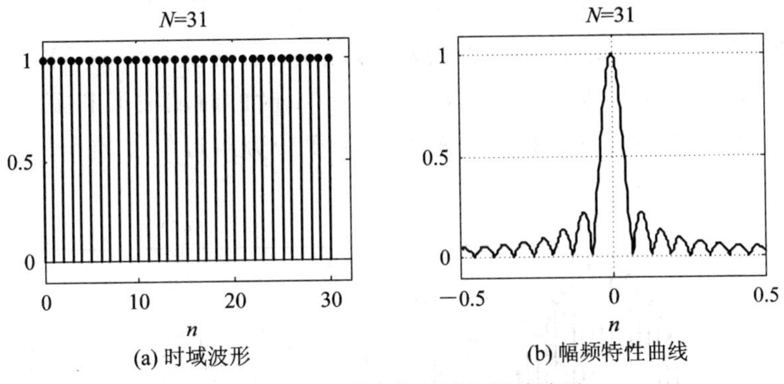

(a) 时域波形　　(b) 幅频特性曲线

图 6-13　矩形窗的时域和频域波形

用矩形窗函数法设计的低通滤波器的技术指标中，通带波纹峰值 $\delta_p \approx 0.09$，阻带波纹峰值 $\delta_s \approx 0.09$，通带截止频率 $\omega_p=\omega_c-2\pi/N$，阻带截止频率 $\omega_s=\omega_c+2\pi/N$（见图 6-10(f)），由式(6-38)、式(6-39)及式(6-40)得

$$\alpha_p=-20\lg\frac{1-\delta_p}{1+\delta_p}\ (\mathrm{dB})\approx 1.56\ (\mathrm{dB})$$

$$\alpha_s=-20\lg\frac{\delta_s}{1+\delta_p}\ (\mathrm{dB})\approx 21\ (\mathrm{dB})$$

$$B=\omega_p-\omega_s\approx\frac{4\pi}{N}$$

用矩形窗截断理想低通滤波器 $h_d(n)$ 获得的实际滤波器的单位脉冲响应 $h(n)$、幅频特性 $|H(\mathrm{e}^{\mathrm{j}\omega})|$ 及衰减响应如图 6-14 所示。

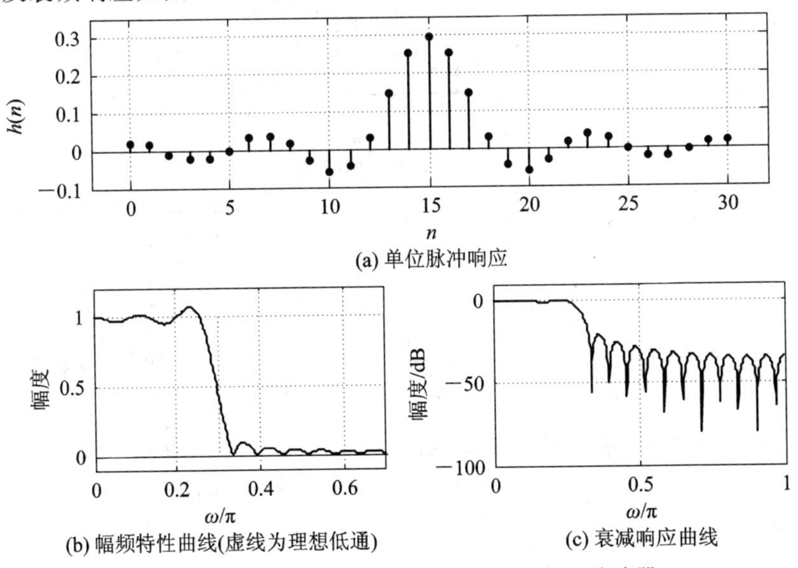

(b) 幅频特性曲线(虚线为理想低通)　　(c) 衰减响应曲线

图 6-14　用矩形窗函数法设计的 30 阶低通滤波器

2. 汉宁窗(又称升余弦窗)

汉宁窗的时域和频域表达式分别为

$$w_{Hn}(n)=0.5\left[1-\cos\left(\frac{2\pi n}{N-1}\right)\right]w_R(n) \tag{6-43}$$

$$W_{Hn}(\omega)=0.5W_R(\omega)+0.25\left[W_R\left(\omega-\frac{2\pi}{N-1}\right)+W_R\left(\omega+\frac{2\pi}{N-1}\right)\right] \tag{6-44}$$

式中，$w_R(n)$和$W_R(\omega)$分别为矩形窗的时域和频域函数。由式(6－44)可以确定，当N较大时频域函数的第一零点近似位于$4\pi/N$处。$N=31$时的时域波形和幅频特性曲线如图6－15所示，频域函数曲线的主瓣宽度约为$8\pi/N$，第一旁瓣近似位于$5\pi/N$处，幅度比主瓣低31 dB。

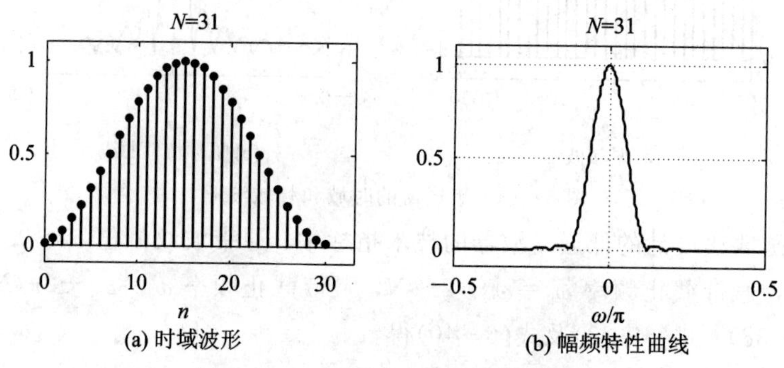

(a) 时域波形　(b) 幅频特性曲线

图6－15　汉宁窗的时域和频域波形

用汉宁窗函数法设计的低通滤波器的技术指标中，通带波纹峰值$\delta_p\approx0.0064$，阻带波纹峰值$\delta_s\approx0.0064$，由式(6－38)、式(6－39)和式(6－40)得$\alpha_p\approx0.11$ dB，$\alpha_s\approx44$ dB，$B\approx8\pi/N$。用汉宁窗截断理想低通滤波器$h_d(n)$获得的实际滤波器的单位脉冲响应$h(n)$、幅频特性$|H(e^{j\omega})|$及衰减响应如图6－16所示。

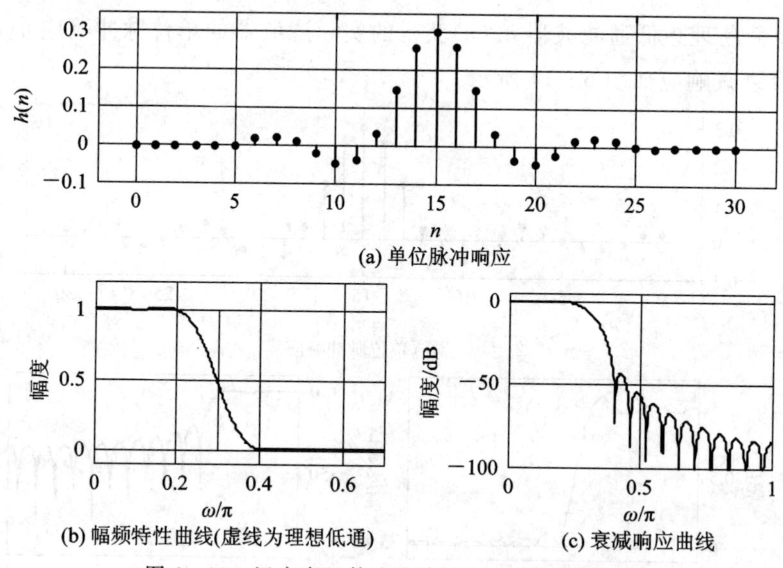

(a) 单位脉冲响应

(b) 幅频特性曲线(虚线为理想低通)　(c) 衰减响应曲线

图6－16　汉宁窗函数法设计的30阶低通滤波器

3. 哈明窗

哈明窗的时域和频域表达式分别为

$$w_{Hm}(n)=\left[0.54-0.46\cos\frac{2\pi n}{N-1}\right]w_R(n) \tag{6-45}$$

$$W_{Hm}(\omega)=0.54W_R(\omega)+0.23W_R\left(\omega-\frac{2\pi}{N-1}\right)+0.23W_R\left(\omega+\frac{2\pi}{N-1}\right) \tag{6-46}$$

式中，$w_R(n)$和$W_R(\omega)$分别为矩形窗的时域和频域函数。由式(6-46)可以确定，当N较大时频域函数的第一零点近似位于$4\pi/N$处。$N=31$时的时域波形和幅频特性曲线如图6-17所示，频域函数曲线的主瓣宽度约为$8\pi/N$，第一旁瓣近似位于$5\pi/N$处，幅度比主瓣低41 dB。

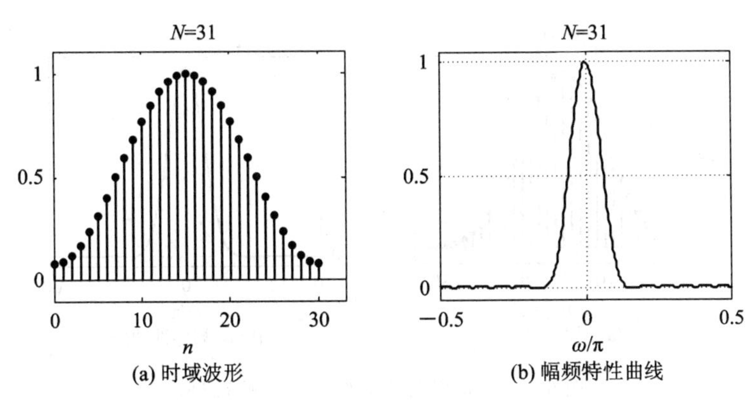

(a) 时域波形　　(b) 幅频特性曲线

图6-17　哈明窗的时域和频域波形

用哈明窗函数法设计的低通滤波器的技术指标中，通带波纹峰值$\delta_p\approx0.0022$，阻带波纹峰值$\delta_s\approx0.0022$，由式(6-38)、式(6-39)和式(6-40)得$\alpha_p\approx0.038\text{dB}$，$\alpha_s\approx53\text{dB}$，$B\approx8\pi/N$。用哈明窗截断理想低通滤波器$h_d(n)$获得的实际滤波器的单位脉冲响应$h(n)$、幅频特性$|H(e^{j\omega})|$及衰减响应如图6-18所示。

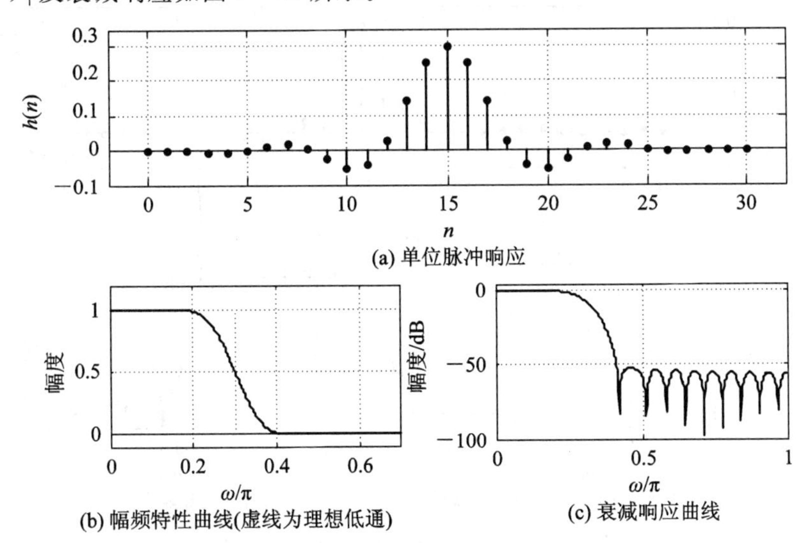

(a) 单位脉冲响应

(b) 幅频特性曲线(虚线为理想低通)　　(c) 衰减响应曲线

图6-18　哈明窗函数法设计的30阶低通滤波器

4. 布莱克曼窗

布莱克曼窗的时域和频域表达式分别为

$$w_{Bl}(n)=\left[0.42-0.5\cos\frac{2\pi n}{N-1}+0.08\cos\frac{4\pi n}{N-1}\right]w_R(n) \tag{6-47}$$

$$W_{Bl}(\omega)=0.42W_R(\omega)+0.25\left[W_R\left(\omega-\frac{2\pi}{N-1}\right)+W_R\left(\omega+\frac{2\pi}{N-1}\right)\right]$$
$$+0.04\left[W_R\left(\omega-\frac{4\pi}{N-1}\right)+W_R\left(\omega+\frac{4\pi}{N-1}\right)\right] \tag{6-48}$$

式中，$w_R(n)$和 $W_R(\omega)$分别为矩形窗的时域和频域函数。由式(6－48)可以确定，当 N 较大时频域函数的第一零点近似位于 $6\pi/N$ 处。$N=31$ 时的时域波形和幅频特性曲线如图 6－19所示，频域函数曲线的主瓣宽度约为 $12\pi/N$，第一旁瓣近似位于 $7\pi/N$ 处，幅度比主瓣低 57 dB。

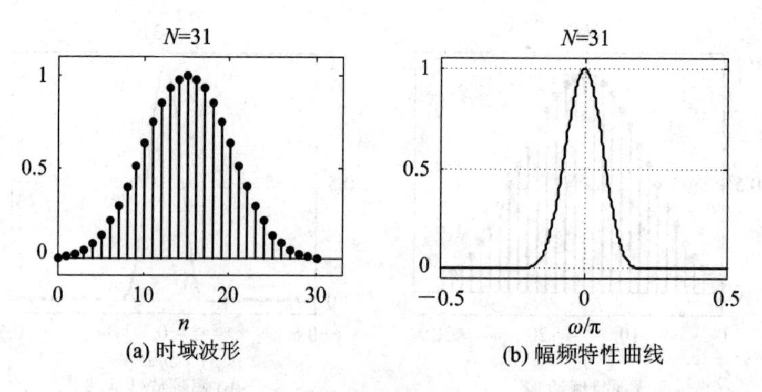

(a) 时域波形　　(b) 幅频特性曲线

图 6－19　布莱克曼窗的时域和频域波形

用布莱克曼窗函数法设计的低通滤波器的技术指标中，通带波纹峰值 $\delta_p\approx0.0002$，阻带波纹峰值 $\delta_s\approx0.0002$，由式(6－38)、式(6－39)和式(6－40)得 $\alpha_p\approx0.003$dB，$\alpha_s\approx74$ dB，$B\approx12\pi/N$。用布莱克曼窗截断理想低通滤波器 $h_d(n)$获得的实际滤波器的单位脉冲响应 $h(n)$、幅频特性$|H(e^{j\omega})|$及衰减响应如图 6－20 所示。

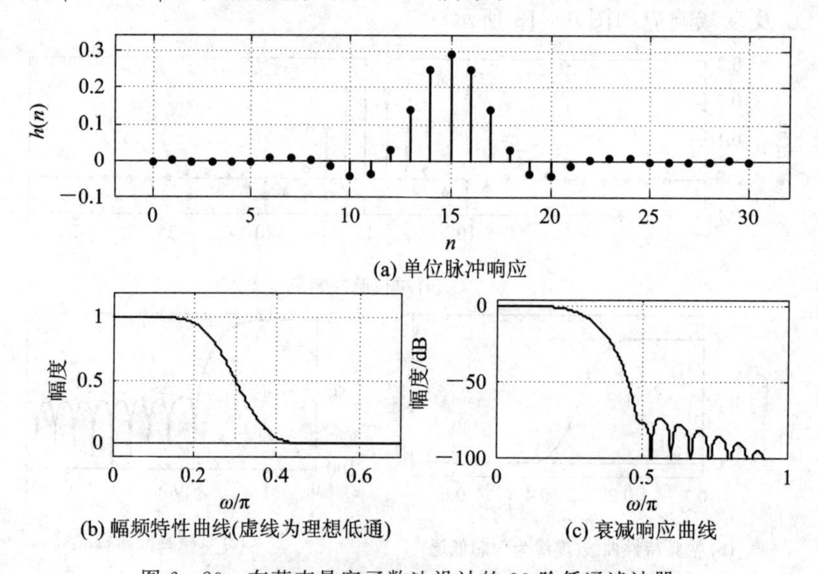

(a) 单位脉冲响应

(b) 幅频特性曲线(虚线为理想低通)　　(c) 衰减响应曲线

图 6－20　布莱克曼窗函数法设计的 30 阶低通滤波器

表 6－2 总结了用上述窗函数截断理想低通 $h_d(n)$获得的实际低通滤波器的性能。从表中可以看出，利用矩形窗函数设计的滤波器过渡带最窄，但阻带衰减也最小；用布莱克曼窗函数设计的滤波器过渡带最宽，同时阻带衰减也最大。显然窗函数的旁瓣减小必然造成主瓣宽度的增加，即减小过渡带宽和增大阻带衰减是一对矛盾。在实际设计时，应根据要

求选择适当的窗函数。

表 6-2 窗函数对滤波器性能的影响

窗函数	近似过渡带宽	精确过渡带宽	阻带最小衰减/dB
矩形窗函数	$4\pi/N$	$1.8\pi/N$	-21
汉宁窗函数	$8\pi/N$	$6.2\pi/N$	-44
哈明窗函数	$8\pi/N$	$6.6\pi/N$	-53
布莱克曼窗函数	$12\pi/N$	$11\pi/N$	-74

6.2.3 窗函数法设计 FIR 滤波器的步骤

用窗函数设计滤波器的步骤如下：

(1) 根据阻带衰减的要求选择窗函数。

(2) 根据过渡带宽的要求，求出窗函数的长度，也即单位脉冲响应的长度 N(或滤波器的阶数 $N-1$)。

(3) 构造希望逼近的频率函数，即

$$H_d(e^{j\omega})=H_{dg}(\omega)e^{-j\frac{N-1}{2}\omega} \tag{6-49}$$

所谓“标准窗函数法”，就是选择 $H_d(e^{j\omega})$为理想滤波器；理想滤波器的通带截止频率 ω_c 一般取

$$\omega_c=\frac{\omega_p+\omega_s}{2} \tag{6-50}$$

式中，ω_p 和 ω_s 分别为给定的通带截止频率和阻带截止频率。

(4) 计算 $h_d(n)$，即

$$h_d(n)=\frac{1}{2\pi}\int_{-\pi}^{\pi}H_d(e^{j\omega})e^{j\omega n}d\omega \tag{6-51}$$

但如果 $H_d(e^{j\omega})$很复杂或不能用封闭公式表示，则不能用上式计算。常用的办法是对 $H_d(e^{j\omega})$在$[0, 2\pi)$间采样 M 点，然后作 IDFT 得到 $h_{dM}(n)$，由频域采样定理得

$$h_{dM}(n)=\left[\sum_{r=-\infty}^{\infty}h_d(n+rM)\right]R_M(n)$$

只要 M 足够大，$h_{dM}(n)$ 可以有效地逼近 $h_d(n)$。

(5) 加窗得到设计结果，$h(n)=h_d(n)w(n)$。

(6) 计算 $H(e^{j\omega})=\sum_{n=0}^{N-1}h(n)e^{-j\omega n}$，验证设计结果是否满足设计要求，若不满足，修改滤波器长度或窗函数类型。

例 6-2 用标准窗函数法设计一低通滤波器，要求阻带衰减 $\alpha_s=50$ dB，通带截止频率 $\omega_p=0.3\pi$，阻带截止频率 $\omega_s=0.4\pi$。

解：(1) 根据阻带衰减的要求应选哈明窗。

(2) 过渡带宽为

$$B=\omega_p-\omega_s=0.2\pi$$

所以有$\frac{6.6\pi}{N}=0.2\pi$，因此 $N=33$，这样设计的滤波器为Ⅰ型线性相位低通滤波器。

（3）根据标准函数逼近法的要求，希望逼近滤波器的频率函数为

$$H_d(e^{j\omega})=H_{dg}(\omega)e^{-j\frac{N-1}{2}\omega}=\begin{cases}e^{-j\frac{N-1}{2}\omega}, & |\omega|\leqslant\omega_c\\0, & \omega_c<|\omega|<\pi\end{cases}$$

式中，$\omega_c=\frac{\omega_p+\omega_s}{2}=0.35\pi$。

（4）由此计算单位脉冲响应为

$$h_d(n)=\frac{1}{2\pi}\int_{-\pi}^{\pi}H_d(e^{j\omega})e^{j\omega n}d\omega=\frac{1}{2\pi}\int_{-0.35\pi}^{0.35\pi}e^{-j\frac{N-1}{2}\omega}e^{j\omega n}d\omega$$

$$=\frac{\sin 0.35\pi\left(n-\frac{N-1}{2}\right)}{\pi\left(n-\frac{N-1}{2}\right)},\quad -\infty<n<\infty$$

（5）加窗得到所设计滤波器的单位脉冲响应

$$h(n)=h_d(n)w_{Hm}(n)$$

（6）计算频率函数

$$H(e^{j\omega})=\sum_{n=0}^{N-1}h(n)e^{-j\omega n}$$

图 6-21 给出了设计结果。

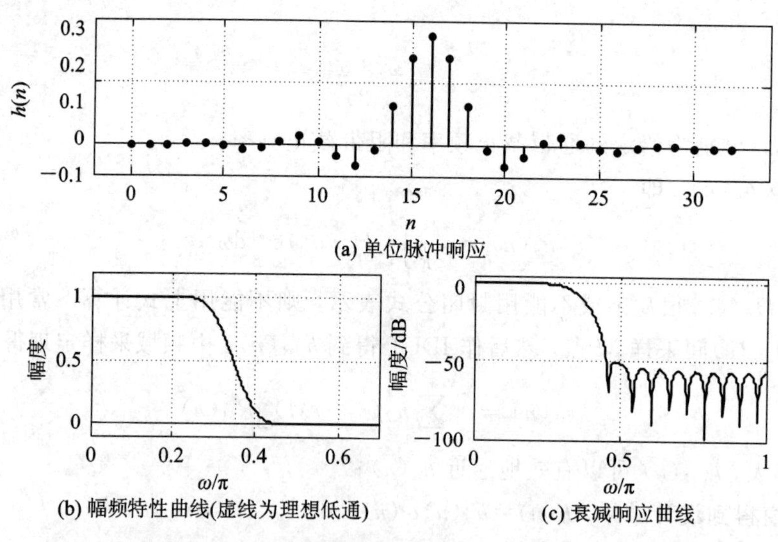

图 6-21　哈明窗函数法设计的 32 阶低通滤波器

6.3　用 MATLAB 设计 FIR 滤波器

利用 MATLAB 实现窗函数法设计 FIR 滤波器，首先根据给定的技术指标选择窗函数的类型，确定窗函数的长度，然后将从理论上得到的待逼近理想滤波器的单位脉冲响应截断，获得具有奇对称或偶对称的单位脉冲响应，也就是待设计的具有线性相位的滤波器的单位脉冲响应。MATLAB 提供的常用窗函数如下：

（1）w＝boxcar(N)；

（2）w＝bartlett(N)；

（3）w＝hanning(N)；

（4）w＝hamming(N)；

（5）w＝blackman(N)；

命令中，N 为窗函数的长度，输出列向量 w 给出窗函数的 N 点值。

MATLAB 工具箱还提供了直接实现窗函数法设计 FIR 滤波器的函数。

1. h＝fir1(M, wc, 'ftype', window)

该函数是采用标准窗函数法设计 FIR 线性相位数字滤波器，所谓“标准”，是指以理想滤波器作为逼近目标。命令中 M 为滤波器的阶数，wc 为通带截止频率，取值与选项 ftype 有关，window 为选定的窗函数名称，缺省时，选用‘hamming’。输出参数 h 长度为 $M+1$，表示用选定窗函数截断后的待设计滤波器的单位脉冲响应的 $M+1$ 个值。

（1）ftype 选项缺省，wc 为标量，设计低通滤波器；

（2）ftype＝high，wc 为标量，设计高通滤波器；

（3）ftype 选项缺省，wc＝[wcl，wcu]，设计带通滤波器；

（4）ftype＝stop，wc＝[wcl，wcu]，设计带阻滤波器。

注意：设计高通和带阻时，阶数 M 只能取偶数，即 $h(n)$ 的长度为奇数。

2. h＝fir2(M, f, a, window)

该函数对任意给定滤波器幅度特性的采样值进行 IDFT，得到对应的 $h_d(n)$，再用选定的窗函数对其截断，以获得待设计滤波器的单位脉冲响应 $h(n)$。函数中 M 为滤波器的阶数，f 为希望逼近滤波器的幅度特性边界频率向量，a 为与 f 对应的幅度向量，window 为选定的窗函数。

例 6－3 用 FIR1 函数设计一个带阻滤波器，上、下通带截止频率为 0.3π 和 0.5π，上、下阻带截止频率为 0.38π 和 0.42π，通带最大衰减为 0.3 dB，阻带最小衰减为 40 dB。

解 按衰减要求选用汉宁窗函数，滤波器长度按下式计算

$$\frac{6.2\pi}{N}=0.08\pi, \quad N\text{ 取 }79$$

编写程序如下：

```
wn=[0.3, 0.5];
N0=ceil(6.2/(0.38-0.3));
N=N0+mod(N0+1, 2);                          %计算滤波器的长度
h=FIR1(N-1, wn, 'stop', hanning(N));        %生成单位脉冲响应的 N 个值
[H, W]=freqz(h, 1);                         %求频谱
subplot(2, 1, 1);
plot(W/pi, 20*log10(abs(H)));               %画频率响应
grid on, xlabel('以{\pi}为单位'), ylabel('dB');
subplot(2, 1, 2);stem([0: N-1], h);
grid on, xlabel('n'), ylabel('h(n)');
```

所设计的滤波器如图 6－22 所示。

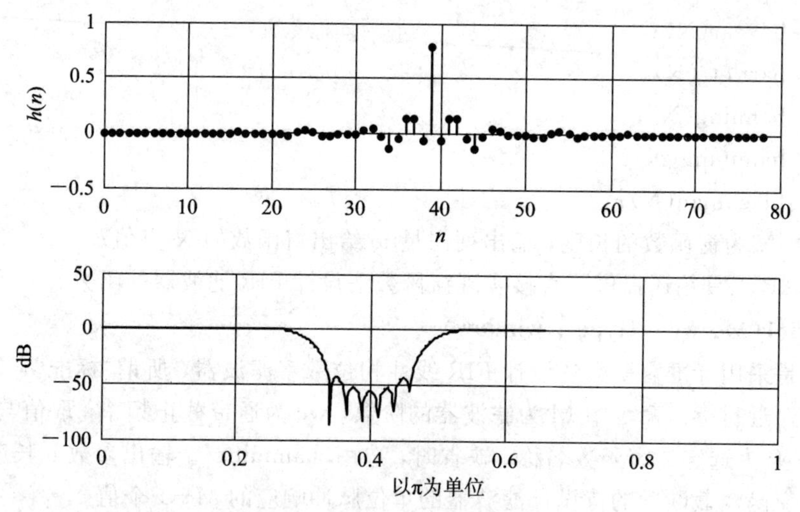

图 6-22 用 fir1 函数设计滤波器

例 6-4 若要设计如图 6-23 所示的梳状滤波器，幅频特性为 $|H(e^{j\omega})|=|\sin(4\omega)|$，采用汉宁窗函数实现，$N=79$。

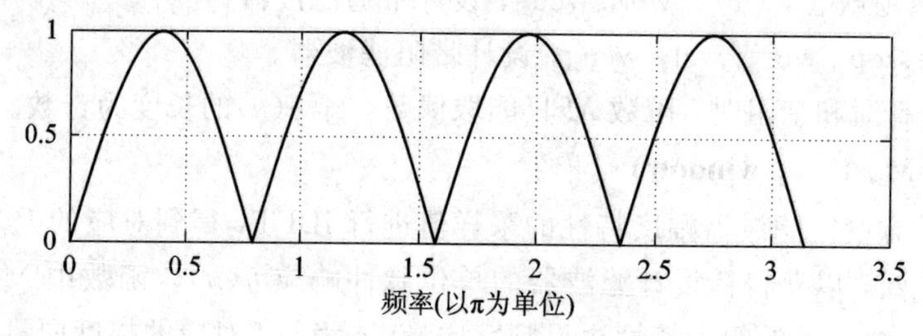

图 6-23 例 6-4 图

解 先将幅频特性采样，然后用 IDFT 计算单位脉冲响应 $h(n)$。

编写程序如下：

```
close all
w=(0: 0.001: 1) * pi;s=abs(sin(4 * w));
h=plot(w, s, 'k'), set(h, 'linewidth', 2)
grid on, xlabel('以 π 为单位'), ylabel('幅度')
figure
tt=w(1: 10: end), ss=s(1: 10: end);
h=fir2(78, tt/pi, ss);
subplot(2, 1, 1);h2=stem([0: N-1], h, 'k.');
set(h2, 'markersize', 5, 'linewidth', 1.5)
grid on, xlabel('n'), ylabel('h(n)')
[H, W]=freqz(h, 1);
subplot(2, 1, 2);h1=plot(W/pi, abs(H), 'k');
set(h1, 'linewidth', 2)
grid on, xlabel('以 π 为单位'), ylabel('幅度')
```

设计的结果如图 6-24 所示。

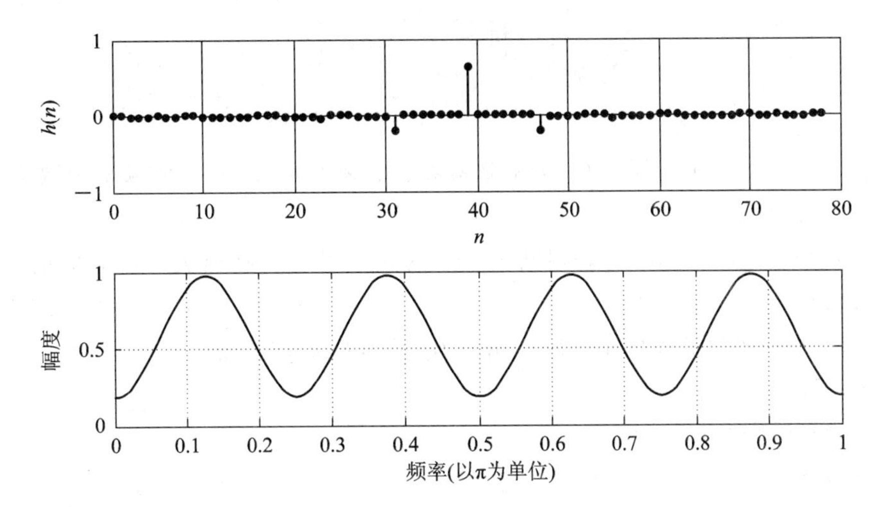

图 6-24 例 6-4 设计结果

习 题

6-1 某系统的单位脉冲响应为 $h(n)=\delta(n)+\delta(n-1)$，其频率函数 $H(e^{j\omega})$ 可以表示为

$$H(e^{j\omega})=|H(e^{j\omega})|e^{j\varphi(\omega)} \text{ 和 } H(e^{j\omega})=H_g(\omega)e^{j\theta(\omega)}$$

(1) 写出 $|H(e^{j\omega})|$、$H_g(\omega)$、$\varphi(\omega)$ 和 $\theta(\omega)$ 的数学表达式，绘出 $[0, 2\pi)$ 间它们随 ω 的变化曲线；

(2) 简要表述 $|H(e^{j\omega})|$ 与 $H_g(\omega)$、$\varphi(\omega)$ 和 $\theta(\omega)$ 的不同。

6-2 题 6-2 图所示系统中，若 $H(z)$ 为数字低通滤波器，则整个系统可等效为一个模拟滤波器。已知 $H(z)$ 的通带截止频率为 $\omega_c=0.25\pi$，假设 A/D 转换器的采样频率为 $f_{sam}=1000$ Hz，问等效的模拟滤波器的通带截止频率 f_c 为多少？若 $f_{sam}=600$ Hz，f_c 又等于多少？

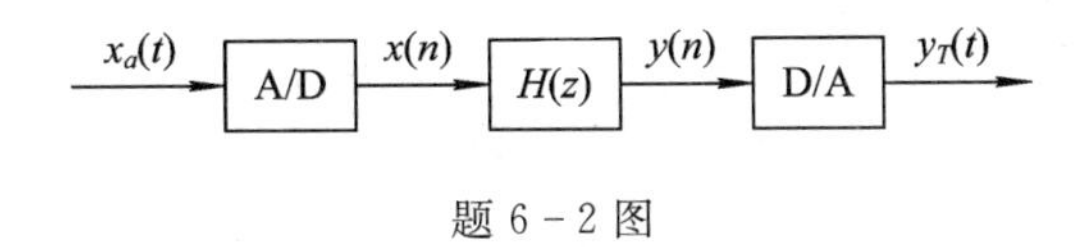

题 6-2 图

6-3 如题 6-3 图所示的数字系统，求：

(1) 滤波器的差分方程；

(2) 单位脉冲响应；

(3) 系统的频率函数，分析系统的幅度特性和相位特性有什么特点；

(4) 判断该系统是 IIR 还是 FIR 系统。

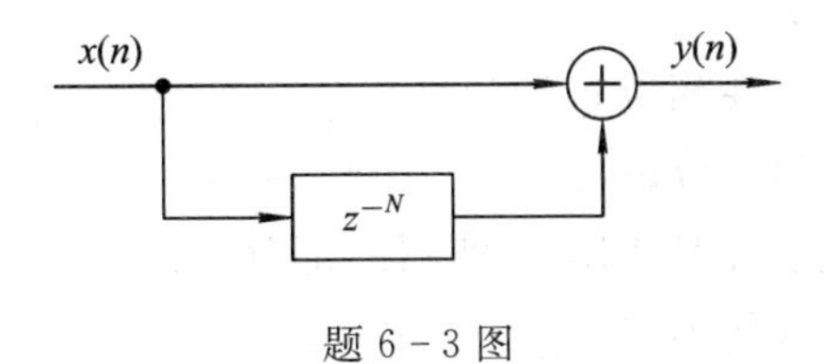

题 6-3 图

6-4 已知一理想低通滤波器的脉冲响应为 $h(n)$，频率响应为

$$H(e^{j\omega})=\begin{cases}1, & |\omega|\leqslant\dfrac{\pi}{4}\\ 0, & \dfrac{\pi}{4}<|\omega|\leqslant\pi\end{cases}$$

(1) 若 $h_1(n)=h(2n)$，判断 $h_1(n)$ 的选频特性；画出 $h_1(n)$ 对应的频率函数 $H_1(e^{j\omega})$ 的幅频特性 $|H_1(e^{j\omega})|$。

(2) 若 $h_2(n)=(-1)^n h(n)$，判断 $h_2(n)$ 的选频特性；画出 $h_2(n)$ 对应的频率函数 $H_2(e^{j\omega})$ 的幅频特性 $|H_2(e^{j\omega})|$。

6-5　已知 FIR 滤波器的单位脉冲响应为（N 为 $h(n)$ 的长度）：

(1) $N=7$：

$h(0)=h(6)=4$

$h(1)=h(5)=2$

$h(2)=h(4)=-1.2$

$h(3)=-0.2$

(2) $N=6$：

$h(0)=h(5)=1$

$h(1)=h(4)=-1.2$

$h(2)=h(3)=2$

(3) $N=9$：

$h(0)=-h(8)=-1.3$

$h(1)=-h(7)=2$

$h(2)=-h(6)=0.2$

$h(3)=-h(5)=-2.2$

$h(4)=0$

(4) $N=8$：

$h(0)=-h(7)=3$

$h(1)=-h(6)=-2.1$

$h(2)=-h(5)=-1.2$

$h(3)=-h(4)=0.2$

试判断它们各属于哪类系统？分别说明它们的幅度特性和相位特性有什么特点。

6-6　已知 FIR 滤波器的单位脉冲响应为

$$\begin{aligned}h(n)=&0.2\delta(n)+0.28\delta(n-1)+0.82\delta(n-2)+2\delta(n-3)\\&+0.82\delta(n-4)+0.28\delta(n-5)+0.2\delta(n-6)\end{aligned}$$

(1) 求其系统函数 $H(z)$；

(2) 判断系统是否具有线性相位；

(3) 求系统的幅度特性和相位特性。

6-7　已知 8 阶Ⅰ型线性相位 FIR 滤波器的部分零点为：$z_1=4$，$z_2=j0.8$，$z_3=j$。

(1) 试确定该滤波器的其他零点；

(2) 设 $h(0)=1$，求该系统的系统函数 $H(z)$。

6-8 试证明Ⅱ型线性相位滤波器的频率函数为

$$H(e^{j\omega}) = \left\{ \sum_{n=0}^{\frac{N}{2}-1} \left[2h(n)\cos\omega\left(\frac{N-1}{2} - n\right) \right] \right\} e^{-j\omega\left(\frac{N-1}{2}\right)}$$

6-9 试证明 Ⅲ 型线性相位滤波器的频率函数为

$$H(e^{j\omega}) = \sum_{n=0}^{\frac{N-1}{2}-1} \left[2h(n)\sin\omega\left(\frac{N-1}{2} - n\right) \right] e^{-j\frac{\pi}{2}-j\omega\left(\frac{N-1}{2}\right)}$$

6-10 试证明 Ⅳ 型线性相位滤波器的频率函数为

$$H(e^{j\omega}) = \left\{ \sum_{n=0}^{\frac{N}{2}-1} \left[2h(n)\sin\omega\left(\frac{N-1}{2} - n\right) \right] \right\} e^{-j\frac{\pi}{2}-j\omega\left(\frac{N-1}{2}\right)}$$

6-11 如果一个线性相位带通滤波器的频率响应为 $H_{BP}(e^{j\omega}) = H_{BP}(\omega)e^{j\theta(\omega)}$：

(1) 试证明一个线性相位带阻滤波器可以表示成

$$H_{BS}(e^{j\omega}) = [1 - H_{BP}(\omega)]e^{j\theta(\omega)} \qquad 0 \leqslant \omega < \pi$$

(2) 试用带通滤波器的单位脉冲响应 $h_{BP}(n)$ 来表示带阻滤波器的单位脉冲响应 $h_{BS}(n)$。

6-12 若用窗函数法设计满足下列技术指标的线性相位 FIR 低通数字滤波器，试选择满足设计要求的窗函数，并确定窗函数的长度。

(1) 阻带衰减 $\alpha_s = 20$ dB，过渡带宽 $B_f = 1$ kHz，采样频率 $f_{sam} = 10$ kHz；

(2) 阻带衰减 $\alpha_s = 40$ dB，通带截止频率 $f_{pass} = 10$ kHz，阻带截止频率 $f_{stop} = 15$ kHz，采样频率 $f_{sam} = 40$ kHz；

(3)阻带衰减 $\alpha_s = 60$ dB，通带截止频率 $f_{pass} = 12$ kHz，阻带截止频率 $f_{stop} = 16$ kHz，采样频率 $f_{sam} = 3f_{stop}$。

6-13 用矩形窗函数设计一个 FIR 线性相位低通数字滤波器，其幅度特性逼近理想低通，已知 $\omega_c = 0.5\pi$，$N = 21$。求单位脉冲响应 $h(n)$ 及频率函数 $H(e^{j\omega})$，用 MATLAB 编写程序绘制衰减响应曲线。

6-14 用窗函数法设计数字滤波器还经常用到的一个窗函数为巴特利特(Bartlett)窗，也称三角窗，长度为 N 的巴特利特窗定义为

$$w(n) = 1 - \frac{|2n - N + 1|}{N+1} = \begin{cases} \dfrac{2n}{N-1}, & 0 \leqslant n \leqslant \dfrac{N-1}{2} \\ 2 - \dfrac{2n}{N-1}, & \dfrac{N-1}{2} < n \leqslant N-1 \end{cases} \qquad 0 \leqslant n \leqslant N-1$$

其频谱为 $W(e^{j\omega}) = \dfrac{2}{N}\left(\dfrac{\sin\dfrac{\omega N}{4}}{\sin\dfrac{\omega}{2}}\right)^2 e^{-j\frac{N-1}{2}\omega}$。

(1) 求频谱的主瓣宽度及第一旁瓣相对主瓣的衰减；

(2) 用巴特利特窗设计满足题 6-14 要求的数字滤波器，并与其结果进行比较。

6-15 用矩形窗函数设计一个 $N-1$ 阶 FIR 线性相位低通数字滤波器，即

$$H_d(e^{j\omega}) = \begin{cases} e^{-j\alpha\omega}, & |\omega| < \omega_c \\ 0, & \omega_c \leqslant |\omega| < \pi \end{cases}$$

式中，$\omega_c=0.5\pi$。

(1) 确定 N 与 α 的关系，求单位脉冲响应 $h(n)$；

(2) 可以有几种设计方案，分别属于哪一类线性相位滤波器？

6-16 用汉宁窗设计一个 $N=51$ 的线性相位高通滤波器，即

$$H_d(e^{j\omega})=\begin{cases}e^{-j\omega\alpha}, & \pi-\omega_c\leqslant\omega<\pi+\omega_c\\0, & 0\leqslant\omega<\pi-\omega_c,\ \pi+\omega_c\leqslant\omega<2\pi\end{cases}$$

确定 α 的值，求单位脉冲响应 $h(n)$。设 $\omega_c=0.4\pi$，用 MATLAB 编写程序绘制单位脉冲响应及衰减响应曲线。

6-17 用矩形窗函数法设计一个长度为 N 的线性相位数字微分网络，即

$$H_d(e^{j\omega})=-j\omega e^{-j\omega\alpha},\ 0\leqslant\omega<\pi$$

(1) 确定 N 与 α 的关系，求单位脉冲响应 $h(n)$；

(2) N 取奇数和偶数，分别属于哪一类线性相位系统？分别写出对应的 $h(n)$。

6-18 欲设计一线性相位低通 FIR 数字滤波器，其对应的模拟系统的幅度响应为

$$H_a(2\pi f)=\begin{cases}1, & 0\leqslant f\leqslant 500\ \text{Hz}\\0, & f\geqslant 500\ \text{Hz}\end{cases}$$

模拟滤波器的冲激函数时宽为 10 ms，抽样频率 $f_{sam}=2$ kHz，用矩形窗函数法设计该数字滤波器，并计算数字滤波器和相应的模拟滤波器的过渡带宽。

6-19 已知Ⅰ型线性相位 FIR 滤波器的单位脉冲响应长度为 16，其 16 个频域幅度采样值中的前 9 个为：$H_g(0)=12$，$H_g(1)=8.34$，$H_g(2)=3.79$，$H_g(3)\sim H_g(8)=0$。根据Ⅰ型线性相位 FIR 滤波器的幅度特性特点，求其余 7 个频域幅度采样值。用 MATLAB 编写程序，利用 IDFT 求单位脉冲响应 $h(n)$。

6-20 选择合适的窗函数 $w(n)$ 和长度 N，设计一个线性相位低通滤波器，技术指标为：$\alpha_s=-45$ dB，$\omega_p=0.3\pi$，$\omega_s=0.45\pi$。用 MATLAB 编写程序，绘出幅频特性曲线，验证所设计的滤波器是否满足设计要求。

第7章

数字滤波器的结构表示

第5、6章给出了IIR和FIR数字滤波器的设计方法，本章主要讲述数字滤波器的实现方法。数字滤波器在工程上实现的方法概括地说有两种，即软件实现和硬件实现。软件实现是依据数字滤波器的差分方程或系统函数通过计算机编程完成滤波功能的；硬件实现则是依据滤波器的算法结构，利用加法器、乘法器和延时单元的不同组合来实现的。

数字滤波器在工程实现中主要考虑的问题有：

(1) 实现的难易程度。在本章的学习中我们看到，对同一个数字滤波器可以有多种算法结构或网络结构，采用不同的算法结构和网络结构实际中所得的结果会有一定的差别，同时对存储单元的要求、计算的复杂性以及实现滤波的速度也存在差别。这里的复杂性主要指乘法、加法以及存储的次数等。

(2) 计算误差及其稳定性。计算误差主要来自有限字长效应，不同的算法结构和网络结构所产生的误差和稳定性是不同的，因此在算法结构和网络结构的选择上要尽可能用最小的字长争取最大的精度并保证系统的稳定性。

数字滤波器是离散系统，一般可以用差分方程、系统函数以及单位脉冲响应等来描述。一个N阶线性时不变离散系统可以描述为

差分方程

$$y(n)=\sum_{i=1}^{N}a_i y(n-i)+\sum_{j=0}^{M}b_j x(n-j) \tag{7-1}$$

系统函数

$$H(z)=\frac{Y(z)}{X(z)}=\frac{\sum_{j=0}^{M}b_j z^{-j}}{1-\sum_{i=1}^{N}a_i z^{-i}} \tag{7-2}$$

单位脉冲响应

$$h(n)=Z^{-1}[H(z)] \tag{7-3}$$

且系统的输入输出满足下式

$$y(n)=\sum_{m=-\infty}^{\infty}x(m)h(n-m) \tag{7-4}$$

由此可以看到，根据系统函数或差分方程可以利用加法器、乘法器和延迟器来实现数字滤波器，这些基本单元的连接关系，也就是运算结构，可以用信号流图表示。

三种基本运算单元的方框图和信号流图如图7-1所示。

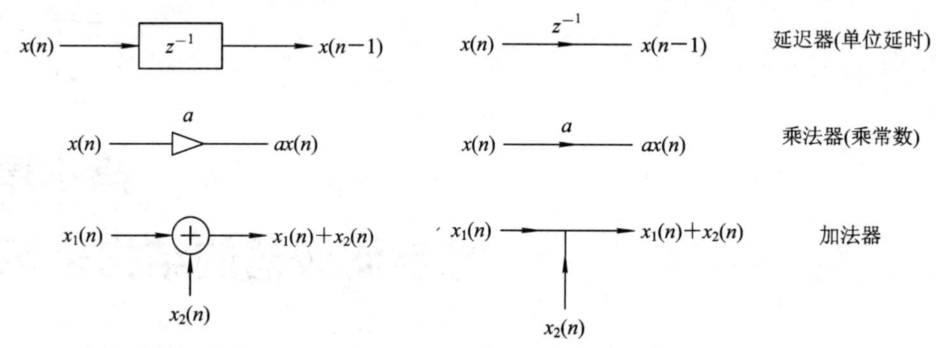

图 7-1 基本运算单元的方框图和信号流图

7.1 IIR 数字滤波器的基本结构

IIR 滤波器的单位脉冲响应 $h(n)$无限长，系统函数 $H(z)$在 z 平面上存在极点，因而是递归结构。实现 IIR 滤波器的常用结构为直接型、级联型和并联型。

7.1.1 直接型结构

IIR 数字滤波器的直接Ⅰ型结构可以根据差分方程(7-1)直接画出($M\leqslant N$)，如图 7-2 所示。

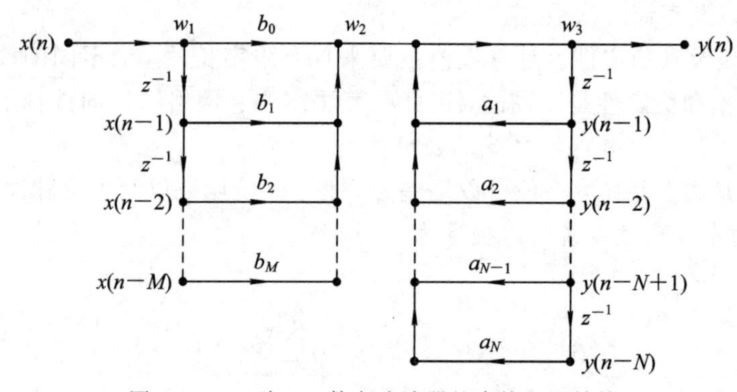

图 7-2 N 阶 IIR 数字滤波器的直接Ⅰ型结构

系统函数 $H(z)$的一般表达式为

$$H(z)=\frac{Y(z)}{X(z)}=\frac{\sum_{j=0}^{M}b_jz^{-j}}{1-\sum_{i=1}^{N}a_iz^{-k}}=\sum_{j=0}^{M}b_jz^{-j}\cdot\frac{1}{1-\sum_{i=1}^{N}a_iz^{-i}}=H_1(z)\cdot H_2(z)\qquad(7-5)$$

其中，$H_1(z)=\sum_{j=0}^{M}b_jz^{-j}$，对应图 7-2 的前一个子系统；$H_2(z)=\frac{1}{1-\sum_{i=1}^{N}a_iz^{-i}}$，对应图7-2 的后一个子系统。

将式(7-5)中的 $H_1(z)$和 $H_2(z)$交换位置，不影响运算结果，即

$$H(z)=H_2(z)\cdot H_1(z)\qquad(7-6)$$

按式(7-6)绘制的网络结构如图 7-3 所示。

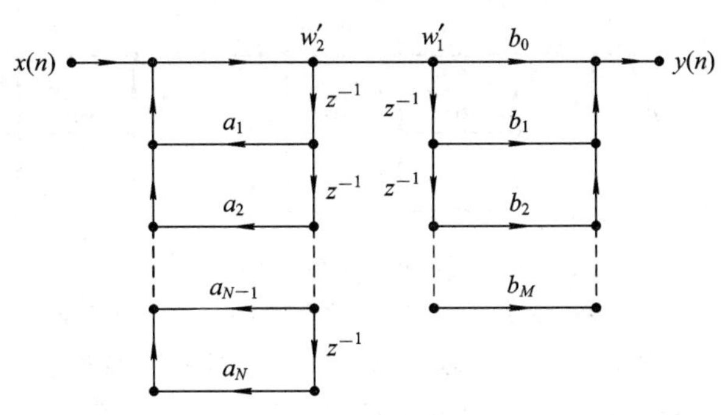

图 7-3 交换图 7-2 中前后两部分的网络结构

显然，图 7-3 中的节点 $w_1'=w_2'$，所以可以将这两个节点合并，不影响系统的运算结果，如图 7-4 所示，这类网络结构称为直接Ⅱ型。

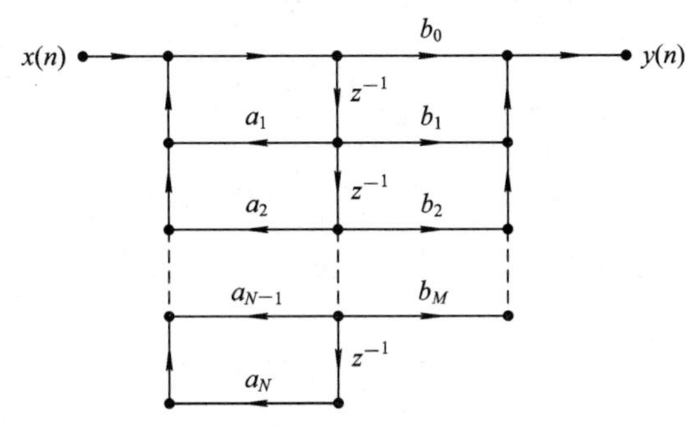

图 7-4 合并节点后的直接Ⅱ型结构

比较直接Ⅰ型和直接Ⅱ型结构可以看出，直接Ⅰ型结构需要 $N+M$ 个单位延时器，而直接Ⅱ型结构需要的延时器数目为 N 个。

直接型结构简单直观，需要的单位延时器数量少，但是，改变某一个系数$\{a_i\}$或$\{b_j\}$，将影响系统所有的极点或零点，这种结构对有限字长效应敏感，容易使极点的位置移到单位圆外出现不稳定，并产生较大的误差。对于三阶以上的 IIR 滤波器，几乎不采用直接型结构。

7.1.2 级联型结构

将式(7-2)的分子分母因式分解为一阶或二阶实系数多项式的乘积形式，同时将一阶多项式看做二阶的特殊形式，即二次项系数为 0，可将式(7-2)写成如下的形式：

$$H(z)=\frac{\prod_{i=1}^{L}(\beta_{0i}+\beta_{1i}z^{-1}+\beta_{2i}z^{-2})}{\prod_{i=1}^{L}(1-\alpha_{1i}z^{-1}-\alpha_{2i}z^{-2})}=\prod_{i=1}^{L}H_i(z) \tag{7-7}$$

$$H_i(z)=\frac{\beta_{0i}+\beta_{1i}z^{-1}+\beta_{2i}z^{-2}}{1-\alpha_{1i}z^{-1}-\alpha_{2i}z^{-2}} \tag{7-8}$$

式中，L 是$\frac{N}{2}\sim N$ 范围内的整数，$H_i(z)$称为滤波器的二阶基本节，一般采用直接Ⅱ型结构实现。这样，数字滤波器就可以用 L 个二阶基本节级联构成，得到数字滤波器的级联型结构，如图 7-5 所示。

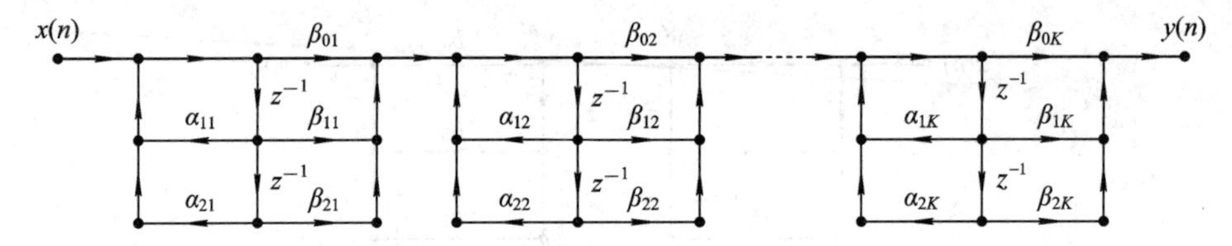

图 7-5 直接Ⅱ型结构的级联型结构

级联型结构的一个重要特点是每个基本节系数的变化只影响该子网络的零、极点，易于实现滤波器的零、极点调整，也就是易于调整滤波器的频率特性；另外，级联型结构受有限字长效应的影响比直接型结构低，误差相对较小。

7.1.3 并联型结构

将系统函数 $H(z)$的表达式式(7-2)展开成部分分式之和，即

$$H(z)=\beta_0+\sum_{i=1}^{L}\frac{\beta_{0i}+\beta_{1i}z^{-1}}{1-\alpha_{1i}z^{-1}-\alpha_{2i}z^{-2}}=\beta_0+\sum_{i=1}^{L}H_i(z) \tag{7-9}$$

式中，$H_i(z)=\dfrac{\beta_{0i}+\beta_{1i}z^{-1}}{1-\alpha_{1i}z^{-1}-\alpha_{2i}z^{-2}}$，$\beta_0$、$\beta_{0i}$、$\beta_{1i}$、$\alpha_{1i}$、$\alpha_{2i}$ 均为实数，一般采用直接 Ⅱ 型结构。

根据式(7-9)，可以得到数字滤波器的并联型结构，如图 7-6 所示。

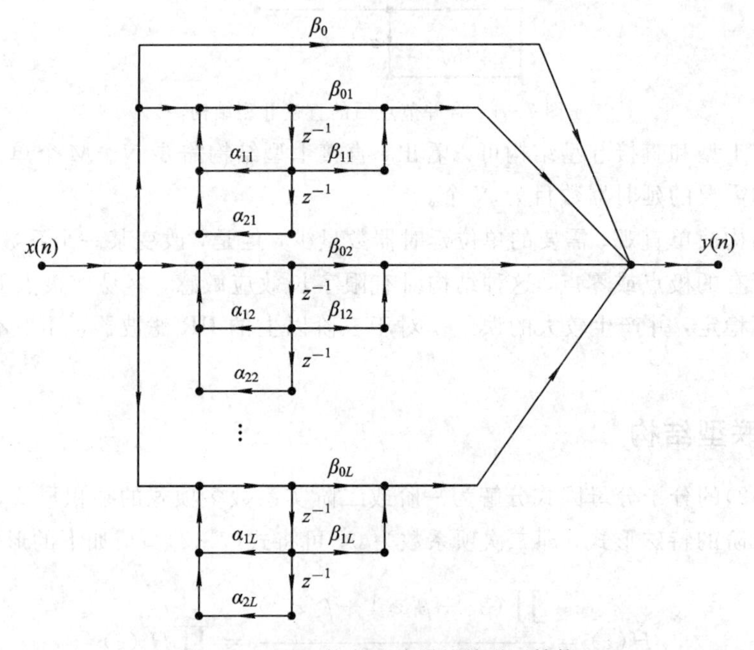

图 7-6 IIR 数字滤波器的并联型结构

并联型结构各支路独立运算，运算速度快，误差互不影响，可调整系统的极点，但不能直接调整系统的零点。

例 7-1 设三阶 IIR 数字滤波器的系统函数如下，画出该系统的直接Ⅱ型结构、级联型结构和并联型结构。

$$H(z)=\frac{3z^3-4z^2+3z-2}{\left(z-\dfrac{1}{4}\right)\left(z^2-z+\dfrac{1}{2}\right)}$$

解 首先将 $H(z)$写成 z^{-1}的多项式标准形式

$$H(z)=\frac{3-4z^{-1}+3z^{-2}-2z^{-3}}{1-\frac{5}{4}z^{-1}+\frac{3}{4}z^{-2}-\frac{1}{8}z^{-3}}$$

(1) 直接Ⅱ型。根据系统函数 $H(z)$可直接画出该系统的直接Ⅱ型结构，如图 7-7 所示。

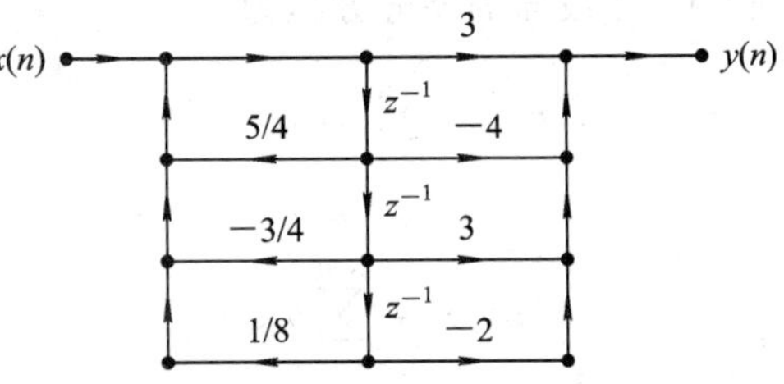

图 7-7 例 7-1 的直接Ⅱ型结构

(2) 级联型。将 $H(z)$的分子、分母进行因式分解得

$$H(z)=\frac{(1-z^{-1})(3-z^{-1}+2z^{-2})}{\left(1-\frac{1}{4}z^{-1}\right)\left(1-z^{-1}+\frac{1}{2}z^{-2}\right)}=\frac{1-z^{-1}}{1-\frac{1}{4}z^{-1}}\cdot\frac{3-z^{-1}+2z^{-2}}{1-z^{-1}+\frac{1}{2}z^{-2}}$$

一般来说，把阶数相同的零极点放在同一子网络中，可减少单位延迟的数目。画出级联型结构如图 7-8 所示。

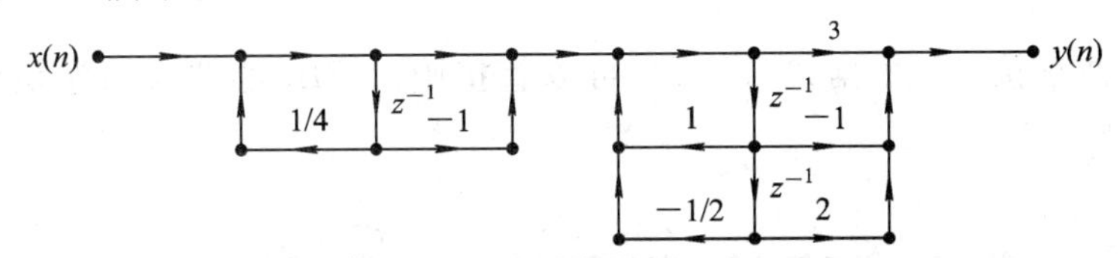

图 7-8 例 7-1 的级联型结构

由图 7-8 可见，级联型结构调整零、极点比较方便。

(3) 并联型。首先将 $H(z)$进行部分分式展开

$$H(z)=\frac{(1-z^{-1})(3-z^{-1}+2z^{-2})}{\left(1-\frac{1}{4}z^{-1}\right)\left(1-z^{-1}+\frac{1}{2}z^{-2}\right)}=A+\frac{B}{1-\frac{1}{4}z^{-1}}+\frac{C+Dz^{-1}}{1-z^{-1}+\frac{1}{2}z^{-2}}$$

求出 $A=16$，$B=-18.6$，$C=5.6$，$D=-1.2$，故系统函数可表示为

$$H(z)=16+\frac{-18.6}{1-\frac{1}{4}z^{-1}}+\frac{5.6-1.2z^{-1}}{1-z^{-1}+\frac{1}{2}z^{-2}}$$

系统并联型结构如图 7-9 所示。

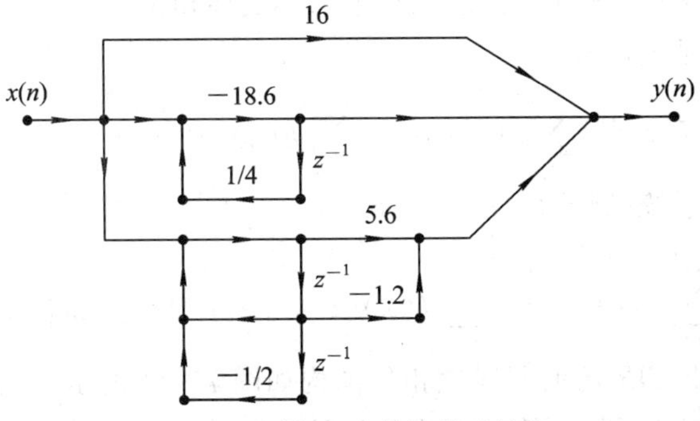

图 7-9 例 7-1 的并联型结构

7.2 FIR 数字滤波器的基本结构

FIR 滤波器的单位脉冲响应 $h(n)$为有限长，系统函数 $H(z)$在 z 平面上没有非零极点，属于非递归结构。$N-1$ 阶 FIR 滤波器的差分方程为

$$y(n)=\sum_{j=0}^{N-1}b_jx(n-j) \tag{7-10}$$

对应的系统函数为

$$H(z)=\sum_{j=0}^{N-1}b_jz^{-j} \tag{7-11}$$

若 FIR 滤波器的单位脉冲响应为 $h(n)(0\leqslant n\leqslant N-1)$，则系统输出为

$$y(n)=h(n)*x(n)=\sum_{j=0}^{N-1}h(j)x(n-j) \tag{7-12}$$

比较式(7-10)和式(7-12)可以看出，FIR 滤波器的单位脉冲响应就是滤波器的系数。

FIR 滤波器的基本结构主要有卷积型结构(直接型)和线性相位结构。

7.2.1 卷积型结构

卷积型也称直接型，根据式(7-12)可以直接画出 FIR 滤波器的卷积型结构，如图 7-10所示。

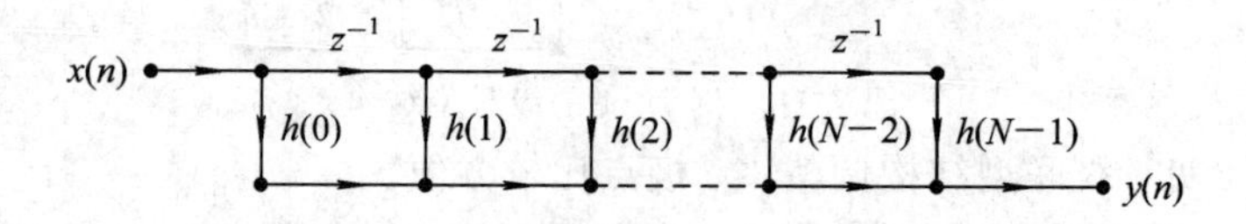

图 7-10 FIR 数字滤波器的卷积型结构

由图 7-10 可见，长度为 $N(N-1$ 阶)的卷积型结构，需要 $N-1$ 个延时单元，N 个乘法器和 $N-1$ 个加法器。

7.2.2 FIR 滤波器线性相位结构

线性相位 FIR 滤波器的单位脉冲响应具有如下对称性，即

$$h(n)=\pm h(N-1-n)$$

式中，± 号分别对应第一类线性相位系统和第二类线性相位系统。

当 N 为偶数时，系统函数为

$$H(z)=\sum_{n=0}^{N-1}h(n)z^{-n}=\sum_{n=0}^{N/2-1}h(n)[z^{-n}\pm z^{-(N-1-n)}]$$

当 N 为奇数时，系统函数为

$$H(z)=\sum_{n=0}^{N-1}h(n)z^{-n}=\sum_{n=0}^{\frac{N-1}{2}-1}h(n)[z^{-n}\pm z^{-(N-1-n)}]+h\left(\frac{N-1}{2}\right)z^{-\frac{N-1}{2}}$$

根据系统函数画出 FIR 滤波器线性相位结构如图 7-11 所示。图中乘法器系数为±1，分别对应第一类线性相位系统和第二类线性相位系统。

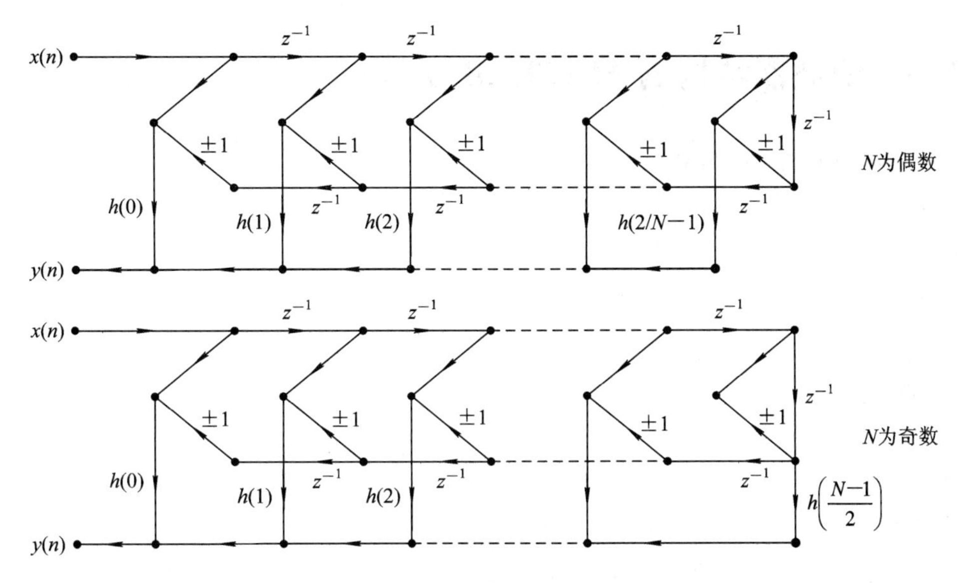

图 7-11 FIR 滤波器线性相位结构

由图 7-10 和图 7-11 可以看出，对于 $N-1$ 阶滤波器(长度为 N)，卷积型结构需要 N 个乘法器；而对于线性相位结构，N 为偶数时需要 $\frac{N}{2}$ 个乘法器，与卷积型结构相比节省了一半的乘法器，奇数时需要 $\frac{N-1}{2}+1$ 个乘法器，约节省了一半的乘法器。

例 7-2 设一个 FIR 滤波器的系统函数 $H(z)$ 为

$$H(z)=0.5-1.4z^{-1}+2.8z^{-2}-1.4z^{-3}+0.5z^{-4}$$

画出 $H(z)$ 的直接(卷积)型结构和线性相位结构。

解 由 $H(z)$ 可以直接画出卷积型结构，如图 7-12 所示。

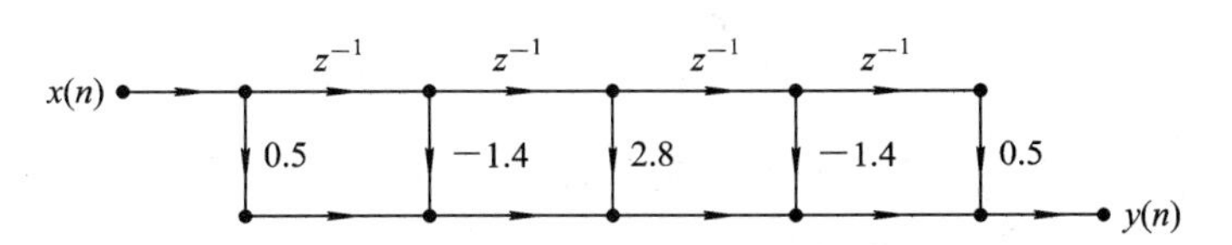

图 7-12 例 7-2 卷积型结构

将系统函数改写为 $H(z)=0.5(1+z^{-4})-1.4(z^{-1}+z^{-3})+2.8z^{-2}$，据此可以画出 N 为奇数时的第一类线性相位结构，如图 7-13 所示。图中 $h(0)=0.5$，$h(1)=-1.4$，$h(2)=2.8$。

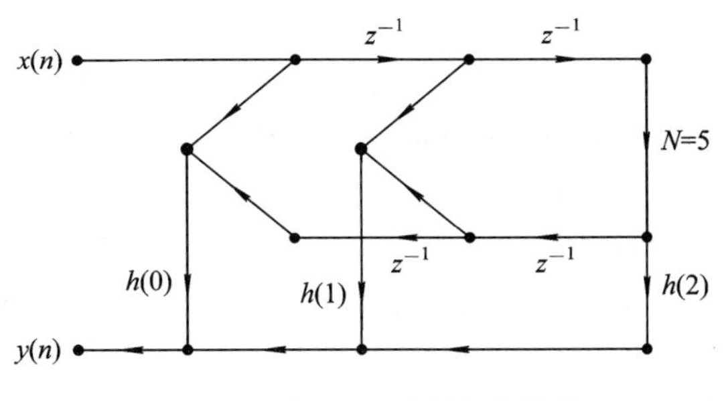

图 7-13 例 7-3 线性相位结构

7.3 滤波器结构的 MATLAB 实现

将 IIR 滤波器的系统函数表示成各种不同结构类型如下所示。

直接型

$$H_{直接}(z)=\frac{\sum_{j=0}^{M}b_jz^{-j}}{1-\sum_{i=1}^{N}a_iz^{-i}}$$

部分分式

$$H_{部分分式}(z)=\sum_{j=1}^{N}\frac{r_j}{1-p_jz^{-1}}+k_0+k_1z^{-1}+k_2z^{-2}+\cdots$$

级联型

$$H_{级联}(z)=\prod_{i=1}^{L}\frac{(\beta_{0i}+\beta_{1i}z^{-1}+\beta_{2i}z^{-2})}{(1-\alpha_{1i}z^{-1}-\alpha_{2i}z^{-2})}$$

并联型

$$H_{并联}(z)=\beta_0+\sum_{i=1}^{L}\frac{\beta_{0i}+\beta_{1i}z^{-1}}{1-\alpha_{1i}z^{-1}-\alpha_{2i}z^{-2}}$$

MATLAB 提供的有关网络结构的命令如下。

1. [r, p, k]=residuez(b, a)

该命令将直接型结构转换为单极点部分分式形式，b、a 分别为直接型结构的分子分母多项式系数向量。注意：$a_0=1$。输出结果中 r、p、k 分别为分子系数$\{r_j\}$、极点$\{p_j\}$和高阶项系数$\{k_j\}$(直接型中 $M\geqslant N$ 时才有这部分)。

2. [b, a]=residuez(r, p, k)

该命令将单极点部分分式转换为直接型结构，命令中的 b，a，r，p，k 同上。

3. sos=tf2sos(b, a)

该命令将直接型结构转换为级联型结构，b、a 分别为直接型的分子分母多项式系数向量；sos 为 $L\times6$ 的矩阵，其中每一行中前三个数是某一个二阶系统的分子系数，后三个数是该二阶系统的分母系数，即 sos=$\begin{bmatrix}\beta_{01} & \beta_{11} & \beta_{21} & 1 & \alpha_{11} & \alpha_{21}\\ \beta_{02} & \beta_{12} & \beta_{22} & 1 & \alpha_{12} & \alpha_{22}\\ \vdots & \vdots & \vdots & \vdots & \vdots & \vdots\\ \beta_{0L} & \beta_{1L} & \beta_{2L} & 1 & \alpha_{1L} & \alpha_{2L}\end{bmatrix}$

4. [b, a]=sos2tf(sos)

该命令将级联型结构转换为直接型结构，命令中的 b、a、sos 与上述命令相同。

MATLAB 没有提供直接型结构与并联型结构相互转换的命令，要实现直接型结构到并联型结构的转换，可以按如下方法实现：

(1) 利用[r, p, k]=residuez(b, a)将直接型结构转换为单阶极点的部分分式形式；

(2) 利用[b, a]=residuez(r, p, k)将复数极点合并成直接型结构，命令中 r、p 分别为两个共轭成对的复数，k 取 0。

例 7-3 用 MATLAB 命令实现例 7-1。

键入如下 MATLAB 命令：

```
b=[3, -4, 3, -2]; a=[1, -5/4, 3/4, -1/8];
sos=tf2sos(b, a)                                   %直接型转换为级联型
[r, p, k]=residuez(b, a)                           %直接型转换为单阶极点部分分式
[b0, a0]=residuez([r(1), r(2)], [p(1), p(2)], 0)  %合并共轭成对的复数极点
```

运行结果如下：

```
sos=  3.0000  -3.0000       0    1.0000  -0.2500       0
      1.0000  -0.3333  0.6667    1.0000  -1.0000  0.5000
r=    2.8000-1.6000i
      2.8000+1.6000i
      -18.6000
p=    0.5000+0.5000i
      0.5000-0.5000i
      0.2500
k=    16
b0=   5.6000  -1.2000       0
a0=   1.0000  -1.0000  0.5000
```

根据结果写出系统函数：

级联型

$$H(z)=\frac{3-3z^{-1}}{1-0.25z^{-1}}\cdot\frac{1-0.3333z^{-1}+0.6667z^{-2}}{1-z^{-1}+0.5z^{-2}}$$

并联型

$$H(z)=16+\frac{-18.6}{1-0.25z^{-1}}+\frac{5.6-1.2z^{-1}}{1-z^{-1}+0.5z^{-2}}$$

与例 7-1 的结果完全一致。

习　题

7-1　设数字滤波器的差分方程为

$$y(n)=0.75y(n-1)-0.125y(n-2)+x(n)-0.2x(n-1)$$

分别画出系统的直接型、级联型和并联型结构。

7-2　设系统的单位脉冲响应为 $h(n)=0.8^n u(n)$，求滤波器的系统函数，并画出直接型结构。

7-3　用直接型、级联型和并联型结构实现以下系统函数。

(1) $H(z)=\dfrac{3-3.5z^{-1}-2.5z^{-2}}{(1-0.5z^{-1})(1-0.7z^{-1}+0.5z^{-2})}$；

(2) $H(z)=\dfrac{1-0.5z^{-1}}{(1-0.5z^{-1})(1-0.7z^{-1}+z^{-2})}$。

7-4　已知某 5 阶 IIR 滤波器的系统函数为

$$H(z)=\frac{0.3+1.2z^{-1}-0.22z^{-2}+0.04z^{-3}}{1-1.55z^{-1}+0.72z^{-2}-0.89z^{-3}+1.1z^{-4}+0.06z^{-5}}$$

用 MATLAB 编程，分别实现系统的级联型和并联型结构，要求二阶子系统用直接Ⅱ型结构实现。

7-5 求题图 7-5 所示系统的系统函数。

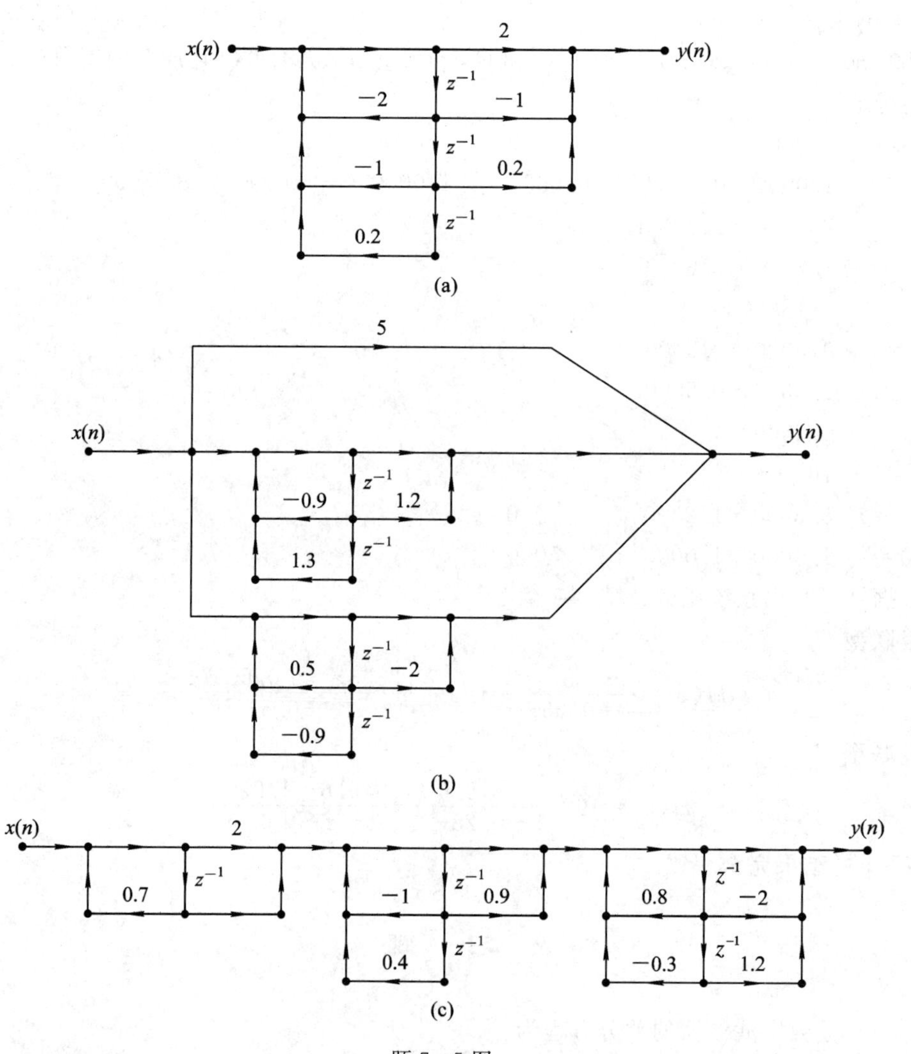

题 7-5 图

7-6 已知系统的单位冲激响应为 $h(n)=0.7^n[u(n)-u(n-7)]$，求系统的系统函数，并画出卷积型结构。

7-7 已知系统的单位冲激响应为

$$h(n)=\delta(n)-1.2\delta(n-1)+0.2\delta(n-2)+3.2\delta(n-3)-1.8\delta(n-4)$$

写出系统的系统函数，并画出直接型结构。

7-8 已知 FIR 滤波器的系统函数为

$$H(z)=0.1+0.4z^{-1}+1.1z^{-2}+0.4z^{-3}+0.1z^{-4}$$

画出滤波器的直接型和线性相位结构。

7-9 求题图 7-9 所示系统的系统函数和单位冲激响应。

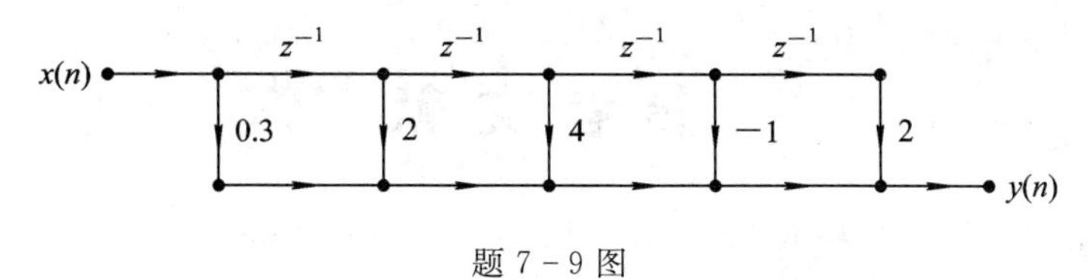

题 7-9 图

7-10 求题图 7-10 所示系统的系统函数和单位脉冲响应。

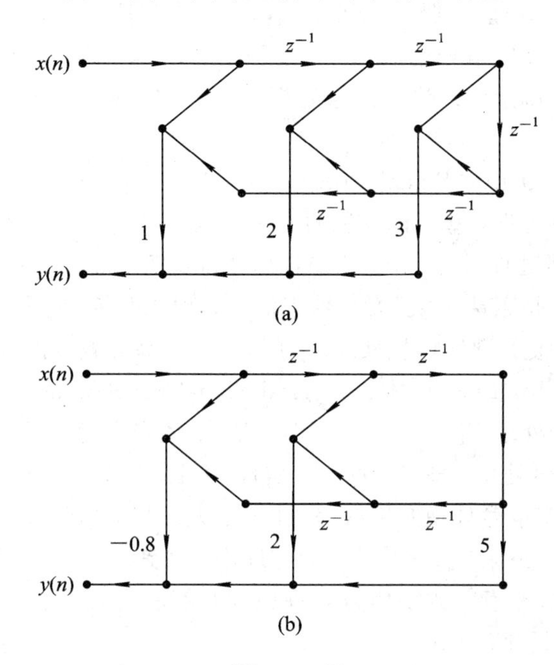

题 7-10 图

7-11 求题图 7-11 所示系统的系统函数和单位脉冲响应。

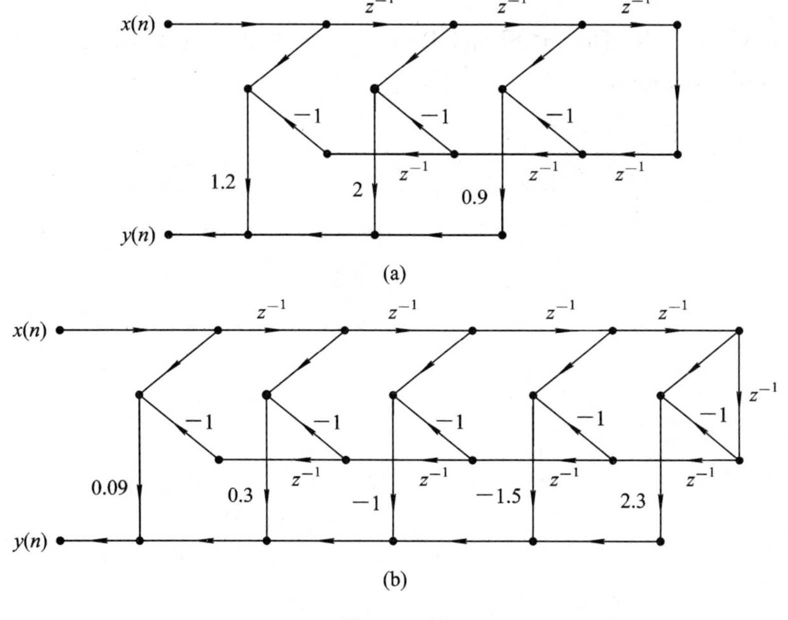

题 7-11 图

参考文献

[1] Oppenheim A V, Schafe R W. Digital Signal Processing. Prentice－Hall Inc. 1975. 董世嘉，杨耀增，译. 数字信号处理. 北京：科学出版社，1983.

[2] 邹理和. 数字信号处理(上册). 北京：国防工业出版社，1985.

[3] 丁玉美，高西全. 数字信号处理. 2 版. 西安：西安电子科技大学出版社，2001.

[4] 高西全，丁玉美，阔永红. 数字信号处理：原理、实现与应用. 北京：电子工业出版社，2006.

[5] Sanjit K, Mitra. Digital Signal Processing: A Computer－Based Approach. 孙洪，等，译. 数字信号处理：基于计算机的方法. 3 版. 北京：电子工业出版社，2006.

[6] 陈怀琛. 数字信号处理教程：MATLAB 释义与实现. 北京：电子工业出版社，2004.

[7] 赵春辉，陈立伟，马惠珠，罗天放. 数字信号处理. 北京：电子工业出版社，2008.

[8] 陈后金，薛健，胡健. 数字信号处理. 2 版. 北京：高等教育出版社，2008.

[9] Vinay K. Ingle, John G Proakis. Digital Signal Processing Using MATLAB. 刘树棠，译. 数字信号处理：使用 MATLAB. 西安：西安交通大学出版社，2002.

[10] 胡广书. 数字信号处理：理论、算法与实现. 2 版. 北京：清华大学出版社，2003.

[11] 赵尔沅，等. 数字信号处理实用教程. 北京：人民邮电出版社，1999.

[12] 王大伦，王志新，王康. 数字信号处理：理论与实践. 北京：清华大学出版社，2010.

[13] 俞玉莲，胡之惠，李莉. 数字信号处理原理和算法实现：学习指导与习题解答. 北京：清华大学出版社，2010.

[14] 于凤芹. 数字信号处理简明教程. 北京：科学出版社，2011.

[15] Richard G, lyons. Understanding Digital Signal Processing. 3rd ed. Prentice Hall, 2014.

[16] Steven W. Smith. Digital Signal Processing: A Practical Guide for Engineers and Scientists, Newnes, 2012.